Lean Development

Weitere Bände in dieser Reihe
http://www.springer.com/series/3482

Uwe Dombrowski
(Hrsg.)

Lean Development

Aktueller Stand und zukünftige Entwicklungen

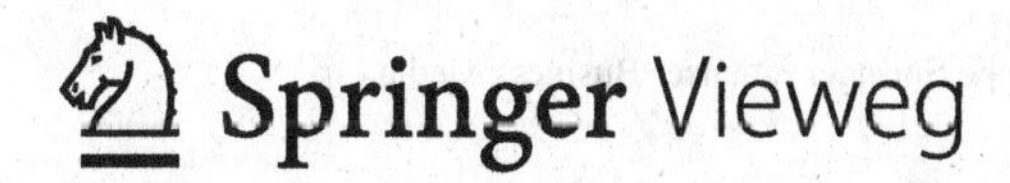

Herausgeber
Uwe Dombrowski
Institut für Fabrikbetriebslehre und
Unternehmensforschung
Technische Universität Braunschweig
Niedersachsen
Deutschland

ISBN 978-3-662-47420-4 ISBN 978-3-662-47421-1 (eBook)
DOI 10.1007/978-3-662-47421-1

Die Deutsche Nationalbibliothek verzeichnet diese Publikation in der Deutschen Nationalbibliografie; detaillierte bibliografische Daten sind im Internet über http://dnb.d-nb.de abrufbar.

Springer Vieweg

Gedruckt auf säurefreiem und chlorfrei gebleichtem Papier

Springer Berlin Heidelberg ist Teil der Fachverlagsgruppe Springer Science+Business Media
(www.springer.com)

Vorwort

Lean Development (LD) ist notwendig, um die Effektivitäts- und Effizienzsteigerungen im Produktentstehungsprozess bei Unternehmen erreichen zu können. Nachdem produzierende Unternehmen bereits häufig Ganzheitliche Produktionssysteme für die Produktionsbereiche eingeführt haben, gerät auch der vorgelagerte Produktentstehungsprozess vermehrt in den Fokus der Verbesserungsmaßnahmen. Verbesserungsmaßnahmen im Produktentstehungsprozess haben zum Ziel die Qualität des Produktes sicherzustellen, die Zeit bis zum Start of Production zu reduzieren sowie die Kosten für die Produktentstehung zu minimieren. Ausgerichtet an den Unternehmenszielen werden im Lean Development strukturiert Gestaltungsprinzipien, Methoden und Werkzeuge zur Verfügung gestellt. Zahlreiche Studien zeigen den hohen Nutzen von Lean Development. Trotz dieses Nutzens ist die Verbreitung von Lean Development verbesserungswürdig.

Diese Ausgangssituation hat das Institut für Fabrikbetriebslehre und Unternehmensforschung der Technischen Universität Braunschweig veranlasst im Jahr 2011 einen Arbeitskreis zu gründen. Mit Industriepartnern wurde in diesem Arbeitskreis ein Leitfaden für die Einführung von Lean Development entwickelt. Ziel des Buches ist es, Lean Development umfassend zu erläutern und Unternehmen bei der Lean Development Einführung zu unterstützen.

Im ersten Kapitel werden ausgehend von den Wurzeln des Lean Development die historische Entwicklung und die Verbreitung von Lean Development beschrieben. Im zweiten Kapitel erfolgt eine umfassende Beschreibung der Gestaltungsprinzipien von Lean Development, die jeweils mit Beispielen aus renommierten Industrieunternehmen veranschaulicht werden. Dabei werden zunächst Grundlagen des Gestaltungsprinzips beschrieben, woraufhin die Methoden und Praxisbeispiele dargestellt werden. In Kap. 3 wird die Einführung von Lean Development beschrieben. Dabei werden auf den Ablaufplan, die Führung und Kultur, Aufbauorganisatorische Aspekte, eine regelkreisbasierte Einführungsmethodik sowie Kennzahlen Bezug genommen. Abschließend werden Hindernisse und Maßnahmen bei der Lean Development-Einführung beschrieben. Im vierten Kapitel wird ein Ausblick zu den Themen Lean Design und der Lieferantenintegration vorgestellt.

Es freut mich sehr, dass viele fachkundige Autorinnen und Autoren aus Wissenschaft und Industrie einen Beitrag zu diesem Buch geleistet haben. Auch an meinem Institut gab es viele Helfer, die an der Manuskripterstellung und -korrektur beteiligt waren: Herr Constantin Malorny, Frau Anne Reimer, Herr Kai Schmidtchen, Frau Anna Schönwald, Herr Philipp Steenwerth und Herr Jochen Steiner. Insbesondere hat mein Mitarbeiter, Herr David Ebentreich großen Anteil an der Erarbeitung des Buches. Ich danke ihm für die inhaltliche Diskussion wie auch für die Koordination der unterschiedlichen Beiträge sowie für die Erarbeitung zahlreicher Korrekturvorschläge. Darüber hinaus möchte ich mich für die stets sehr angenehme und professionelle Zusammenarbeit bei Herrn Thomas Lehnert und Frau Ulrike Butz vom Springer-Verlag bedanken.

Ich hoffe Sie gewinnen beim Lesen interessante Einblicke und neue Erkenntnisse. Sollten Sie Anregungen oder Korrektur- und Verbesserungsvorschläge haben, möchte ich Sie ermuntern, mir diese mitzuteilen.

Braunschweig, April 2015 Uwe Dombrowski

Inhaltsverzeichnis

Abkürzungsverzeichnis

4P	Product, Place, Price, Promotion
5S	Sortieren, Setzen, Säubern, Standardisieren und Selbstdisziplin
BÜM	Bereichsübergreifende Maßnahme
BVW	Betriebliche Vorschlagswesen
CIP	Continuous Improvement Process
CAD	Computer-aided design
DfX	Design for X
EDV	Elektronische Datenverarbeitung
EHPV	Engineering hours per vehicle
F&E	Forschung und Entwicklung
FIFO	First in first out
FMEA	Failure Mode and Effects Analysis
GPS	Ganzheitliche Produktionssysteme
GTD	Getting things done
HoQ	House of Quality
IDM	Ideenmanagement
IFU	Institut für Fabrikplanung und Unternehmensforschung
IRIS	International Railway Industry Standard
IT	Informationstechnik
KPI	Key Performance Indicators
KVP	Kontinuierlicher Verbesserungsprozess
LAI	Lean Advancement Initiative
LD	Lean Development
LDS	Lean Development Systems
LPD	Lean Product Development
MIT	Massachusetts Institute of Technology
MM	Methodenspezifische Maßnahme
OM	Organisatorische Maßnahme
PDCA	Plan Do Check Act
PDVSM	Product Development Value stream Mapping
PEP	Produktentstehungsprozess

PLZ	Produktlebenszyklus
PM	Personelle Maßnahme
QFD	Quality Function Deployment
RG	Reifegrad
SIPOC	Supplier, Input, Process, Output, Customer
SFM	Shopfloor Management
SMART	Specific Measurable Accepted Realistic Timely
SOP	Start of Production
TPQ	Totale Produktqualität
TPS	Toyota Production System
TPDS	Toyota Product Development System
WIP	Work in Progress
Z	Zielzustand
ZZ	Zwischenzielzustand

Mitarbeiterverzeichnis

Uwe Dombrowski Institut für Fabrikbetriebslehre und Unternehmensforschung (IFU), TU Braunschweig, Braunschweig, Deutschland

David Ebentreich Institut für Fabrikbetriebslehre und Unternehmensforschung (IFU), TU Braunschweig, Braunschweig, Deutschland

Frank Eickhorn Wagner Group GmbH, Hannover, Deutschland

Carsten Hass Miele & Cie. KG, Gütersloh, Deutschland

Rudolf Herden Miele & Cie. KG, Gütersloh, Deutschland

Rolf Judas Schmitz Cargobull AG, Altenberge, Deutschland

Alexander Karl Institut für Fabrikbetriebslehre und Unternehmensforschung (IFU), TU Braunschweig, Braunschweig, Deutschland

Philipp Krenkel Institut für Fabrikbetriebslehre und Unternehmensforschung (IFU), TU Braunschweig, Braunschweig, Deutschland

Henrike Lendzian Sennheiser electronic GmbH & Co.KG, Wedemark, Deutschland

Dirk Meyer Becorit GmbH, Recklinghausen, Deutschland

Tim Mielke Institut für Fabrikbetriebslehre und Unternehmensforschung (IFU), TU Braunschweig, Braunschweig, Deutschland

Ulrich Möhring Siemens AG, Berlin, Deutschland

Thomas Richter Institut für Fabrikbetriebslehre und Unternehmensforschung (IFU), TU Braunschweig, Braunschweig, Deutschland

Michelle Rico-Castillo Schaeffler AG, Herzogenaurach, Deutschland

Frank Schimmelpfennig GIRA Giersiepen GmbH & Co. KG, Radevormwald, Deutschland

Stefan Schmidt Institut für Fabrikbetriebslehre und Unternehmensforschung (IFU), TU Braunschweig, Braunschweig, Deutschland

Kai Schmidtchen Institut für Fabrikbetriebslehre und Unternehmensforschung (IFU), TU Braunschweig, Braunschweig, Deutschland

Sven Schumacher Miele & Cie. KG, Gütersloh, Deutschland

Thimo Zahn MAN Truck & Bus AG, München, Deutschland

1 Einleitung

Uwe Dombrowski und David Ebentreich

Für das Bestehen im globalen Wettbewerb sind Effektivitäts- und Effizienzsteigerungen bei Unternehmen notwendig. Die Basis für diese Steigerungen liegt im Produktentstehungsprozess. Entscheidungen hinsichtlich des Produktdesigns beeinflussen maßgeblich den gesamten Produktentstehungsprozess. Zu Beginn dieses Buchkapitels werden die Wurzeln des Lean Development vorgestellt. Anschließend wird kurz der Aufbau des Buches aufgezeigt. Daraufhin werden die Entwicklung des Lean Development und eine Einführung in die Gestaltungsprinzipien gegeben. Der Geltungsbereich von Lean Development wird definiert, woraufhin das Kapitel mit einem Überblick über die aktuelle Umsetzung von Lean Development bei Unternehmen schließt.

Unternehmen sehen sich zahlreichen Herausforderungen des globalen Wettbewerbs ausgesetzt, die zu immer kürzeren Produktlebenszyklen, einer größeren Produktvarianz sowie einer höheren Produktkomplexität führen. Unter diesen Rahmenbedingungen sind Effektivitäts- und Effizienzsteigerungen notwendig, die jedoch nicht ausschließlich in der Produktion zu erreichen sind. Insbesondere zu Beginn des Produktentstehungsprozesses werden Entscheidungen durch das Produktdesign getroffen, die für den gesamten Prozess Folgen haben. Die Beherrschung der Produktvarianten wird dadurch zu einem zentralen Wettbewerbsvorteil. Ebenso sind die kurzen Produktlebenszyklen nur durch einen verkürzten Produktentstehungsprozess umzusetzen.

U. Dombrowski (✉) · D. Ebentreich
Institut für Fabrikbetriebslehre und Unternehmensforschung (IFU),
TU Braunschweig, Braunschweig, Deutschland
E-Mail: u.dombrowski@ifu.tu-bs.de

D. Ebentreich
E-Mail: d.ebentreich@ifu.tu-bs.de

U. Dombrowski (Hrsg.), *Lean Development,* DOI 10.1007/978-3-662-47421-1_1

In den 90er Jahren zeigte Womack mit seinem Werk „The Machine That Changed the World" zum ersten Mal auf, dass japanische Automobilhersteller wesentlich effizienter arbeiten als ihre europäischen oder U.S. amerikanischen Konkurrenten (Womack et al. 1991). Trotz eines geringeren Einsatzes an Ingenieuren hat sich Toyota durch die effektive Produktentstehung und den effizienten Einsatz ihrer Ressourcen zum Industrieführer entwickelt. Der Kern des Erfolgs von Toyota basiert auf einem großen Verständnis für Qualität sowie der Fokussierung auf Wertschöpfung für den Kunden, durch die kontinuierliche Verbesserung der Prozesse (Sobek II et al. 1999).

Der Erfolg Toyotas wurde zunächst im Toyota-Produktionssystem (TPS) erkannt großem, sodass viele Unternehmen versuchten, ihr Produktionssystem dem System von Toyota anzupassen, um ihre Produktionslücken zu schließen. Vielfach wurden daher die Methoden und Werkzeuge des TPS kopiert und in der Produktion mit mehr oder weniger Erfolg umgesetzt. Die Erkenntnis, dass nicht nur die Methoden und Werkzeuge Toyotas Erfolg ausmachen, hat dazu geführt, dass immer mehr Unternehmen ein unternehmensindividuelles Ganzheitliches Produktionssystem eingeführt haben. Mit diesen Ganzheitlichen Produktionssystemen konnten zahlreiche Unternehmen ihre Effektivität und Effizienz in der Produktion deutlich verbessern (Dombrowski und Mielke 2015).

Im Gegensatz dazu ist das Entwicklungssystem von Toyota deutlich weniger bekannt und wurde erst zu einem späteren Zeitpunkt als zentraler Erfolgsfaktor für die hohe Qualität, die kurze Entwicklungszeit und die geringen Kosten von Toyota erkannt. Das Toyota Product Development System (TPDS), mit dessen Kernelement Set-Based Engineering, ist jedoch die Basis für das Toyota Production System (Sobek II et al. 1999).

Die Betrachtung des Produktentstehungsprozesses in der Automobilindustrie gewann an Bedeutung, da für eine ganzheitliche Kosteneinsparung bereits in der Konstruktionsphase angesetzt werden muss. Während Automobilunternehmen aus Nordamerika und Europa die Entwicklungszeit Ende der 1980er Jahre von 36–40 Monate auf 24 Monate verkürzen konnten, schaffte es Toyota sogar auf eine Zeit von 15 Monaten bzw. in einem Fall sogar auf 10 Monate (Morgan und Liker 2006). Darüber hinaus schaffte das Unternehmen es nicht nur seine Entwicklungszeit zu verkürzen, es entwickelte außerdem schneller hoch qualitative Fahrzeuge zu geringeren Kosten und einem weitaus höherem Profit als seine Konkurrenz (Morgan und Liker 2006).

Tabelle 1.1 zeigt den Vergleich von Toyota mit Automobilherstellern aus Nordamerika und Europa. Die Entwicklungszeit bis zum Start of Production (SOP) ist dabei ungefähr halb so lang wie bei anderen Automobilherstellern. Der kurze Entwicklungszeitraum von

Tab. 1.1 Lean Development bietet nachhaltigen Nutzen. (Quelle: eigene Darstellung nach [a]Morgan und Liker (2006) [b]J. D. Power IQS (2001–2014))

Vergleichskriterien	Toyota	Nordamerika	Europa
Designfreeze bis SOP[a]	15 Monate	26 Monate	27 Monate
Kostenanteil F&E am Umsatz[a]	3,6 %	4,8 %	5,5 %
2001–2014 Nr. 1 der Neuwagen-Qualitätsstudie[b]	64 Modelle	29 Modelle	22 Modelle

Tab. 1.2 Studie Automobilentwicklung mit System von Clark und Fujimoto. (Quelle: Clark und Fujimoto 1991)

Vergleichskriterien	Japan	Nordamerika	Europa
Durchschnittliche Anzahl Automodelle	55	28	77
Anzahl neuentwickelter Automodelle	72	21	38
Konstruktionsstunden (in Millionen, für eine Entwicklung eines $ 14.000 Autos)	Ø 1,7	Ø 3,2	Ø 3,0
Entwicklungszeit (Monate, für eine Entwicklung eines $ 14.000 Autos)	Ø 42,6	Ø 61,9	Ø 57,6
Totale Produktqualität TPQ (Kundenbewertung, Zuverlässigkeitsstatistik, langfristige Marktverteilung)	58	41	41

Designfreeze bis SOP zeigt die hohe Ergebnisqualität des entwickelten Automobils zum Designfreeze. Gleichzeitig sind die Ausgaben für Forschung und Entwicklung, relativiert am Umsatz, geringer als bei Automobilherstellern aus Nordamerika oder Europa. Trotz dieser geringeren Investitionen in die Forschung und Entwicklung verkauft Toyota die meisten Automobile weltweit. Zusätzlich spiegelt sich durch die Ergebnisse in der Neuwagen Qualitätsstudie, die von J.D. Power jährlich durchgeführt wird, die überlegene Qualität der Modelle von Toyota wieder. Diese ist häufig ein entscheidendes Kaufargument für viele Kunden. Dieser Wettbewerbsvorteil in der Entwicklung zeigt den Nutzen hinsichtlich der Qualität, Kosten und Zeit. Aus diesen Ergebnissen kann geschlussfolgert werden, dass das Toyota Product Development System einen großen Beitrag dazu leistet, dass Toyota auch in der Produktentstehung sehr effiziente Prozesse verfolgt. Das zahlreiche gute Abschneiden von Automobilmodellen Toyotas in der J.D. Power Studie zeigt die Nachhaltigkeit des hohen Qualitätsstandards.

Dieser hohe Nutzen wurde bereits in der Studie von Clark und Fujimoto mit dem Betrachtungszeitraum von 1982 bis 1987 bescheinigt, siehe Tab. 1.2 (Clark und Fujimoto 1991). Dabei wurden Unterschiede von Automobilherstellern aus Japan, Nordamerika und Europa detailliert aufgelistet.

Es wird gezeigt, dass Japan hinsichtlich der Anzahl neuentwickelter Automodelle, der benötigten Konstruktionsstunden und Entwicklungszeit für ein spezielles Produkt sowie der gesamten Produktqualität teils deutlich vor Nordamerika und Europa liegt. Gerade die aufgewendeten Konstruktionsstunden, die sich auch in der Entwicklungszeit widerspiegeln, zeigen den Unterschied bei der Entwicklung. Europa liegt insgesamt betrachtet bezüglich der Automobilentwicklung in allen Kategorien vor Nordamerika. Trotz dieser Ergebnisse haben sich viele Unternehmen zunächst auf die Produktion und das TPS konzentriert. Das Entwicklungssystem ist jedoch genauso entscheidend für den Erfolg Toyotas, sodass viele Unternehmen der Automobilindustrie und anderer Branchen sich nach dem TPS auch mit dem Entwicklungssystem von Toyota beschäftigt haben. Ebenso haben Forscher sich mit dem Thema auseinandergesetzt und versucht den Erfolg des TPDS auf Methoden und Werkzeuge, Richtlinien und die Philosophie zurückzuführen. Dabei sind einige Ansätze veröffentlicht worden, die in diesem Buch berücksichtigt worden sind.

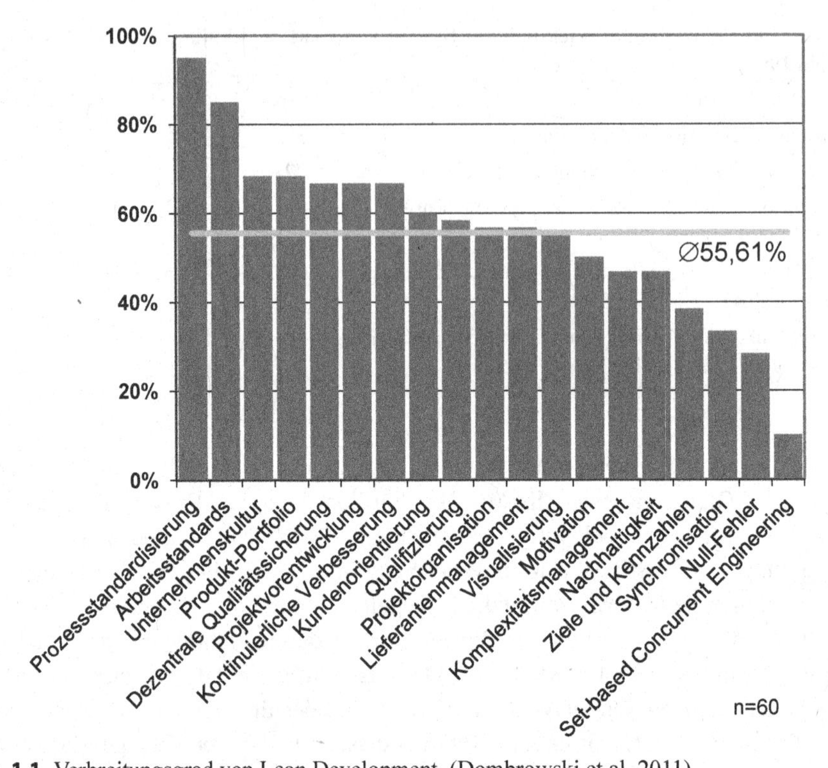

Abb. 1.1 Verbreitungsgrad von Lean Development. (Dombrowski et al. 2011)

Trotz dieser Erkenntnis zeigt eine Studie des Instituts für Fabrikbetriebslehre und Unternehmensforschung (IFU) aus dem Jahr 2011 Schwächen in der Verwendung der Elemente des Lean Development (LD) bei Unternehmen, was auf ein mangelndes Grundverständnis der systematischen Identifikation von Verschwendung sowie die mangelnde Kenntnis über die Inhalte des LD zurückzuführen ist. Das Ergebnis der Befragung deutscher Unternehmen zeigt, dass ca. 55 % der LD-Elemente Anwendung finden. Wesentliche Elemente des LD, wie bspw. das Set-based Concurrent Engineering sind dabei aber nur in geringem Maße vertreten, siehe Abb. 1.1 (Dombrowski et al. 2011).

Aufgrund der heutigen verschärften Wettbewerbsbedingungen sowie der Wettbewerbsdifferenzierung durch Technologievorsprung verkürzen sich die Produktlebenszyklen bei einem gleichzeitigen Anstieg des Entwicklungsaufwandes zunehmend. Die Steigerung der angebotenen Produktvarianten führt zudem zu einer steigenden Komplexität im Produktentstehungsprozess.

Diese Ausgangssituation hat das IFU veranlasst im Jahre 2011 einen Arbeitskreis zu gründen, der zum Ziel hat, mit Industriepartnern einen Leitfaden für die Einführung eines Lean Development Systems (LDS) zu entwickeln. Mittels dieses Leitfadens werden die Industriepartner befähigt, ein eigenes unternehmensspezifisches LDS zu entwickeln und einführen zu können. Auf dieser Arbeit ist das vorliegende Buch gegründet. Es soll Unternehmen sowohl die theoretischen Inhalte von LD erklären, wie auch in Praxisbeispielen die Umsetzung der einzelnen Methoden zeigen.

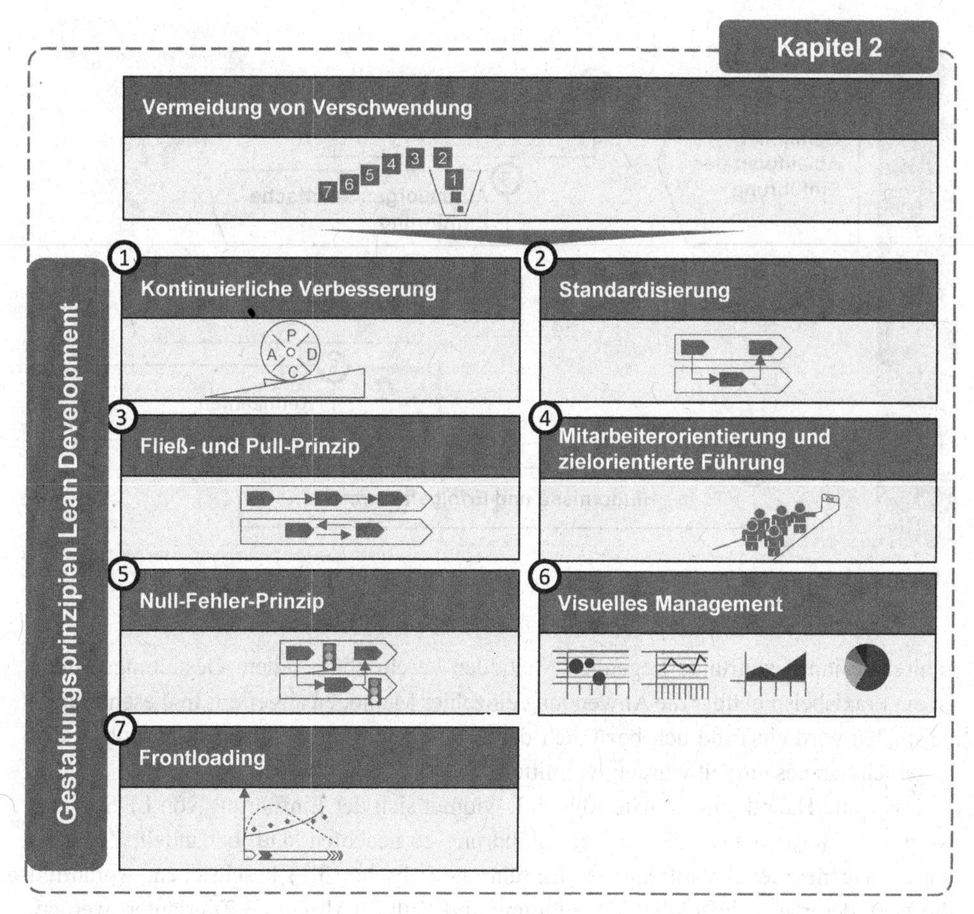

Abb. 1.2 Aufbau Kap. 2

1.1 Aufbau

Für die Erreichung dieses Ziels ist der folgende Aufbau des Buches gewählt worden. Das Buch gliedert sich in vier Hauptkapitel. In Abschn. 1.2 wird die historische Entwicklung des LD, ausgehend von der Lean Production, vorgestellt. Im Anschluss werden in Abschn. 1.3 eine Analyse von LD-Ansätzen vorgestellt, welche unter anderem die Basis für das Buch darstellen. Aus der Analyse der Ansätze werden sieben Gestaltungsprinzipien abgeleitet, die im späteren Verlauf die Struktur für die Methoden und Werkzeuge des LDS bilden. Daraufhin wird der Geltungsbereich von LD in Abschn. 1.4 definiert. Im abschließenden Abschn. 1.5 werden zwei Studien vorgestellt, welche den Umsetzungsstand von LD in Unternehmen zeigen.

Im zweiten Hauptkapitel, siehe Abb. 1.2 werden zunächst die Struktur und der Aufbau eines LDS beschrieben, woraufhin das Hauptziel der LD-Einführung, die Vermeidung von Verschwendung dargestellt wird. Danach werden die Gestaltungsprinzipien im LD sowie

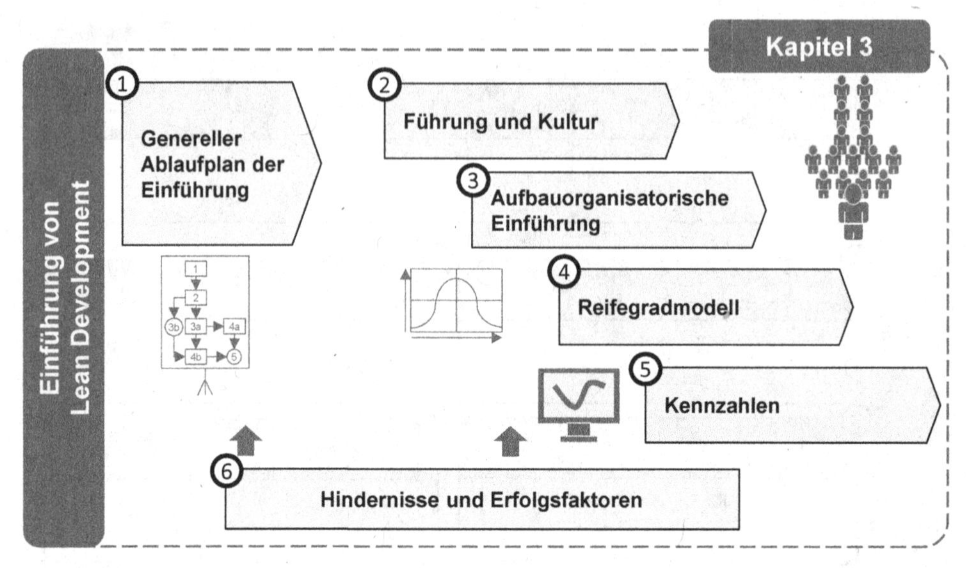

Abb. 1.3 Aufbau Kap. 3

zahlreiche ihnen zugrunde liegenden Methoden beschrieben. Jedem Gestaltungsprinzip ist ein Praxisbeispiel über die Anwendung einzelner Methoden angefügt. In diesen Praxisbeispielen wird ein Eindruck bezüglich der Erfahrungen, die bei der Einführung in den Unternehmen gesammelt wurden, vermittelt.

Das dritte Hauptkapitel, siehe Abb. 1.3, widmet sich der Einführung von LDS. Dafür werden die Kernthemen, die bei der Einführung zu beachten sind, behandelt. Zunächst wird ein genereller Ablaufplan der Einführung (Abschn. 3.1) beschrieben, woraufhin die Veränderungen hinsichtlich der Führung und Kultur (Abschn. 3.2) erläutert werden. Besonders die Führung hat eine wichtige Rolle bei der erfolgreichen und nachhaltigen Einführung von einem LDS. Nach Empfehlungen zu aufbauorganisatorischen Rahmenbedingungen (Abschn. 3.3) wird dem Leser eine regelkreisbasierte Einführungsmethodik für die Bewertung und Ableitung von Maßnahmen zur Umsetzung von LD an die Hand gegeben (Abschn. 3.4). Anschließend werden Ziele und Kennzahlen für die Produktentstehung vorgestellt, die im Rahmen der Einführung von einem LDS zu entwickeln sind (Abschn. 3.5). Das Kapitel schließt mit der Betrachtung typischer Hindernisse und Maßnahmen, die bei der Einführung zu berücksichtigen sind (Abschn. 3.6). Diese zu kennen ist der erste Schritt, um die Hindernisse umgehen zu können und somit eine erfolgreiche Einführung umzusetzen.

Weiterentwicklungen werden im vierten Hauptkapitel vorgestellt (vgl. Abb. 1.4). Dabei werden von konstruktiver Seite die Einflussmöglichkeiten auf eine effektive und effiziente Produktentwicklung mit dem Ansatz des Lean Design vorgestellt. Auf der anderen Seite wird der steigenden Bedeutung von Lieferanten an der Wertschöpfung Rechnung getragen. Es gilt, diese frühzeitig in den Produktentstehungsprozess zu integrieren, um so die Schnittstellen optimal gestalten zu können.

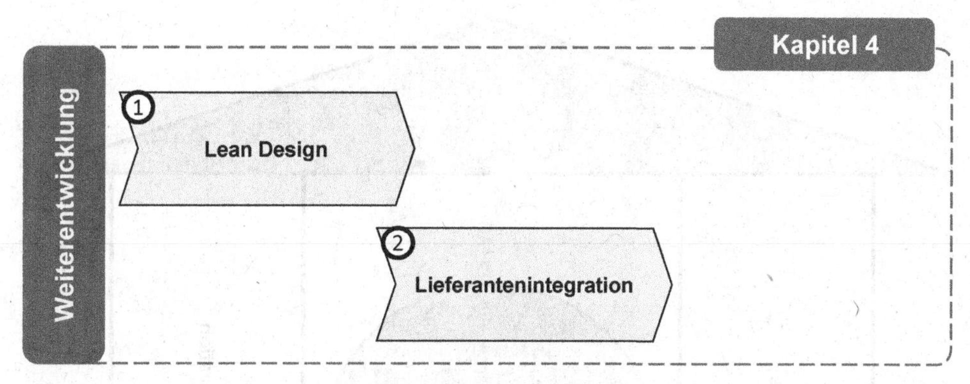

Abb. 1.4 Aufbau Kap. 4

1.2 Historie und Entwicklung des Lean Development

Der Begriff Lean ist im Zusammenhang mit Lean Production oder auch Lean Manufacturing bekannt geworden. Durch eine Studie des International Motor Vehicle Programm (IMVP) des Massachusetts Institute of Technology (MIT) von 1985 bis 1990 wurden Arbeitsweisen von vielen Unternehmen der Automobilindustrie sowie einer Zusammenfassung der Best-Practice Vorgehensweisen japanischer Unternehmen untersucht. Diese Best-Practices sind unter dem Namen Lean Production (dt.: schlanke Produktion) verbreitet worden (Womack et al. 1991).

Insbesondere Toyota konnte mit seinen Best-Practice Vorgehensweisen die im TPS begründet sind, überzeugen siehe Abb. 1.5. Das TPS wurde bei Toyota nach dem 2. Weltkrieg entwickelt, da in Japan nicht die notwendigen Voraussetzungen für eine Produktion nach dem Vorbild von Ford gegeben waren. Das TPS entwickelte sich auf der Basis einer von Taiichi Ohno, Produktionsingenieur bei Toyota, neu entworfenen Strategie. Diese begann mit kleinen Losgrößen und der Vermeidung von Fehlern (Ohno 2013).

Die Basis setzt sich aus der Vermeidung von Verschwendung und dem kontinuierlichen Verbesserungsprozess zusammen. Darauf aufbauend werden die Methoden Just in Time und autonome Automation umgesetzt, zu denen die Unterelemente Standardisierung, Visuelles Management, Arbeitsplatzorganisation und totale produktive Instandhaltung gehören (Oeltjenbruns 2000). Dabei ist das TPS nicht systematisch zu einem Zeitpunkt eingeführt worden, sondern hat sich über Jahre hinweg entwickelt. Der Vorteil gegenüber den bisherigen Produktionssystemen war die deutlich höhere Flexibilität gegenüber Produktvarianten. Während in der damals klassischen Automobilproduktion eine Massenproduktion durch Fließband umgesetzt wurde, konnten durch das TPS auch kleinere Losgrößen wirtschaftlich gefertigt werden. Insbesondere durch das Just in Time Prinzip wird nur produziert, was auch benötigt wird. Im Hinblick auf die stetig ansteigende Variantenvielfalt hat das TPS deutliche Vorteile gegenüber einem Produktionssystem, welches auf Massenproduktion ausgelegt ist. Durch die IMVP-Studie des MIT wurden sehr viele Unternehmen auf die Produktion nach dem Toyota Produktionssystem aufmerk-

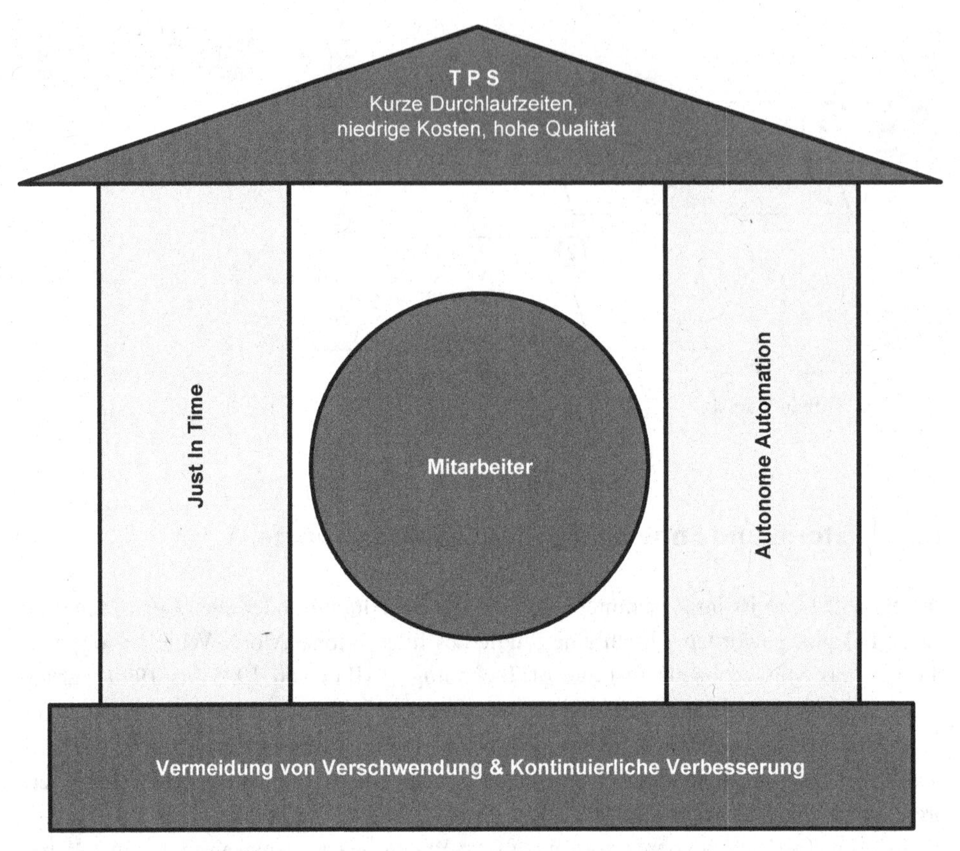

Abb. 1.5 Toyota Production System. (Dombrowski und Mielke 2015)

sam. Zahlreiche Unternehmen fingen damit an, die Methoden und Werkzeuge des TPS in ihren Unternehmen anzuwenden, nachdem sie erste signifikante Verbesserungen durch die Einführung einzelner Methoden erlangen konnten. Sehr häufig ist die Einführung von Lean Production mit einem Rationalisierungsprojekte einhergegangen, welches nicht dem Ziel eines Lean Production-System entspricht. Durch eine ausschließliche Nutzung der Verbesserungsideen der Mitarbeiter für Rationalisierungszwecke verlieren Mitarbeiter Sicherheit. Mit dieser Fehlinterpretation wurde der wichtigste Erfolgsfaktor, die tägliche Verbesserung durch die Mitarbeiter mittels Kontinuierlichem Verbesserungsprozess (KVP), vernachlässigt (Dombrowski und Mielke 2015).

In den folgenden Jahren wurde erkannt, dass zu dem TPS mehr als nur Methoden und Werkzeuge gehören. Unter Einbeziehung von Mitarbeitern sollen die Qualität, die Zeit und die Kosten verbessert werden. In Deutschland etablierte sich daraufhin der Begriff der „Ganzheitlichen Produktionssysteme" (GPS). Dieser verfolgt die Integration von Lean Production, Taylorismus und innovativen Arbeitsformen (Spath 2003). Durch Methoden und Werkzeuge der acht Gestaltungsprinzipien: Standardisierung, Null-Fehler-Prinzip, Fließprinzip, Pull-Prinzip, Kontinuierlicher Verbesserungsprozess, Mitarbeiterorientierung und zielorientierte Führung, Vermeidung von Verschwendung sowie Visuelles Management sollen die Unternehmensziele erreicht werden (VDI 2870-1 2012; Dombrowski und Mielke 2015).

Wie bereits beschrieben, haben sich viele Unternehmen bei der Übertragung der Lean Philosophie zunächst auf die Produktion fokussiert. Entgegen den Bestrebungen, Lean in der Produktion umzusetzen, sind die Bemühungen Lean im Bereich der Produktentstehung zu nutzen, erst später verfolgt worden. Unter dem Begriff Lean (Product) Development werden Methoden und Werkzeuge insbesondere für die Produktentstehung beschrieben. Morgan und Liker beschreiben es als Menge von Werkzeugen zur Eliminierung von Verschwendung zur Erzeugung eines Flusses in einem Prozess. Wird jedoch hinter die Methoden und Werkzeuge für die Produktentstehung geschaut, wird deutlich, dass sowohl in der Produktion wie auch in der Produktentstehung die gleiche Basis existiert.

> „[…] the basis of both lean product development and lean manufacturing is the importance of appropriately integrating people, processes, tools, and technology to add value to the customer and society.“ (Morgan und Liker 2006)

Die geeignete Integration von Mitarbeitern, Prozessen, Werkzeugen und Technologie ist entscheidender Aspekt, um Werte für den Kunden und die Gesellschaft zu erzeugen. LDS sind Systeme, die ebenfalls auf Prinzipien, Methoden und Tools basieren (Morgan und Liker 2006). Diese zielen auf eine schnelle und effiziente Entwicklung von Produkten und Dienstleistungen, die den Anforderungen des Kunden gerecht werden. Es sollen möglichst wenig Ressourcen verbraucht, eine hohe Qualität erreicht und wenig Kapital eingesetzt werden (Morgan und Liker 2006). Durch einen KVP soll ein verschwendungsfreier Produktentstehungsprozess (PEP), der mittels Standards und Transparenz gestützt wird, erschaffen werden (Morgan und Liker 2006; Schipper und Swets 2010).

Einhergehend gehören das Design und die Prozesse, die eine hohe Qualität unterstützen und eine verschwendungsfreie Produktion ermöglichen, zu einem LDS (Morgan und Liker 2006). Der PEP, der alle zur Wertschöpfung notwendigen Aktivitäten enthält, soll folglich optimal abgestimmt und möglichst verschwendungsfrei gestaltet sein.

Damit die Wertschöpfung von den nicht wertschöpfenden Tätigkeiten unterschieden werden kann, sind diese zunächst eindeutig zu definieren. Alle Tätigkeiten können in die drei folgenden Kategorien eingeteilt werden (vgl. Abb. 1.6):

- Wertschöpfende Tätigkeiten
- Nicht wertschöpfende, aber notwendige Tätigkeiten und
- Verschwendung

Wertschöpfend sind die Tätigkeiten, Prozesse oder Projekte, bei denen der Wert des Produktes erhöht wird und für die der Kunde bereit ist zu bezahlen (VDI 2870-1 2012). Nicht wertschöpfende Tätigkeiten können notwendig sein (z. B. Transporte) oder nicht notwendig (z. B. Fehler). Dementsprechend führen nicht wertschöpfende Tätigkeiten sowie not-

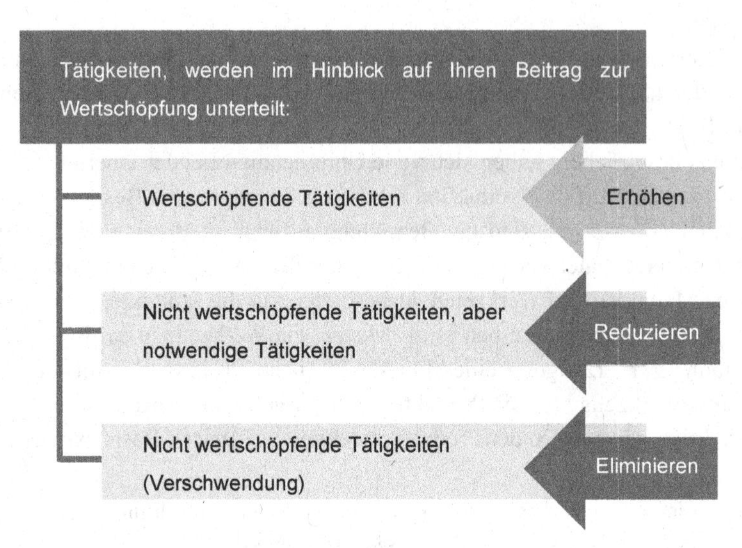

Abb. 1.6 Unterteilung der Tätigkeiten. (Ohno 2013)

wendige aber nicht wertschöpfende Tätigkeiten zu keiner Erhöhung des Wertes aus Sicht des Kunden und stellen somit Verschwendung dar (vgl. Abschn. 2.2) (Liker 2004).

Ziel ist es, den Anteil wertschöpfender Tätigkeiten gegenüber dem nicht wertschöpfender zu erhöhen. Die nicht wertschöpfenden, aber notwendigen Tätigkeiten sollen reduziert werden und die reine Verschwendung möglichst komplett eliminiert werden.

In der Literatur wird diesen Kategorien jedoch nicht vollständig gefolgt. In Tab. 1.3 werden die Ergebnisse aus fünf Studien verglichen. Es ergibt sich eine Streuung zwischen den einzelnen Ansätzen, jedoch nimmt in allen Ansätzen die Verschwendung den größten Anteil an den Tätigkeitskategorien ein. Insgesamt schwankt der Anteil der Verschwendung an den Tätigkeitskategorien zwischen 36 % (Mascitelli 2007) und 70 % (Ward 2007), der Anteil der notwendigen Verschwendung schwankt zwischen 11 % (Oehmen und Rebentisch 2010) und 48 % (Fiore 2005) und der Anteil der zu priorisierenden Wertschöpfung bewegt sich zwischen 12 % (Fiore 2005; Oehmen und Rebentisch 2010) und 21 % (Mascitelli 2007).

Tab. 1.3 Prozentuale Verteilung der Wertschöpfung im PEP. (Fiore 2005; Mascitelli 2007; Oehmen und Rebentisch 2010; Schipper und Swets 2010; Ward 2007)

	Tätigkeits-kategorien	Verschwendung (%)	Notw. Verschwendung (%)	Wertschöpfung (%)
Autoren	Fiore	40	48	12
	Mascitelli	36	43	21
	Rebentisch	70	11	12
	Schipper et al.	80		20
	Ward	60	20	20

Diese geringen Anteile der Wertschöpfung zeigen, welches Potenzial in der Prozessverbesserung in der Produktentstehung liegt. Um dieses Potenzial auszuschöpfen, bieten die Ansätze des LDS wertvolle Unterstützung.

Dabei ist ein LDS als „ein unternehmensspezifisches, methodisches Regelwerk zur umfassenden und durchgängigen Gestaltung der Unternehmensprozesse zu definieren. Geltungsbereich ist der gesamte Produktentstehungsprozess.“ (Zahn 2013).

1.3 Lean Development

Seit Womack, Jones und Roos mit ihrem Buch „Die zweite Revolution in der Automobilindustrie“ (Womack et al. 1991) das erste Mal Lean verwendeten, haben sich viele Wissenschaftler mit diesem Thema beschäftigt. Dabei wurden viele Ansätze für das LD entwickelt. Die meisten Ansätze wurden in den USA entwickelt. Dabei sind von den Autoren unterschiedliche Schwerpunkte gesetzt worden. Eine Literaturstudie, siehe Tab. 1.4, hat 15 Konzepte analysiert und die Gestaltungsprinzipien abgeleitet, welche in diesem Buch als Gestaltungsrahmen dienen sollen (Dombrowski und Zahn 2011). Ausgehend von den Konzepten wurden sieben Gestaltungsprinzipien identifiziert, welchen die Methoden und Werkzeuge des LDS zugeordnet sind.

Ein Kontinuierlicher Verbesserungsprozess bildet sowohl für die Produktion wie auch für die Produktentstehung ein wichtiges Gestaltungsprinzip. Der Ansatz jeden Tag die Produkte, Prozesse und auch Mitarbeiter verbessern zu wollen, ist Kern des LDS. Mit Standardisierungen wird erreicht, dass die bisher erreichten Verbesserungen auch als Standards weiter eingehalten werden können. Ohne Standards würden die Mitarbeiter individuell ihre Arbeit ausführen und es wäre nicht sichergestellt, dass die aktuelle Best-Practice umgesetzt wird. Durch einen fließenden und nachfrageorientierten Prozess gelingt es, die Arbeitsbelastung möglichst gleichmäßig zu verteilen. Durch das Gestaltungsprinzip der Mitarbeiterorientierung und zielorientierten Führung wird dem wichtigen Aspekt der Führung im Produktentstehungsprozess Rechnung getragen. Im Null-Fehler-Prinzip werden Methoden und Werkzeuge zusammengefasst, die einen Schwerpunkt für qualitätsverbessernde Maßnahmen beinhalten. Durch ein visuelles Management wird die Transparenz deutlich gesteigert. Mit dem Gestaltungsprinzip Frontloading wird die besondere Bedeutung der frühen Phasen im Produktentstehungsprozess berücksichtigt.

In Abb. 1.7 ist das LD System dargestellt. Die Basis aller Aktivitäten ist die Vermeidung von Verschwendung. Darauf aufbauend sind die sieben Gestaltungsprinzipien dargestellt. In Kap. 2 werden diese Gestaltungsprinzipien näher erläutert sowie mit Methoden und Werkzeugen ausgefüllt. Dabei können einige Methoden und Werkzeuge nicht ausschließlich einem Gestaltungsprinzip zugeordnet werden, da sie in mehrere Gestaltungsprinzipien passen.

Tab. 1.4 Literaturstudie zu den Bestandteilen eines Lean Development Systems. (Dombrowski und Zahn 2011)

Autoren	Identifizierte Gestaltungsprinzipien						
	1. Kontinuierliche Verbesserung	2. Standardisation	3. Fließ- und Pull-Prinzip	4. Mitarbeiterorientierung und zielorientierte Führung	5. Null-Fehler Prinzip	6. Visuelles Management	7. Frontloading
Womack, 1991			■	■			■
Kennedy, 2003	■	■			■		
Haque et al., 2005	■	■	■	■	■		
Oppenheim,2004	■			■		■	
Ballé et al., 2005	■		■	■		■	
Cooper et al., 2005	■				■		■
Fiore, 2005	■			■	■	■	
Morgan et al., 2006	■	■	■	■	■	■	■
Mascitelli, 2004-2007	■		■				■
Ward, 2007	■	■		■		■	■
Reinertsen, 2009			■	■	■		■
Poppendieck et al., 2010				■		■	■
Schipper et al., 2010	■		■	■	■	■	
Schuh et al, 2006-2013	■	■		■		■	■
Sehested et al., 2011	■	■	■	■			■
■ Gestaltungsprinzip wird erwähnt							

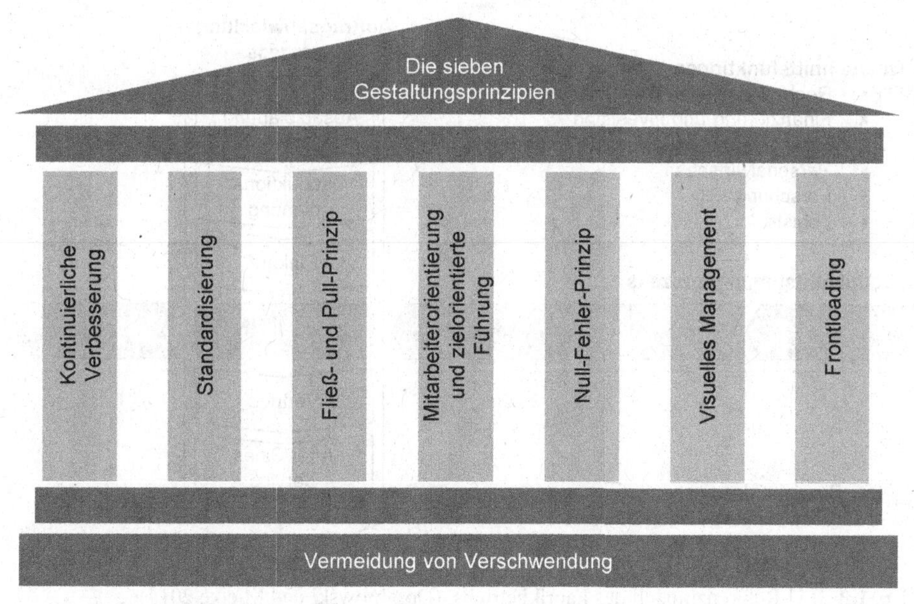

Abb. 1.7 Lean Development System

1.4 Geltungsbereich

Im Zusammenhang mit dem PEP werden häufig auch die Begriffe Produktentstehung, Produktentwicklung, Produktentwicklungsprozess, Produktplanung und Entwicklung genannt. Die Begriffe werden in der Literatur nicht einheitlich verwendet, sodass die nachfolgende Abgrenzung nicht allgemeingültig ist.

Im Rahmen dieses Buchs wird das Begriffsverständnis des IFU der Technischen Universität Braunschweig zugrunde gelegt.

Das IFU-Referenzmodell unterscheidet zwei grundsätzliche Geschäftsprozesse:

- Produktentstehungsprozess (PEP)
- Auftragsabwicklungsprozess

In Abb. 1.8 wird das IFU-Referenzmodell für den Fabrikbetrieb dargestellt. Das Modell zeigt den Produktentstehungs- und den Auftragsabwicklungsprozess mit ihren Teilprozessen sowie die Zuordnung der Teilprozesse zur Produktion. Ergänzend hierzu existieren mehrere Querschnittsfunktionen, wie Rechnungswesen und Controlling, Finanzierung und Investition, Managementsysteme und -methoden, Personalwirtschaft, Forschung sowie Logistik.

Im Auftragsabwicklungsprozess wird ausgehend von der Absatzplanung und dem Marketing die Produktionsplanung durchgeführt. Daraufhin werden durch den Einkauf die Zukaufteile beschafft. In der Fertigung wird das Produkt gefertigt und montiert. Der Vertrieb stellt die Schnittstelle zum Kunden sicher. Im After Sales Service wird dann u. a.

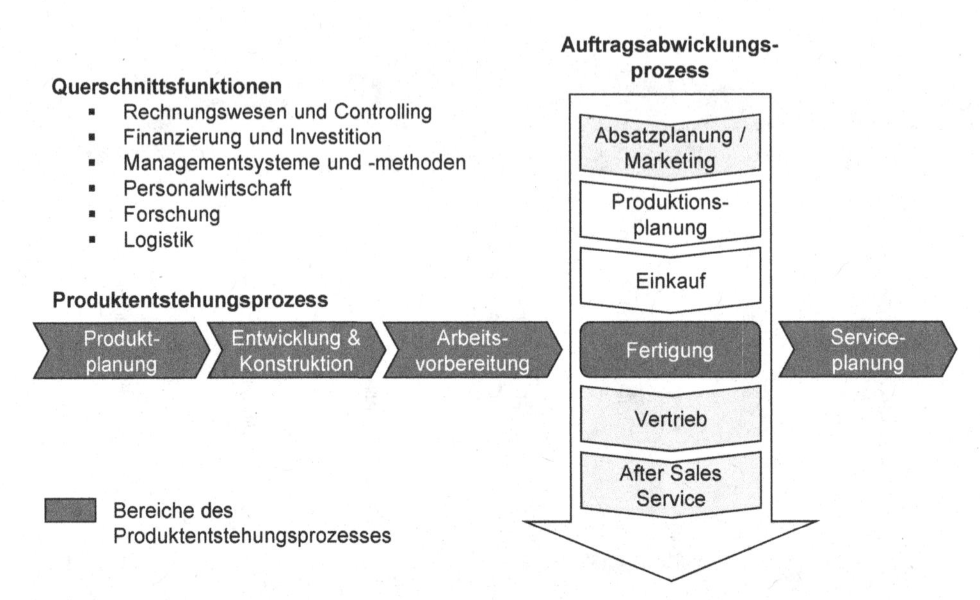

Abb. 1.8 IFU-Referenzmodell des Fabrikbetriebs. (Dombrowski und Mielke 2015)

die Ersatzteilversorgung gewährleistet. Der Produktentstehungsprozess umfasst folgende Teilprozesse: die Produktplanung, die Entwicklung und Konstruktion, die Arbeitsvorbereitung sowie den Beginn der Produktion mit der Markteinführung. Zusätzlich sind die Serviceangebote zu planen, die im After Sales Service angeboten werden. LD bietet insbesondere für die Phasen des PEP Produktplanung, Entwicklung und Konstruktion sowie Arbeitsvorbereitung unterstützende Methoden und Werkzeuge an.

1.5 Aktueller Stand der Umsetzung von Lean Development

Vor einigen Jahren haben die ersten Unternehmen angefangen, erste Ansätze von LD umzusetzen, siehe Abb. 1.9. Um den aktuellen Stand der Umsetzung von LD aufzuzeigen, werden im folgenden Kapitel ausgewählte Studien vorgestellt. Diese sollen einen Überblick geben, welche Methoden und Werkzeuge bereits umgesetzt wurden und welche noch Potenziale bieten.

In Abb. 1.9 ist zu sehen, dass die meisten Unternehmen erst nach dem Jahr 2003 angefangen haben ein LDS aufzubauen. Damit stehen die meisten Unternehmen in Deutschland noch am Beginn der Einführung.

Studie – Wege zur effizienten Einführung von Lean-Elementen in der Forschung und Entwicklung (Hoppmann 2009)

Im Jahr 2009 führten das Lean Advancement Initiative (LAI) des MIT und das IFU eine Studie mit dem Titel „Wege zur effizienten Einführung von Lean-Elementen in der Forschung und Entwicklung" durch. In dieser Studie wurde die Verbreitung und Nutzung

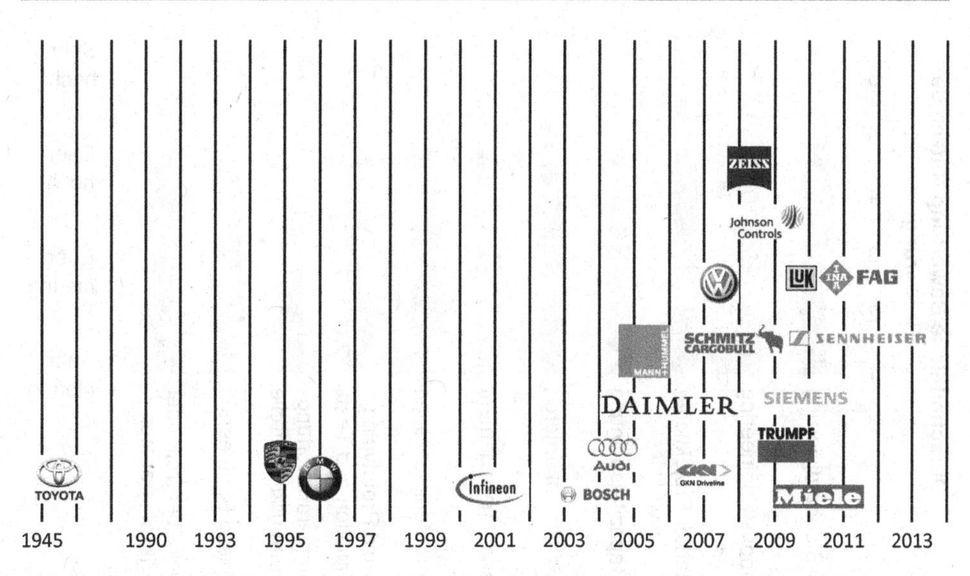

Abb. 1.9 Ausgewählte Unternehmen mit Lean Development. (Zahn 2013; Dombrowski et al. 2010)

der Lean-Elemente des TPDS in Unternehmen betrachtet. Beteiligt waren an der Studie insgesamt 113 Unternehmen, wobei 58 % aus Deutschland stammen. 29 % der Teilnehmer hatten ihren Sitz in den USA und die letzten 13 % in anderen Ländern. Abbildung 1.10 zeigt inwieweit die Unternehmen die elf verschiedenen Lean Komponenten in Verwendung haben. Es ist ersichtlich, dass mit einigem Abstand die Prozessstandardisierung am

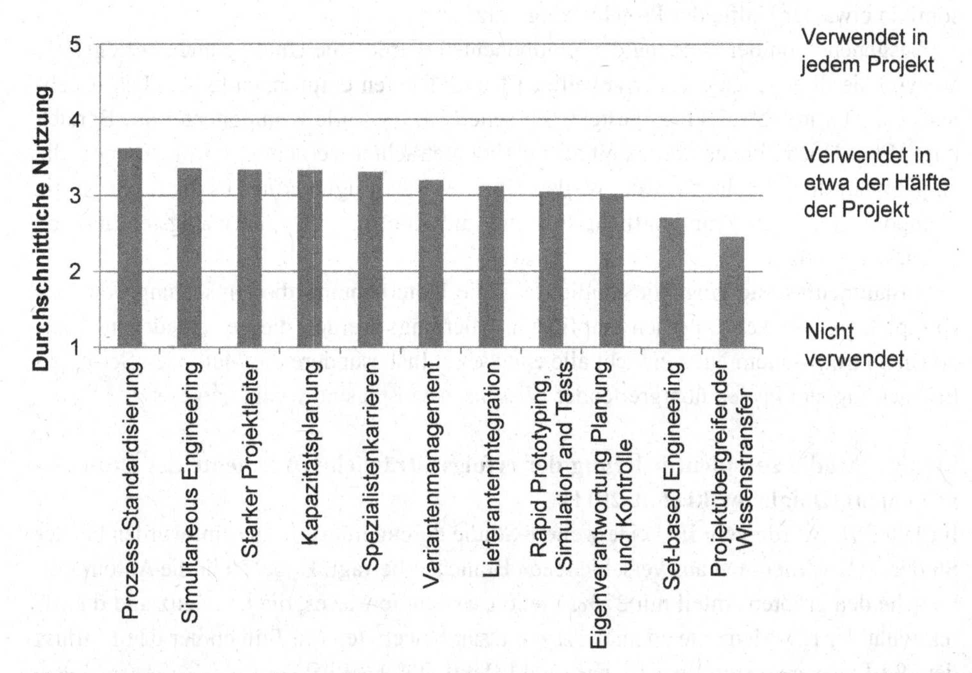

Abb. 1.10 Nutzung der elf Lean PD-Komponenten

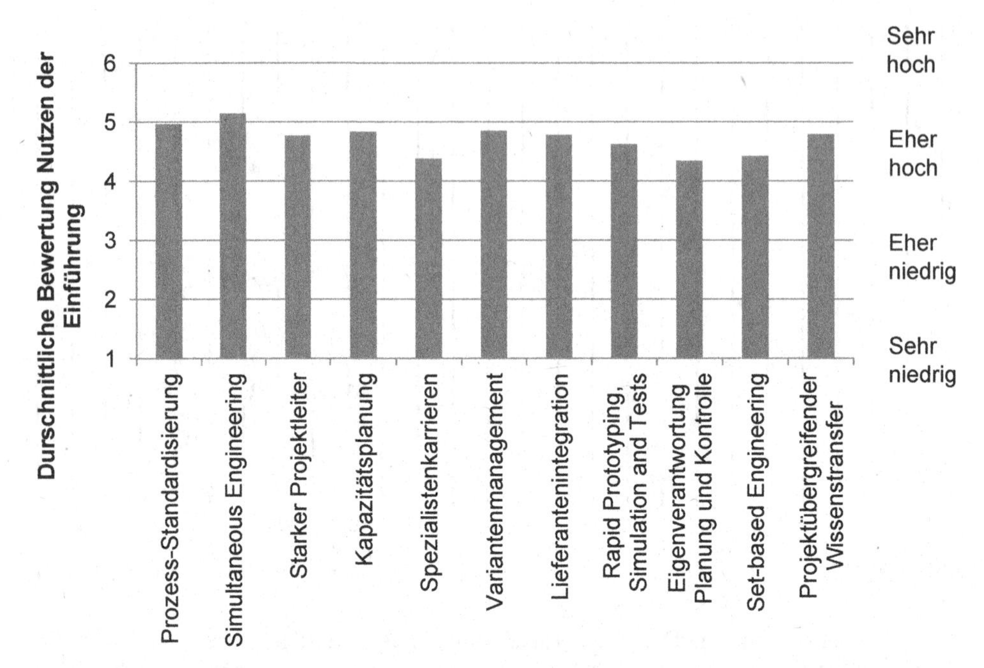

Abb. 1.11 Wahrgenommener Nutzen der Einführung der elf Lean PD Komponenten

häufigsten genutzt wird. Dahingegen werden die zwei Komponenten Set-based Engineering und Projektübergreifender Wissenstransfer in weniger als der Hälfte der Projekte genutzt. Die übrigen Komponenten liegen in einem Bereich zwischen 3 und 3,4 und werden somit in etwa der Hälfte der Projekte eingesetzt.

Ausgehend von der Nutzung der Komponenten wurden die Unternehmen befragt, wie sinnvoll sie die Umsetzung der jeweiligen Komponenten empfunden haben. Die Ergebnisse werden in Abb. 1.11 dargestellt. Zu sehen ist, dass alle Komponenten im Bereich über „Eher Hoch" liegen und damit als nützlich betrachtet werden. Die Komponente, die als Nützlichste betrachtet wurde, ist das Simultaneous Engineering. Dahingegen ist die Komponente „Eigenverantwortliche Planung und Kontrolle" als am wenigsten nützlich bezeichnet worden.

Zusammenfassend zeigt die Studie, dass die Unternehmen die Umsetzung von LD-Komponenten als sehr nützlich empfinden. Allerdings werden die verschiedenen Komponenten trotz hohem Nutzen nicht alle eingesetzt. Insbesondere die Methoden Set-based Engineering und Projektübergreifender Wissensaustausch sind wenig umgesetzt.

Studie – Studie zur Identifizierung der erfolgszuträglichen Elemente des Lean Development (Dombrowski et al. 2011)
Im Jahr 2011 wurde vom IFU eine weitere Studie durchgeführt. Insgesamt wurden bei der Studie 60 Unternehmen aus verschiedenen Branchen befragt. Dabei stellt die Automobilbranche den größten Anteil mit 27 %. Ziel dieser Studie war es, die Effizienz und die Effektivität der LD-Elemente zu analysieren. Dazu bewerteten die Teilnehmer den Einfluss der 19 LD-Elemente auf die Effizienz und Effektivität des PEP.

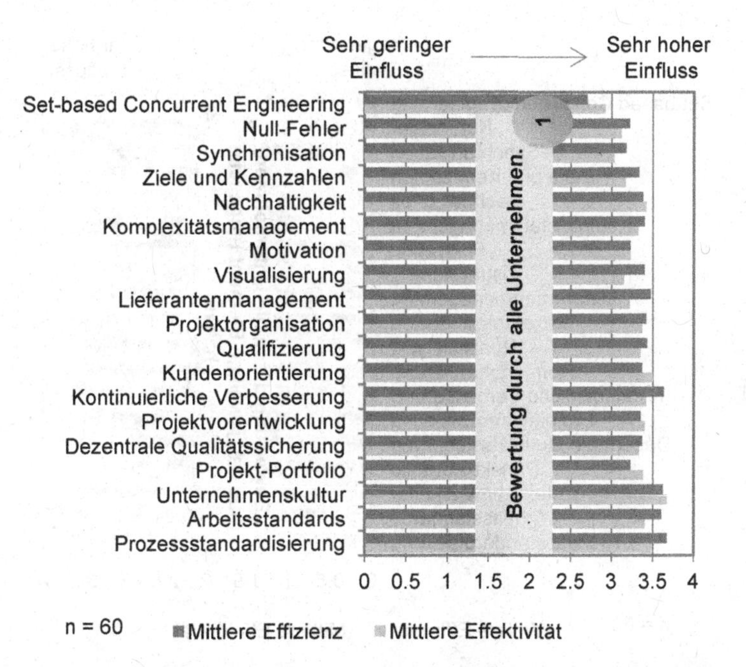

Abb. 1.12 Mittlere Effizienz und Effektivität der Lean Development-Elemente. (Dombrowski et al. 2011)

Eine Gesamtübersicht des Verbreitungsgrades von LD wurde in Abb. 1.9 dargestellt. Zu sehen ist, dass die zwei Elemente Prozessstandardisierung und Arbeitsstandards sehr häufig eingesetzt werden. Dahingegen wird das Element „Set-based Concurrent Engineering" nur selten genutzt. Mittelwert des Verbreitungsgrad beträgt 55,61 %. Zu sehen ist, dass ungefähr 60 % der Elemente häufiger als der Durchschnitt genutzt werden.

Die Abb. 1.12 zeigt die Bewertung der Elemente hinsichtlich der mittleren Effektivität und Effizienz. Dabei ist zu sehen, dass alle Elemente sowohl auf die Effektivität als auch auf die Effizienz ihre Auswirkungen haben. In der Bewertung wird der durchgängig hohe Einfluss der Elemente deutlich.

Im Gegensatz zu Abb. 1.12 zeigt Abb. 1.13 die Bewertung der mittleren Effektivität und Effizienz nur von den Unternehmen, die dieses Element bereits eingesetzt haben. Im Vergleich der beiden Abbildungen wird deutlich, dass Unternehmen, die das jeweilige Element bereits implementiert haben einen größeren Nutzen erkennen. Deutlich wird dies zum Beispiel beim Element „Set-based Concurrent Engeneering" (Dombrowski et al. 2011).

Zusammenfassend kann gesagt werden, dass sich der Großteil der Unternehmen noch in der Einführungsphase des LDS befindet und aufgrund der fehlenden Erfahrungen eine Diskrepanz zwischen dem wahrgenommen Nutzen und der tatsächlichen Anwendung der verschiedenen Methoden zu erkennen ist. Obwohl alle Methoden von den befragten Unternehmen mit einem überdurchschnittlich hohen erwarteten Nutzen bewertet wurden,

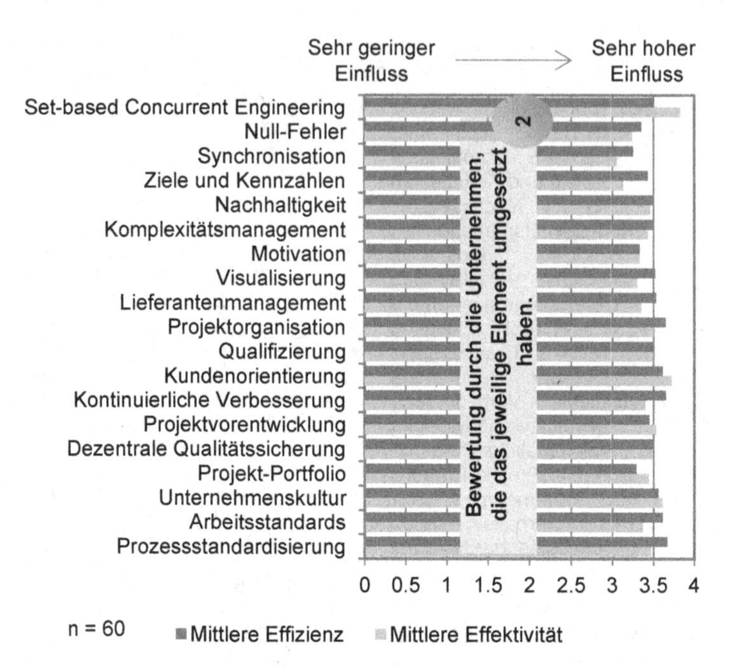

Abb. 1.13 Mittlere Effizienz und Effektivität der Lean Development-Elemente. (Dombrowski et al. 2011)

variiert die Häufigkeit ihrer Anwendung. Des Weiteren verändert sich die Einschätzung der einzelnen Methoden im Mittel positiv sobald diese praktisch angewandt wurden.

Literatur

Clark KB, Fujimoto T (1991) Product development performance – strategy, organization, and management in the world auto industry. Harvard Business School, Boston

Dombrowski U, Mielke T (2015) Ganzheitliche Produktionssysteme – Aktueller Stand und zukünftige Entwicklungen. Springer, Heidelberg

Dombrowski U, Zahn T (2011) Design of a lean development framework. Proceedings of the 2011 IEEM, S 1917–1921

Dombrowski U, Mandelartz J, Fischer H (2010) Anwendung von Ganzheitlichen Produktionssystemen in der Produktentstehung und in dienstleistenden Unternehmen. Tagungsunterlagen 3. Braunschweiger Symposium für Ganzheitliche Produktionssysteme, Braunschweig 15.–16.9.2010

Dombrowski U, Zahn T, Nowark M (2011) Lean Development – Weg zu höherer Effektivität und Effizienz? Konstruktion 11/12:2–4

Fiore C (2005) Accelerated product development – combining lean and six sigma for peak performance. Productivity Press, New York

Hoppmann J (2009) The lean innovation roadmap – a systematic approach to introducing lean in product development processes and establishing a learning organization. MIT, Boston. http://lean.mit.edu/downloads/view-document-details/2341-the-lean-innovation-roadmap-a-systematic-approach-to-introducing-lean-in-product-development-processes-and-establishing-a-learning-organization.html. Zugegriffen: 13. Feb. 2012

J.D. Power and Associates (2001–2014) Initial quality study. The Mc Fraw Hills Companies, New York
Liker J (2004) The Toyota way – 14 management principles from the world's greatest manufacturer. McGraw-Hill, New York
Mascitelli R (2007) The lean product development guidebook – everything your design team needs to improve efficiency and slash time-to-market. Technology Perspectives, Northridge
Morgan JM, Liker JK (2006) The Toyota product development system – integrating people, process, and technology. Productivity Press, New York
Oehmen J, Rebentisch E (2010) Waste in lean product development. Massachusetts Institute of Technology, Boston. http://hdl.handle.net/1721.1/79838. Zugegriffen: 11. März 2015
Oeltjenbruns H (2000) Organisation der Produktion nach dem Vorbild Toyotas – Analyse, Vorteile und detaillierte Voraussetzungen sowie die Vorgehensweise zur erfolgreichen Einführung am Beispiel eines globalen Automobilkonzerns. Shaker, Aachen
Ohno T (2013) Das Toyota-Produktionssystem. Campus Verlag, Frankfurt a. M.
Schipper T, Swets M (2010) innovative lean development – how to create, implement and maintain a learning culture using fast learning cycles. Productivity Press, New York
Sobek II DK, Ward AC, Liker JK (1999) Toyota's principles of set-based concurrent engineering. Sloan Manage Rev 40(2):67–83
Spath D (2003) Ganzheitlich produzieren – Innovative Organisation und Führung. Logis, Stuttgart
VDI 2870-1 (2012) Ganzheitliche Produktionssysteme – Grundlagen, Einführung und Bewertung. VDI – Verein Deutscher Ingenieure e. V. (Hrsg). Beuth Verlag, Berlin
Ward AC (2007) Lean product and process development. The Lean Enterprise Institute, Cambridge
Womack JP, Jones DT, Roos D (1991) Die zweite Revolution in der Autoindustrie – Konsequenzen aus der weltweiten Studie aus dem Massachusetts Institute of Technology. Campus, Frankfurt a. M.
Zahn T (2013) Systematische Regelung der Lean Development Einführung. Shaker Verlag, Aachen

Univ.-Prof. Dr.-Ing. Uwe Dombrowski nach 12-jähriger Tätigkeit in leitenden Positionen der Medizintechnik- und Automobilbranche erfolgte 2000 die Berufung zum Universitätsprofessor an die Technische Universität Braunschweig und die Ernennung zum Geschäftsführenden Leiter des Instituts für Fabrikbetriebslehre und Unternehmensforschung (IFU).

David Ebentreich begann 2011 als wissenschaftlicher Mitarbeiter in der Arbeitsgruppe Ganzheitliche Produktionssysteme am Institut für Fabrikbetriebslehre und Unternehmensforschung (IFU) der TU Braunschweig. Im Jahr 2013 wurde er zum Leiter dieser Arbeitsgruppe ernannt.

2 Gestaltungsprinzipien

Uwe Dombrowski, David Ebentreich, Philipp Krenkel, Dirk Meyer, Stefan Schmidt, Michelle Rico-Castillo, Thomas Richter, Frank Eickhorn, Frank Schimmelpfennig, Kai Schmidtchen, Ulrich Möhring, Henrike Lendzian, Rolf Judas, Carsten Hass, Rudolf Herden und Sven Schumacher

In diesem Kapitel wird zunächst der systematische Aufbau beschrieben, der sich an der Struktur und dem Aufbau eines Ganzheitlichen Produktionssystems orientiert. Daraufhin wird die Vermeidung von Verschwendung als Basis des Lean Development vorgestellt. Daran anschließend werden für die sieben Gestaltungsprinzipien Kontinuierlicher Verbesserungsprozess, Standardisierung, Fließ- und Pull-Prinzip, Mitarbeiterorientierung und zielorientierte Führung, Null Fehler-Prinzip, Visuelles Management sowie Frontloading zunächst die Grundlagen gefolgt von Methoden und Werkzeugen vorgestellt. Zu jedem Gestaltungsprinzip ist mindestens eine Methode als Praxisbeispiel beschrieben worden, wodurch die Umsetzung in der Praxis verdeutlicht wird.

U. Dombrowski (✉) · D. Ebentreich · P. Krenkel · S. Schmidt · T. Richter · K. Schmidtchen
Institut für Fabrikbetriebslehre und Unternehmensforschung (IFU), TU Braunschweig, Braunschweig, Deutschland
E-Mail: u.dombrowski@ifu.tu-bs.de

D. Ebentreich
E-Mail: d.ebentreich@ifu.tu-bs.de

P. Krenkel
E-Mail: p.krenkel@ifu.tu-bs.de

D. Meyer
Becorit GmbH, Recklinghausen, Deutschland
E-Mail: dirk.meyer@ifu.tu-bs.de

S. Schmidt
E-Mail: s.schmidt@ifu.tu-bs.de

M. Rico-Castillo
Schaeffler AG, Herzogenaurach, Deutschland
E-Mail: michelle.rico-castillo@ifu.tu-bs.de

U. Dombrowski (Hrsg.), *Lean Development,* DOI 10.1007/978-3-662-47421-1_2

2.1 Struktur und Aufbau

Uwe Dombrowski, David Ebentreich

Lean Development Systeme (LDS) sind für den Produktentstehungsprozess gleichermaßen zu strukturieren wie ein Ganzheitliches Produktionssystem (GPS), siehe Abb. 2.1 (Dombrowski und Mielke 2015). Damit durch die Nutzung der Methoden und Werkzeuge auch die Ziele des Unternehmens verfolgt werden, sind die Inhalte eines LDS von den Zielen strukturiert abgeleitet.

Ziel für die Produktentstehung ist neben den drei Zielgrößen Qualität, Kosten und Zeit auch die Innovation der Produkte. Welche Ziele dabei für verschiedene Unternehmensstrategien abgeleitet werden können wird in Abschn. 3.5 aufgegriffen. Durch die Individualität der Unternehmensziele werden auch die Inhalte des LDS unternehmensspezifisch ausgewählt. Gewöhnlich werden die Ziele von den Unternehmenszielen für die

T. Richter
E-Mail: t.richter@ifu.tu-bs.de

F. Eickhorn
Wagner Group GmbH, Hannover, Deutschland
E-Mail: frank.eickhorn@ifu.tu-bs.de

F. Schimmelpfennig
GIRA Giersiepen GmbH & Co. KG, Radevormwald, Deutschland
E-Mail: frank.schimmelpfennig@ifu.tu-bs.de

K. Schmidtchen
E-Mail: k.schmidtchen@ifu.tu-bs.de

U. Möhring
Siemens AG, Braunschweig, Deutschland
E-Mail: ulrich.moehring@ifu.tu-bs.de

H. Lendzian
Sennheiser electronic GmbH & Co.KG, Wedemark, Deutschland
E-Mail: henrike.lendzian@ifu.tu-bs.de

R. Judas
Schmitz Cargobull AG, Altenberge, Deutschland
E-Mail: rolf.judas@ifu.tu-bs.de

C. Hass · R. Herden · S. Schumacher
Miele & Cie. KG, Gütersloh, Deutschland
E-Mail: carsten.haas@ifu.tu-bs.de

R. Herden
E-Mail: rudolf.herden@ifu.tu-bs.de

S. Schumacher
E-Mail: sven.schuhmacher@ifu.tu-bs.de

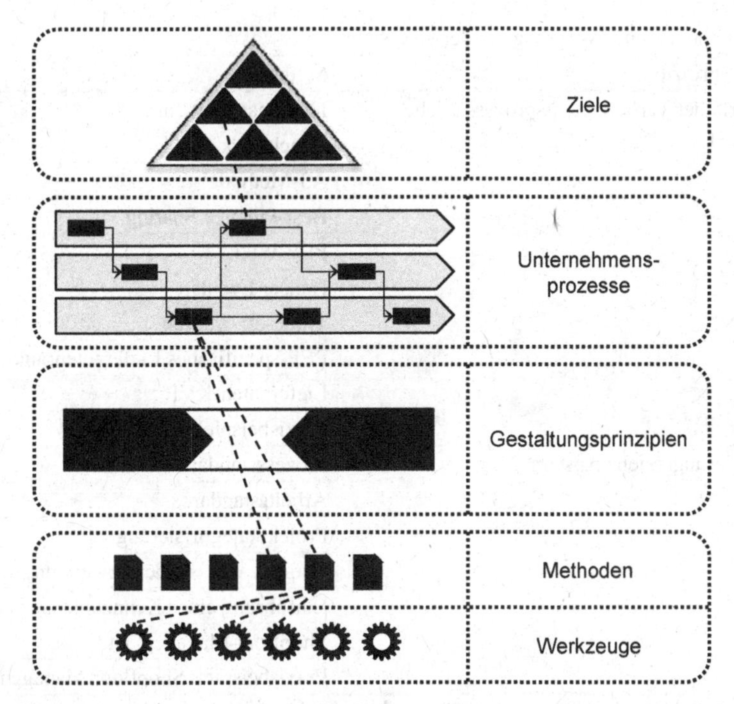

Abb. 2.1 Aufbau und Struktur eines Ganzheitlichen Produktionssystems. (VDI 2870-1 2012)

verschiedenen Funktionsbereiche abgeleitet. Diese Funktionsbereiche erreichen ihre Ziele durch die Umsetzung in den Unternehmensprozessen. Erst durch die Prozessorientierung werden die Ziele auf den Kunden ausgerichtet (Dombrowski und Mielke 2015). Daher ist ein prozessorientiertes Unternehmensmodell für die kongruente Zielerreichung aller Unternehmensbereiche sehr wichtig (Binner 2008).

Für das LDS ist der Produktentstehungsprozess (PEP) Geltungsbereich zur Umsetzung der Ziele. Ausgehend von den festgelegten Zielen in den Unternehmensprozessen werden Gestaltungsprinzipien ausgewählt, die einen Beitrag für die Verbesserung haben. Gestaltungsprinzipien fassen dabei Methoden und Werkzeuge zusammen, die bei der Umsetzung des Gestaltungsprinzips dienen. Die Auswahl der Gestaltungsprinzipien kann unternehmensindividuell geschehen. In diesem Buch wurden bereits die sieben Gestaltungsprinzipien von Lean Development (LD) vorgestellt (vgl. Abschn. 1.3). In den nachfolgenden Kapiteln werden diese Gestaltungsprinzipien mit ihren zugehörigen Methoden und Werkzeugen beschrieben. In Tab. 2.1 werden die sieben Gestaltungsprinzipien dargestellt mit den beschriebenen Methoden und Werkzeugen.

Tab. 2.1 Methoden und Werkzeuge in der Übersicht

Gestaltungsprinzip	Methode
Kontinuierlicher Verbesserungsprozess (siehe Abschn. 2.3)	Ideenmanagement
	Benchmark
	A3-Methode
	Best-Practice Sharing
	PEP-Wiki
	Hansei-Events
	Trade-off-Kurven
	PEP-spezifisches Lieferantenranking
	Lieferanten-KVP
	Praxisbeispiel: A3-Methode
Standardisierung (siehe Abschn. 2.4)	Prozessstandardisierung
	Arbeitsstandards
	Projektkategorisierung
	Vorgabe von Wiederverwendungsquoten
	Einführung eines Kennzahlensystems
	Shopfloor Management
	Praxisbeispiel: Shopfloor Management
Fließ- und Pull-Prinzip (siehe Abschn. 2.5)	Prozesssynchronisation
	Prozessorientierte Projektorganisation
	Einführung von Kompetenzzentren
	Regelkommunikation
	Scrum
	Simultaneous Engineering
	Request for Design Development Proposal
	Systematische Lieferantenauswahl
	Lieferantenintegration
	Praxisbeispiel: Scrum
Mitarbeiterorientierung und zielorientierte Führung (siehe Abschn. 2.6)	Fehler- und No-Blame-Kultur
	Qualifizierungsplanung
	Mentoring
	Hoshin Kanri
	Spezialistenkarriere
	Starker Projektleiter/Chief Engineer
	Praxisbeispiel: Personal Kanban
	Praxisbeispiel: Coaching

Tab. 2.1 (Fortsetzung)

Gestaltungsprinzip	Methode
Null-Fehler-Prinzip (siehe Abschn. 2.7)	Requirements Engineering
	Quality Function Deployment
	Quality-Gates
	Eskalationsvorgaben/Andon
	Rapid Prototyping
	Cardboard Engineering
	Systematische Fehlerbehebung
	Praxisbeispiel: Cardboard Engineering
Visuelles Management (siehe Abschn. 2.8)	Visualisierung von Projektinhalten/Obeya
	Visualisierung innerhalb der Funktionsbereiche
	Go-to-Gemba
	Wertstrommethode
	5S
	Projekt-Portfolio Monitoring
	Praxisbeispiel: Obeya
Frontloading (siehe Abschn. 2.9)	Set-based Engineering
	Sortimentsoptimierung
	Target Costing
	Lebenszyklusplanung
	Kentou
	Quality Function Deployment
	Praxisbeispiel: Quality Function Deployment

2.2 Vermeidung von Verschwendung

Uwe Dombrowski, Philipp Krenkel

2.2.1 Grundlagen

Viele Unternehmen haben in der Vergangenheit ihre Produktivität und Flexibilität durch die Einführung eines Ganzheitlichen Produktionssystems (GPS) gesteigert (VDI 2870-1 2012; Zahn 2013). Wesentlicher Ansatz ist hierbei die konsequente und gründliche Vermeidung jeglicher Verschwendung (Ohno 2013). Generell lassen sich Tätigkeiten in wertschöpfende und nicht wertschöpfende Tätigkeiten unterteilen. Wertschöpfend sind die Tätigkeiten, Prozesse oder Projekte, bei denen der Wert des Produktes erhöht wird und für die der Kunde bereit ist zu bezahlen (VDI 2870-1 2012). Nicht wertschöpfende Tätigkeiten können notwendig sein (z. B. Transporte) oder nicht notwendig (z. B. Fehler). Nicht wertschöpfende Tätigkeiten sowie notwendige Tätigkeiten führen zu keiner Erhöhung des Wertes aus Sicht des Kunden und stellen somit Verschwendung dar (Liker 2013). Die Vermeidung von Verschwendung geht folglich mit einer Erhöhung des Wertschöpfungsanteils einher (Ohno 2013; Liker 2013; Becker 2006). In der Literatur sind die sieben Verschwendungsarten nach Ohno am weitesten verbreitet. Diese nachfolgend genannten sieben Arten unterstützen bei der Identifikation und Vermeidung von Verschwendung innerhalb der Produktion (Ohno 2013).

1. Überproduktion
2. Wartezeiten
3. Transport
4. durch die Bearbeitung selbst
5. Bestände
6. Bewegungen
7. Ausschuss und Nacharbeit

Zur langfristigen Sicherung der Wettbewerbsfähigkeit ist es für Unternehmen entscheidend, die Entwicklungszeiten sowie -kosten drastisch zu senken. Daher besteht das Ziel, das Vorgehen zur Vermeidung von Verschwendung auf den PEP zu übertragen.

Derzeit ist vielen Unternehmen nicht bewusst, welche Tätigkeiten zur Wertschöpfung und welche zur Verschwendung in der Produktentstehung beitragen (Dombrowski et al. 2011c) Hierdurch findet in der Praxis meist keine systematische Identifikation von Verschwendung statt, woraus sich ein sehr niedriger Wertschöpfungsanteil innerhalb des PEP ergibt. Verschiedene Studien gehen von gerade einmal 20 % Wertschöpfung im PEP aus (Fiore 2005; Mascitelli 2007; Schipper und Swets 2010; Ward et al. 1995). Die Verbesserung der Wettbewerbsfähigkeit durch eine Reduktion der Entwicklungszeiten sowie -kosten ist damit kaum möglich, besitzt jedoch höchste Relevanz im internationalen Wettbewerb.

Eine Ursache für die fehlende systematische Identifikation von Verschwendung ist, dass die genannten sieben Verschwendungsarten innerhalb der Produktion nicht eins zu eins auf die Produktentstehung übertragen werden können (Dombrowski und Zahn 2011; Morgan und Liker 2006). Gründe hierfür sind in den Rahmenbedingungen des PEP zu finden (Floresa et al. 2010; Hoppmann 2009; Morgan und Liker 2006). So basieren die sieben Verschwendungsarten grundlegend auf einer visuellen Erfassung der Verschwendung, die aufgrund der fehlenden Transparenz im PEP nicht immer möglich ist. Im Genauen gilt es die nachfolgend genannten Rahmenbedingungen zu berücksichtigen:

In der Produktentstehung steht **primär der Informationsfluss statt des Materialflusses** im Vordergrund: Während in der Produktion vornehmlich der Materialfluss betrachtet wird, ist in der Produktentstehung primär der Informationsfluss zu beachten. Verschwendungen im Informationsfluss sind allerdings weniger transparent und dadurch schwerer zu identifizieren (Morgan und Liker 2006; Dombrowski et al. 2011a).

Die Produktentstehungsprozesse sind **primär kognitive statt physische Prozesse**: Zu den kognitiven Prozessen gehören insbesondere Aufgaben zur kreativen Lösungsfindung. Jedoch werden nicht alle erdachten Lösungsalternativen umgesetzt. Trotzdem ist dieses generierte Wissen nicht pauschal als Verschwendung zu definieren, da dieses z. B. im Rahmen zukünftiger Projekte genutzt werden kann. Verschwendung entsteht, wenn das erarbeitete Wissen verloren geht. Hier fehlt es allerdings an Transparenz über die wirklich verursachte Verschwendung, da diese nicht wie ein physischer Prozess beobachtet werden kann (Morgan und Liker 2006; Zahn 2013; Dombrowski et al. 2011a).

In der Produktentstehung sind **individuelle Lösungen statt hoher Wiederholraten** gefragt: Aufgaben der Produktentstehung sind vielfach einmalig, bei denen die Auswirkungen auf spätere Produktlebensphasen vorher nicht immer feststehen. Vor dem Hintergrund, dass in den frühen Phasen der Produktentstehung die Herstell-, Betriebs- und Entsorgungskosten weitgehend fixiert werden (Ehrlenspiel et al. 2014; VDI-Richtlinie 2235 1987), wird hier bereits ein Großteil der Verschwendung in den nachfolgenden Produktlebensphasen vorbestimmt (Dombrowski und Schmidt 2013) Diese ist allerdings, wie bereits erwähnt, in den frühen Phasen wenig transparent, sodass deren Identifikation schwer ist (Dombrowski et al. 2011a). Um diese Verschwendung transparent zu machen, muss im PEP neben den ausführenden Prozessen auch die Verschwendung am Produkt identifiziert werden.

Prozesszeiten in der Produktentstehung sind meist Wochen oder Monate, in der Produktion Sekunden und Minuten: Eine Messung von prozessbezogenen Verschwendungsarten mit den gleichen Methoden wie in der Produktion (z. B. Produktivitätskennzahlen, Zeitaufnahmen) ist aufgrund der nicht vorhandenen Vorgabezeiten und des hohen Individualisierungsgrads der Tätigkeiten nur nach intensiven Vorarbeiten möglich. Es besteht daher nur geringe Transparenz über die benötigten Zeiten einzelner Tätigkeiten im PEP, wodurch die zeitliche Verschwendung nur schwer identifiziert werden kann (Morgan und Liker 2006; Dombrowski et al. 2011a).

Zusammenfassend ist ersichtlich, dass Unternehmen eine ausreichende Transparenz über die bestehende Verschwendung benötigen, um dem zuvor beschriebenen Defizit einer fehlenden systematischen Identifikation von Verschwendung im PEP zu begegnen. Allein wenn Transparenz über die Verschwendung im PEP vorliegt, kann zu Beginn eines PEP eine umfassende Vermeidung von Verschwendung, bspw. unter Zuhilfenahme des PDCA-Zyklus, vorangetrieben werden. Zu berücksichtigen ist dabei sowohl die Verschwendung in den ausführenden Prozessen des PEP als auch die Verschwendung am Produkt, die sich erst in den späteren Phasen des Produktlebenszyklus auswirkt. Im folgenden Abschnitt sollen dazu in der Literatur genannte verschiedene Arten der Verschwendung beschrieben werden. Durch deren Berücksichtigung wird die Transparenz erhöht, wodurch die Identifikation von Verschwendung in der Praxis vereinfacht und die Zielgrößen Qualität, Kosten sowie Zeit im PEP verbessert werden können.

2.2.2 Ansätze zur Definition und Identifikation von Verschwendung

Das Lean Engineering der LAI (Lean Advancement Initiative, Massachusetts Institute of Technology, Cambridge) beschreibt insgesamt sieben Verschwendungsarten in der Produktentstehung (McManus 2005)

1. Wartezeiten
2. Bestand
3. Overprocessing
4. Überproduktion
5. Transporte
6. Unnötige Bewegungen
7. Defekte Produkte

Das Toyota Product Development System nach Morgan und Liker stellt einen aktuell weit verbreiteten Ansatz zur Beschreibung von LD dar. Dabei werden sieben Arten von „Muda" bzw. von Verschwendung in der Produktentstehung definiert (Morgan und Liker 2006)

1. Überproduktion
2. Wartezeiten
3. Bewegungen
4. überflüssige nicht-standardisierte Prozesse
5. Bestände
6. Transport
7. Nacharbeit

In Lean Product and Process Development nach Ward werden die Verschwendungsarten der Produktentstehung unter dem Begriff Wissensverschwendung (engl.: Knowledge-Waste) aufgezeigt. Im Zuge dessen werden die nachfolgenden Verschwendungsarten genannt (Ward 2007):

1. Kommunikationsbarrieren
2. Unzureichende Hilfsmittel
3. Unnütze Informationen
4. Wartezeiten
5. Testen von Spezifikationen
6. Verworfenes Wissen

In Lean Innovation nach Schuh werden die folgenden sechs Verschwendungsformen genannt (Schuh 2013):

1. Mangelnde Kundenorientierung
2. Unterbrochener Wertstrom
3. Ungenutzte Ressourcen
4. Ungenügende Standards
5. Ungenutzte Skaleneffekte
6. Defekte und Nacharbeiten

In der Arbeit von Oehmen et al. werden acht Verschwendungsarten in der Produktentstehung genannt (Oehmen und Rebentisch 2010)

1. Warten auf Personen
2. Zusammenbringen von Informationen
3. Erarbeiten fehlerhafter Informationen
4. Bestand von Informationen
5. Kommunikationspannen
6. Overprocessing
7. Überproduktion
8. Unnötige Bewegungen

2.2.3 Zusammenfassende Beurteilung

Um einen zusammenfassenden Zugang zu den genannten Verschwendungsursachen in der Produktentstehung zu geben, werden diese in Tab. 2.2 gebündelt dargestellt und im Folgenden erläutert.

- **Wartezeiten**: Unterbrechungen des Wertstroms, wie sie durch Wartezeiten entstehen, ergeben sich durch das Warten von Personen auf Informationen. Ursachen können fehlende Zugriffsmöglichkeiten, ausstehende Entscheidungen oder zeitlich unpassende Datenbankupdates sein. Allerdings können auch Informationen bei zu früher Generierung auf Personen warten, wodurch die Daten bei deren Nutzung bereits veraltet sein können (Schuh 2013; McManus 2005; Morgan und Liker 2006; Ward 2007; Oehmen und Rebentisch 2010).
- **Bestand**: Ein zu hoher Bestand an Informationen kann sich durch ein zu geringes Verständnis über eigentlich benötigte Daten ergeben. Des Weiteren steigt der Bestand durch eine dezentrale, individuelle Datenpflege wodurch mehrfache und redundante Informationsquellen vorhanden sind. Eine Auswirkung dieser Bestände kann der Gebrauch veralteter Information sein (McManus 2005; Morgan und Liker 2006).
- **Overprocessing**: Beispiele hierfür sind das exzessive Formatieren oder Konvertieren von Informationen sowie die Arbeit mit unterschiedlichen IT-Systemen und die Übererfüllung technischer Lösungen (McManus 2005; Oehmen und Rebentisch 2010).
- **Überproduktion**: Darunter werden überflüssige Details und Genauigkeiten in den frühen Stufen der Produktentstehung verstanden. Überproduktion entsteht dabei häufig

Tab. 2.2 Zusammenfassung von Verschwendungsarten in der Produktentstehung

	Autoren				
Arten der Verschwendung	McManus 2005	Morgan und Liker 2006	Ward 2007	Schuh 2013	Oehmen und Rebentisch 2010
Wartezeiten	x	x	x	x	x
Bestand	x	x			
Overprocessing	x				x
Überproduktion	x	x			x
Transporte	x	x			
Unnötige Bewegung	x	x			x
Defekte Produkte	x				x
Überflüssige nicht-standardisierte Prozesse		x		x	
Nacharbeit		x		x	x
Kommunikationsbarrieren			x		x
Unzureichende Hilfsmittel			x		
Unnütze Informationen			x		x
Testen von Spezifikationen			x		
Verworfenes Wissen			x		
Mangelnde Kundenorientierung				x	
Ungenutzte Ressourcen				x	
Ungenutzte Skaleneffekte				x	

durch das „Pushing" statt dem „Pulling" von Information durch unkontrollierte Prozesse. Des Weiteren entsteht in der Produktentstehung eine Überproduktion, wenn mehrere Personen gleiche Kundenlösungen erarbeiten (McManus 2005; Morgan und Liker 2006; Oehmen und Rebentisch 2010).

- **Transporte**: Hierunter fallen unnötige/überflüssige Transporte von Informationen zwischen Personen, Organisationen oder Systemen, bspw. durch die mehrfache Bearbeitung von Informationen bevor sie beim Nutzer ankommen. Verursacht wird dies häufig durch fehlende Zugriffsrechte (McManus 2005; Morgan und Liker 2006).
- **Unnötige Bewegungen**: Unnötige Bewegungen von Personen entstehen durch redundante Meetings, oberflächliche Besprechungen oder weite Reisedistanzen. Weitere Ursachen sind der fehlende direkte Zugang zu Teammitgliedern, wenn sie bspw. räum-

lich nicht zusammensitzen. Zu nennen sind auch ein mangelhaftes Design von Nutzerschnittstellen von IT-Systemen, nicht kompatible Software oder fehlendes Training (McManus 2005; Morgan und Liker 2006; Oehmen und Rebentisch 2010).

- **Defekte Produkte**: Unzureichende Tests oder nicht-realistische Berechnungen führen zu fehlerhaften Daten, Informationen oder Berichten. Fehler die im PEP entstehen werden oft erst spät erkannt und sind meist nur äußerst kostenintensiv, durch Nacharbeiten zu beheben (McManus 2005; Morgan und Liker 2006; Oehmen und Rebentisch 2010).
- **überflüssige nicht-standardisierte Prozesse**: Standard bedeutet nicht gleich Stillstand. Eine mitarbeiterorientierte und intelligente Standardisierung bildet die Basis für kontinuierliche Verbesserung und Einhaltung hoher Qualitätsstandards. Durch ungenügende Standards kommt es zu Verschwendung bei der Informationssuche, zu unstrukturierten Abläufen und Schnittstellenproblemen. Auch das Varianten- bzw. Gleichteilemanagement ist auf die Definition von Standards angewiesen (Schuh 2013; Morgan und Liker 2006).
- **Nacharbeit**: In der Produktentstehung ergibt sich Nacharbeit vor allem durch mangelhafte Berechnungen, unrealistische Tests oder unzureichende Vorgehensweisen zur Entdeckung von Qualitätsproblemen. Besonders gravierend ist die Tatsache, dass die Kosten mit jeder durchlaufenen Phase des PEP exponentiell ansteigen (Ehrlenspiel et al. 2014; Schuh 2013; Morgan und Liker 2006; Oehmen und Rebentisch 2010)
- **Kommunikationsbarrieren**: Diese verhindern den direkten Wissens-/Informationsfluss. Dazu gehören physische Barrieren (Distanz, inkompatible Computerformate etc.) soziale Barrieren (Klassensystem im Unternehmen, Managementverhalten), Fähigkeits-/Eignungsbarrieren (fehlende Kompetenzen, um Daten in nutzbares Wissen umzuwandeln) und Informationskanäle (Weitergabe von Informationen auf Papier führt zu veralteten, mehrfachen und widersprüchlichen Kopien derselben Daten) (Ward 2007; Oehmen und Rebentisch 2010).
- **Unzureichende Hilfsmittel**: Unternehmen mit detaillierten Entwicklungsprozessen haben oftmals die größten Probleme, da diese den Entwicklern die Nutzung ineffizienter oder veralteter Techniken vorschreiben. Wichtig sind hingegen Standards für Ergebnisse oder Wertorientierung, allerdings nicht für das Verfolgen von Prozessen (Ward 2007).
- **Unnütze Informationen**: Informationen sind von keinem Nutzen, wenn sie nicht dazu beitragen, Kundenanforderungen zu verstehen, Innovationen hervorzurufen oder Basis für wichtige Entscheidungen sind (Ward 2007; Oehmen und Rebentisch 2010).
- **Testen von Spezifikationen**: Das Testen von Spezifikationen während der Entwicklung, um die Marktreife der Produkte zu identifizieren, gilt als Verschwendung. Um Verschwendung zu vermeiden sollten Unternehmen vielmehr die Schwachstellen in der eigentlichen Funktionserfüllung identifizieren (Ward 2007).
- **Verworfenes Wissen**: Nach Abschluss eines Entwicklungsprojekts wird das generierte Wissen oftmals abgelegt und vergessen, wodurch das wertvollste Gut einfach verworfen wird (Ward 2007).

- **Mangelnde Kundenorientierung**: Wesentlicher Grundpfeiler des LD ist die Kundenorientierung, folglich muss theoretisch jede Aktivität den Kundennutzen erhöhen. Durch steigende Produktkomplexität kommt es zu einem im Vergleich zum Kundennutzen überproportionalen Anstieg komplexitätsinduzierter Kosten und Aufwände (Schuh 2013).
- **Ungenutzte Ressourcen**: Ähnlich wie innerhalb der Produktion, gilt es auch in der Produktentstehung die vorhandenen Ressourcen bestmöglich einzusetzen. Dabei sind innerhalb des PEP insbesondere die Mitarbeiter zu berücksichtigen. Durch Unterforderung, Unterbeschäftigung aber auch durch Überbelastung kommt es zu Verschwendung, die sich oftmals auch in nachgelagerten Fehlern und Nacharbeiten äußert (Schuh 2013).
- **Ungenutzte Skaleneffekte**: Mangelnde Nutzung von Kommunalitäten führt zu Verschwendung innerhalb des PEP und darüber hinaus. Werden ähnliche Kundenanforderungen mittels unterschiedlicher technologischer Konzepte oder redundanter Konstruktionen der Bauteile realisiert, werden mögliche Skaleneffekte nicht genutzt. Hierdurch entstehen vermeidbare Aufwände über den gesamten Produktlebenszyklus (Schuh 2013).

Als Vorgehen zur Vermeidung von Verschwendung in der Produktentstehung kann die Wertstrommethode herangezogen werden, welche in Abschn. 2.8.2 näher beschrieben wird. Diese ist mit der Wertstrommethode für den Produktionsbereich nach (Rother und Shook 2004) vergleichbar. Wird durch die Wertstrommethode der Ist-Zustand der Prozesse visualisiert, kann im Anschluss, mit Hilfe der beschriebenen Arten der Verschwendung, die Verschwendung leichter identifiziert werden. Daraus kann der Soll-Zustand entwickelt werden, um zukünftig Verschwendung zu vermeiden.

2.3 Kontinuierliche Verbesserung

Dirk Meyer, Stefan Schmidt

Der Kontinuierliche Verbesserungsprozess (KVP) stellt einen Kerngedanken eines Ganzheitlichen Produktionssystems dar. Der KVP baut darauf auf, dass die Mitarbeiter die aktuellen Prozesse und Arbeitsroutinen immer wieder in Frage stellen. Nur durch dieses Streben nach Perfektion entsteht die Möglichkeit in kleinen Schritten besser zu werden und Verschwendungen in Prozessen zu identifizieren sowie zu eliminieren. Da das Gestaltungsprinzip des KVP einen interdisziplinären Charakter aufweist, kann es in allen Unternehmensprozessen zum Einsatz kommen und ist somit auch auf die Produktentstehung übertragbar. Im folgenden Kapitel erfolgt daher zunächst die Definition und Abgrenzung des KVP, worauf aufbauend die Besonderheiten im Rahmen der Produktentstehung aufgezeigt werden. Anschließend wird eine Methodenauswahl vorgestellt, mit deren Hilfe der KVP in der Produktentstehung initiiert und gefördert werden kann. Den Abschluss des

Kapitels bildet ein Fallbeispiel der Becorit GmbH zur Anwendung der A3-Methode im Rahmen der Produktentstehung von Reibmaterialien für Schienenfahrzeuge.

2.3.1 Grundlagen

Begriffsbestimmung und Abgrenzung

Das permanente Streben nach Perfektion bildet einen wesentlichen Kerngedanken des Lean Thinking mit dem Ziel, jegliche Verschwendung im Unternehmen zu minimieren (Womack und Jones 2013). Somit zielt das Gestaltungsprinzip des KVP im Rahmen des LD auf die stetige Verbesserung der Prozesse innerhalb der Produktentstehung. Als Synonyme für den KVP findet der englische Begriff des *Continuous Improvement Process* (CIP) oder das japanische Äquivalent *Kaizen* Verwendung (Imai 1997).

Im Gegensatz zu sequenziellen innovationsorientierten Verbesserungsansätzen, wie dem Business Reengineering, steht der KVP für eine kontinuierliche Verbesserung in kleinen Schritten, unter Einsatz geringer finanzieller Mittel (Imai 1997). Verbesserungsaktivitäten sind zudem mit dem Gestaltungsprinzip der Standardisierung verknüpft, da jede Verbesserung eine Anpassung der aktuellen Standards erfordert, um eine nachhaltige Wirkung der Verbesserung zu gewährleisten (Imai 1992). Abbildung 2.2 zeigt das Zusammenspiel von KVP und Standardisierung sowie die Abgrenzung zu innovationsorientierten Verbesserungsansätzen. Werden nach der Etablierung einer Innovation, wie z. B. der Einführung eines neuen CAD-Systems, keine Standards gesetzt, so führt dies zu einer kontinuierlichen Verschlechterung des Status quo und reduziert damit die Absprungbasis für kommende innovationsorientierte Verbesserungen (links). Die gleichzeitige Anwendung des KVP und der Standardisierung hingegen führt nicht nur zu einem aktiven Erhalt des Status quo, sondern erlaubt auch das Erschließen und Sichern von zusätzlichen Potenzialen im Rahmen des KVP (rechts).

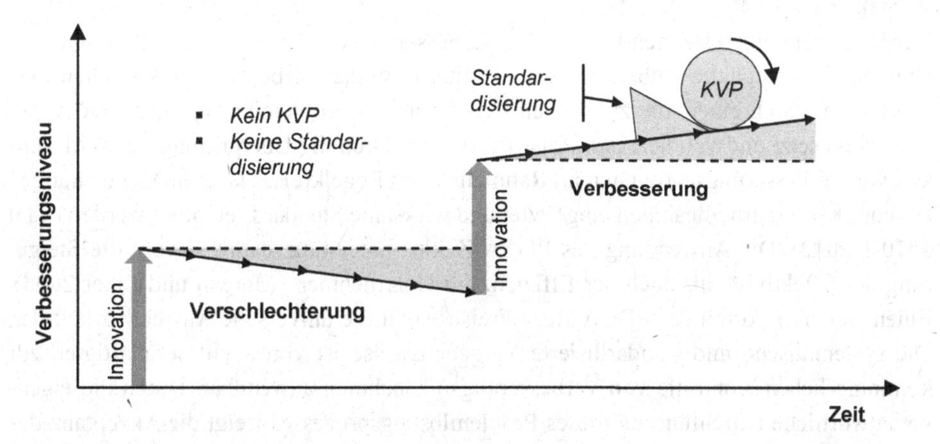

Abb. 2.2 Zusammenspiel von KVP und Standardisierung. (Imai 1997, S. 50 f.)

Ziel des KVP

Der KVP setzt auf die Einbeziehung der eigenen Mitarbeiter, um die Prozesse bzw. Wertströme im Unternehmen kontinuierlich zu verbessern. Dabei stehen nicht einmalige Großprojekte im Vordergrund, sondern vielmehr die Schaffung einer Kultur der Verbesserung, die jeden Mitarbeiter des Unternehmens dazu ermutigt und befähigt, bestehende Prozesse und Standards zu hinterfragen und im Rahmen der täglichen Arbeit eigenständig weiterzuentwickeln (Imai 1992). Dabei zielt der KVP auf oberster Ebene auf die Erhöhung der Kundenzufriedenheit und auf die Vermeidung von Verschwendung ab, um somit die Basis für eine nachhaltige Wettbewerbsfähigkeit sicherzustellen (Imai 1997; Teufel 2009).

Abgrenzung zum Betrieblichen Vorschlagswesen

Das Betriebliche Vorschlagswesen (BVW) stellt einen formalisierten Prozess zur Förderung, Begutachtung, Anerkennung und Umsetzung von Verbesserungsvorschlägen dar (Dombrowski et al. 2007). Hierbei erfolgt die Entwicklung von Verbesserungsideen meist außerhalb der Arbeitszeit und bezieht sich in diesem Fall nicht auf den eigentlichen Pflichtenkreis des Mitarbeiters (Wahren und Bälder 1998). Häufig werden die Mitarbeiter durch extrinsische Anreize zur Partizipation am BVW angeregt. Die resultierenden Verbesserungsvorschläge können hinsichtlich ihrer Aktualität, Qualität und ihres Veränderungspotenzials stark variieren, was eine formelle Prüfung durch eine (häufig zentrale) Fachabteilung notwendig macht (Wahren und Bälder 1998).

Im Gegensatz zum zentralen und formalisierten Ansatz des BVW verfolgt der KVP hingegen eine dezentrale und informelle Umsetzung vor Ort (Dombrowski et al. 2010). Der KVP ist weniger formal organisiert und fokussiert eher kleine, permanente und sofort umsetzbare Verbesserungen, die häufig das direkte Arbeitsumfeld der Mitarbeiter betreffen (Dombrowski et al. 2008, 2010). Verbesserungsvorschläge werden hierbei durch Führungskräfte mittels Coaching oder Fragetechniken angeregt und während der Arbeitszeit entwickelt und umgesetzt (Dombrowski et al. 2010).

Vorgehen im KVP

Der KVP stellt einen stetigen Prozess zur Verbesserung von Prozessen und Produkten im Unternehmen durch die Einbeziehung aller Mitarbeiter dar. Verbesserungsaktivitäten werden hierbei durch einen kurzzyklischen Regelkreis zur Problemlösung, dem PDCA-Zyklus, umgesetzt und validiert bzw. falsifiziert. Nur durch die Überprüfung der Wirksamkeit von Verbesserungsaktivitäten im Rahmen dieses Regelkreises können Abweichungen erkannt, Korrekturmaßnahmen eingeleitet und wirksame Standards etabliert werden (VDI 2870-1 2012). Die Anwendung des PDCA-Zyklus unterstützt damit sowohl die Steigerung der Effektivität als auch der Effizienz im Unternehmen (Morgan und Liker 2006). Einen weiteren Vorteil des PDCA-Regelkreises stellt die universelle Anwendbarkeit dar. Die systematische und standardisierte Vorgehensweise ist von allen Beschäftigten zur kontinuierlichen Kontrolle von Verbesserungsmaßnahmen anwendbar. Durch die eigenverantwortliche Durchführung dieses Problemlösungsprozesses steigt die Akzeptanz des KVP durch Partizipation.

Der PDCA-Zyklus beschreibt einen iterativen vierphasigen Problemlösungsprozess als Grundlage des KVP. Durch das iterative Durchlaufen der Phasen *Plan* (Planen), *Do* (Durchführen), *Check* (Prüfen) und *Act* (Agieren/Anpassen) werden Verbesserungsaktivitäten systematisch analysiert und in neue, verbesserte Standards umgesetzt (Imai 1997). Die Initiierung des PDCA erfolgt durch die Identifikation eines Problems oder Verbesserungspotenzials und mündet in dem folgenden Phasenverlauf: (VDI 2870-2 2012)

1. **Plan**: In der ersten Phase findet die Planung der identifizierten Verbesserungsaktivitäten statt. Dies beinhaltet Teilaufgaben, wie die Analyse der Problemursache, das Festlegen eines Zielwertes nach der Maßnahmenumsetzung, Definition von Kennzahlen zur Erfolgsmessung, das Sammeln und Festlegen von Lösungsmethoden sowie die Erstellung eines konkreten Aktionsplans.
2. **Do**: In der zweiten Phase erfolgen die Umsetzung der geplanten Maßnahmen gemäß dem Aktionsplan sowie das Ermitteln von Zwischenergebnissen.
3. **Check**: In der dritten Phase findet die Ergebniskontrolle der umgesetzten Verbesserungsmaßnahmen statt. Hierzu wird anhand der zuvor definierten Kennzahlen ermittelt und dokumentiert, inwiefern eine Verbesserung zum Ausgangszustand eingetreten bzw. der definierte Zielwert realisiert worden ist.
4. **Act**: In der vierten Phase werden Handlungen aus den Ergebnissen der vorherigen Phase abgeleitet. Konnte der angepeilte Zielzustand realisiert werden, so werden die Veränderungen im Rahmen der Verbesserungsaktivitäten als neue Standards festgelegt. Durch das anschließende Festlegen von neuen Zielen für weitere Verbesserungen erfolgt eine erneute Initiierung des PDCA. Im Falle eines negativen Ergebnisses steht die Ursachenanalyse im Vordergrund. Auch in diesem Falle wird ein neuer PDCA angestoßen, um Korrekturmaßnahmen zu planen und umzusetzen.

Abbildung 2.3 visualisiert die Anwendung des PDCA im Rahmen des KVP und die Absicherung des Status quo durch das Setzen neuer Standards.

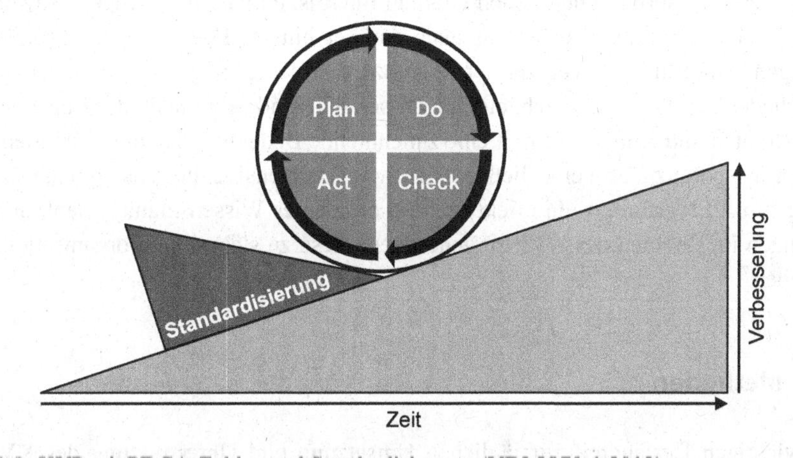

Abb. 2.3 KVP mit PDCA-Zyklus und Standardisierung. (VDI 2870-1 2012)

Besonderheiten des KVP in der Produktentstehung

Der Kerngedanke des kontinuierlichen Verbesserns sowie das zugrunde liegende Vorgehen des PDCA sind universell in allen Unternehmensprozessen anwendbar. Jedoch lassen sich im Produktentstehungsprozess einige spezifische Besonderheiten im Vergleich zu operativen, wertschöpfenden Prozessen identifizieren, die Auswirkungen auf die Implementierung und Anwendung des KVP haben. Durch die Bereitstellung spezifischer Methoden und Werkzeuge kann diesen Besonderheiten begegnet werden. Diese werden im nachfolgenden Abschnitt näher erläutert. Zunächst werden relevante Unterschiede des PEP beschrieben.

Im Rahmen der Produktentstehung werden die wesentlichen Rahmenbedingungen für alle nachgelagerten Lebenszyklusphasen eines Produktes festgelegt. Nach Ehrlenspiel werden so mehr als 70 % der anfallenden Kosten bereits durch die Gestaltung des Produktes determiniert (Ehrlenspiel 2013). Verbesserungsaktivitäten im Rahmen des KVP sollten daher nicht ausschließlich auf die Prozesse der Produktentstehung ausgerichtet sein, sondern auch bereits alle nachfolgenden Lebenszyklusprozesse berücksichtigen. Dies kann durch Verbesserungen an der Produktgestaltung erreicht werden. In Abschn. 4.1 wird durch das Lean Design ein Ansatz vorgestellt, um dieser Zielstellung gerecht zu werden. Damit zielt der KVP im PEP sowohl auf die Verbesserung der Prozesse als auch auf die Verbesserung des Produktes ab.

Weitere Besonderheiten ergeben sich aus der Charakterisierung der Arbeitsaufgaben in den Prozessen der Produktentstehung. Zum einen ist der PEP durch einen großen Anteil kreativer Tätigkeiten gekennzeichnet, der aus dem Neuheitsgrad einer Produktentwicklung resultiert. Dies erschwert die Standardisierung und folglich auch die Aufrechterhaltung eines erreichten Verbesserungsniveaus. Daher ist es entscheidend, dass im Rahmen der Standardisierung immer nur die Vorgehensweise beschrieben, jedoch keine Einschränkung in Bezug auf den Lösungsraum gemacht wird, da sonst das Risiko besteht, die Kreativität der Mitarbeiter einzuschränken.

Zum anderen sind die Tätigkeiten innerhalb des PEP als wissensintensiv zu charakterisieren, was wiederum einen hohen Grad an Interdisziplinarität erfordert – sowohl innerhalb der Unternehmensgrenzen als auch darüber hinaus. Damit werden Produktentwicklungen häufig in Form von zeitlich begrenzten Projekten abgewickelt, in denen Projektmitglieder verschiedener Fachabteilungen beteiligt sind. Aber auch der Einbeziehung von Lieferanten und Kunden kommt eine zunehmende Bedeutung zu, um Synergien- und Verbesserungspotenziale zu erschließen. Diese wissensintensive, interdisziplinäre Zusammenarbeit im PEP erfordert ein effektives und effizientes Wissensmanagement, um Verbesserungen im Rahmen des KVP zu generieren, diese zu sichern und organisationsweit zu verteilen.

2.3.2 Methoden

Einen wichtigen Bestandteil zur täglichen Umsetzung und Unterstützung des KVP im Unternehmen bilden konkrete Methoden. Neben allgemeingültigen Methoden, wie dem

PDCA, dem Ideenmanagement oder dem Benchmarking, erfordert die Etablierung eines KVP in der Produktentstehung weitere Methoden, die auf die spezifischen Rahmenbedingungen und Herausforderungen des PEP abgestimmt sind. Insbesondere die Wissensentwicklung und der Wissensaustausch zwischen den Projekten in Form eines projektübergreifenden Wissenstransfers (Morgan und Liker 2006) sind wichtige Bestandteile des KVP in der Produktentstehung und müssen aus diesem Grund von Methoden unterstützt werden. Hierzu stehen Methoden, wie Hansei-Events, Best-Practice Sharing, PEP-Wikis oder Trade-off Kurven, zur Verfügung. Zusätzlich sind Lieferanten, die häufig einen großen Beitrag zur Produktentwicklung beitragen können, durch PEP-spezifische Lieferantenrankings oder Lieferanten-KVPs mit in die Verbesserungsbestrebungen zu integrieren (Zahn 2013; Morgan und Liker 2006). Im Folgenden werden die genannten Methoden beschrieben.

Ideenmanagement

Die Methode Ideenmanagement (IDM) beschreibt eine Kombination aus spontaner Ideenfindung im Rahmen des betrieblichen Vorschlagwesens (BVW) und einer gelenkten Ideenfindung durch Etablierung eines Kontinuierlichen Verbesserungsprozesses (KVP). Im Fokus des Ideenmanagements steht generell das gelenkte Ableiten von Verbesserungsideen, das Verwalten sowie das Bewerten und Auswählen von umsetzungswürdigen Verbesserungsvorschlägen im gesamten Unternehmen. In vielen Unternehmen wird ein Ideenmanagement im Intranet umgesetzt und ein Ideenmanager benannt, welcher die Ideen und Vorschläge zentral koordiniert und an die passenden Entscheidungsträger weitergibt (VDI 2870-2 2012).

Benchmarking

Benchmarking bezeichnet den zielgerichteten Vergleich der eigenen Position gegenüber Wettbewerbern. Dazu können eine große Anzahl an Kennzahlen sowie ganze Prozesse oder Funktionen verglichen werden. Mit Hilfe dieser Methode können Diskrepanzen zwischen den eigenen und den Benchmark-Prozessen aufgedeckt und Potenziale sowie Verbesserungsmaßnahmen abgeleitet werden. Den Benchmark stellt dabei der Marktführer im Produktsegment dar (Morgan und Liker 2006; Romberg 2010).

Für eine strukturierte Vorgehensweise müssen zunächst die zu vergleichenden Prozesse definiert sowie Rahmenbedingungen und Kriterien zur Vergleichbarkeit festgelegt werden. Durch eine anschließende Datenerhebung und -auswertung lassen sich Hypothesen über Zusammenhänge und Ursachen für Ineffizienzen aufstellen. Im direkten Vergleich lassen sich Abweichungen bestimmen und Hauptverbesserungspotenziale identifizieren, wie in Abb. 2.4 dargestellt. Aus diesem Erkenntnisgewinn müssen zum Abschluss der Methode geeignete Maßnahmen zur Verbesserung abgeleitet werden (VDI 2870-2 2012).

A3-Methode

Bei der A3-Methode handelt es sich um eine kompakte Form der Wissensdarstellung mittels eines einseitigen Dokuments im DIN A3-Format. Ziel dieser Darstellungsweise ist es, ein konkretes Problem oder Projekt sowie sämtliche relevanten Aktivitäten und Inhalte zur

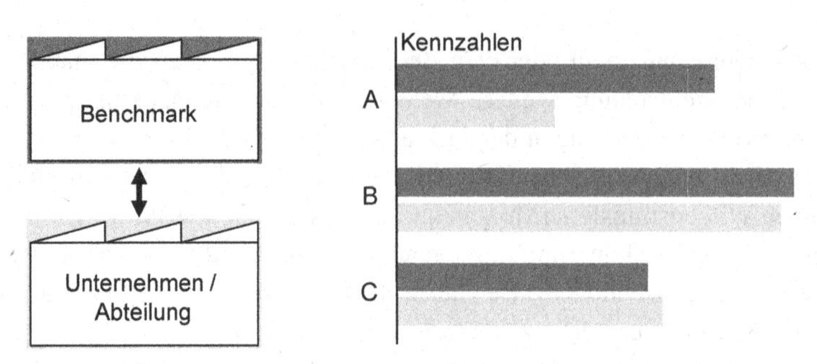

Abb. 2.4 Kennzahlenvergleich beim Benchmarking

Lösung bzw. Abwicklung anzuführen. Dabei soll der gesamte Problemlösungsvorgang für jeden Leser des Dokuments so gut wie möglich nachvollziehbar sein (Schipper und Swets 2010). Die A3-Methode lässt sich somit der ersten Phase des PDCA, der Planung, zuordnen, indem alle Planungsaktivitäten systematisch dokumentiert werden. Für die folgenden beiden Phasen stellt diese Dokumentation die Grundlage zur Umsetzung und Ergebniskontrolle der Verbesserungsaktivität dar.

Die ursprünglich von Toyota stammende Vorgehensweise sah eine Klassifizierung in drei Typen von sog. A3-Reports vor, welche inzwischen durch Etablierung in anderen Unternehmen im Allgemeinen auf fünf Typen erweitert wurde: Wissensdarstellung, Problemlösung, Statusbericht, Dokumentationsersatz und Vorschlagsreport. Im Rahmen des Praxisbeispiels wird die Anwendung der A3-Methode für einen Projektstatusbericht vorgestellt.

Best-Practice Sharing

Während das Ideenmanagement überwiegend auf das Implementieren neuer verbesserter Standards durch Verbesserungsaktivitäten abzielt, hat das Best-Practice Sharing die breite Verteilung von Standards im Unternehmen zum Ziel. Unter Best-Practice Sharing versteht man, dass Erfahrungen von Mitarbeitern und bewährte Verfahren sowie Vorgehensweisen in konkreten Arbeitsumgebungen oder Situationen als Best-Practices gespeichert werden und für zukünftige Mitarbeiter und Projekte weiter zur Verfügung stehen. Ziel der Sicherung von Best-Practices besteht darin, das gesammelte Projektwissen zu standardisieren, zu visualisieren und innerhalb des Unternehmens in allen relevanten Abteilung zu kommunizieren (Mascitelli 2007; Brunner 2008) Damit stellen Best-Practices eine Art unverbindlichen Standard für komplexe Prozesse dar, wie sie in Projekten im Rahmen der Produktentstehung vorzufinden sind.

Im Produktionsbereich ist Best-Practice Sharing insbesondere durch seinen Einsatz im KVP und in Benchmarking-Prozessen bekannt. Durch Best-Practices können das vorhandene Problem und die erarbeitete Lösung beschrieben und dazu genutzt werden, gewonnene Erkenntnisse auf ähnliche Prozesse in anderen Abteilungen oder Standorten zu übertragen. Auch die Reflexion über die Tätigkeit und das Lernen aus Fehlern im Rahmen des KVP mittels Lern- und Feedback-Schleifen wird so erleichtert. Im Rahmen von Projektarbeiten werden in vielen Organisationen häufig nach Abschluss eines Projektes sog. Lessons Learned erarbeitet. Ziel ist die Speicherung der projektspezifischen Erfahrungen durch die Bereitstellung von standardisierten und teils vorgefertigten Checklisten, Anleitungen oder Richtlinien zur Arbeitsweise. Durch den Einsatz von EDV-Systemen, wie beispielsweise des nachfolgend beschriebenen PEP-Wikis, wird die Verteilung der Lessons Learned in der Organisation im Rahmen des Best-Practice Sharing gefördert.

Als nachteilig einzustufen hinsichtlich der praktischen Anwendung von Best-Practices ist der zusätzliche Aufwand, der zur Aufbereitung der Erfahrungen für andere Personen notwendig ist. Best-Practice Sharing erfordert zudem eine offene Organisationskultur für Fehler, da andernfalls kein freier Austausch über die positiven wie auch negativen Erfahrungen herrschen kann (Mascitelli 2007).

PEP-Wiki

Als PEP-Wiki werden unternehmensinterne Intranet-Plattformen nach dem Wikipedia-Prinzip bezeichnet. Hierbei handelt es sich um ein zentrales Speicherverzeichnis, zu welchem die Mitarbeiter eines Unternehmens Zugang haben und dort Informationen speichern, zur Verfügung stellen und kontinuierlich aktualisieren können. Somit erlaubt es das PEP-Wiki, das kollektive Wissen des Unternehmens im Rahmen eines dezentralen Prozesses zusammenführen zu können. Auf dieser Grundlage können Mitarbeiter eines Unternehmens bisheriges Wissen aus dem Wiki für zukünftige Projekte im Rahmen von Produktentwicklungsprozessen erneut nutzen (Dombrowski und Zahn 2011; Schipper und Swets 2010). Damit stellt das PEP-Wiki eine konkrete Realisierungsmöglichkeit des Best-Practice Sharing dar.

Hansei-Events

Verständnis und Reflexion gemachter Fehler sind essentiell, um ein erneutes Auftreten des jeweiligen Fehlers zu verhindern. Auf dieser Tatsache beruht das Prinzip der Methode Hansei-Event. *Hansei* ist japanisch und bedeutet Selbstreflexion. Bei einem solchen Event treffen verschiedene Mitarbeiter aufeinander und diskutieren über aktuelle oder kürzlich beendete Projekte. Bei diesen Veranstaltungen werden entwickeltes Wissen, Stärken und Schwächen analysiert, um daraus für zukünftige Projekte Vorgehensweisen, Lösungswege und Prinzipien abzuleiten (Morgan und Liker 2006).

Zielgruppe sind dabei sowohl Projektbeteiligte als auch Mitglieder des operativen und taktischen Managements. Vorteile bei der Anwendung dieser Methode ergeben sich durch kollektive Lerneffekte sowie einer mitarbeiterorientierten Fehlerkultur. Bei kontinuierlicher Anwendung kann die Effektivität und Effizienz in zukünftigen Projekten gesteigert werden.

Die Vorgehensweise ist durch regelmäßige Treffen gekennzeichnet. Hier werden Projekterfahrungen ausgetauscht, auch bei erfolgreich durchgeführten Projekten, um Fehler oder Ineffizienzen bei der Durchführung zu identifizieren und nachhaltig beseitigen zu können. Dazu können ergänzend Methoden zur Ursachenanalyse (beispielsweise 5W) Verwendung finden. Anschließend müssen die Erkenntnisse verallgemeinert, kanalisiert

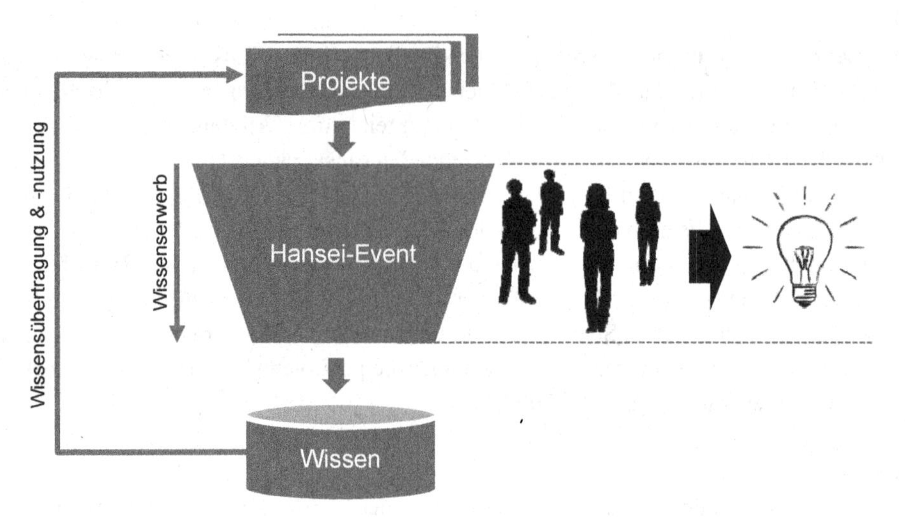

Abb. 2.5 Anwendung des Hansei-Events

und das erarbeitete Wissen allen Personen zugänglich gemacht werden (vgl. Abb. 2.5). Zu diesem Zweck können Methoden des Wissensmanagements, wie ein PEP-Wiki oder eine Lessons-Learned-Datenbank, die Wissensverbreitung unterstützen.

Trade-off-Kurven

Im Rahmen des KVP werden Trade-off-Kurven genutzt, um generiertes Wissen zu dokumentieren und für künftige Entwicklungsvorhaben verfügbar zu machen. Dabei beschreiben sie Abhängigkeiten unterschiedlicher Parameter eines Produktes. Zumeist handelt es sich hierbei um die Abhängigkeit zweier gegenläufiger Produkteigenschaften. Wird eine Produkteigenschaft durch konkrete Gestaltungsentscheidungen verbessert, wirkt sich dies negativ auf die Realisierung einer anderen Produkteigenschaft aus. Damit beschreibt der Ausdruck in der Regel das Abwägen zwischen konkurrierenden Produkteigenschaften im Rahmen eines Optimierungsproblems (Morgan und Liker 2006; Ward 2007).

Abbildung 2.6 veranschaulicht das Prinzip von Trade-off-Kurve am Beispiel des US-amerikanischen Unternehmens Ping, dass bei der Entwicklung ihrer Golfschläger Trade-off-Kurven verwendet. Der Wunsch des Kunden ist es, Golfschläger zu erhalten, die als Produkteigenschaften eine hohe Schlagweite ermöglichen und gleichzeitig eine gute Fehlerverzeihung bieten. Durch Analysen wurde deutlich, dass das Gewicht des Schlägers sowohl die Fehlerverzeihung beeinflusst als auch die Schlagweite. Mit steigendem Gewicht steigt die Schlagweite des Schlägers linear an. Wohingegen die Fehlerverzeihung gleichzeitig schlechter wird und ab einem bestimmten Gewicht stärker fällt. Der grau markierte Bereich ist der Bereich, in dem die Schlagweite maximal verbessert wird ohne die Fehlerverzeihung zu stark zu beeinflussen. Darüber hinaus gilt es abzuwägen inwieweit eine Verbesserung der Schlagweite gegenüber der abnehmenden Fehlerverzeihung sinnvoll ist (Kennedy 2013).

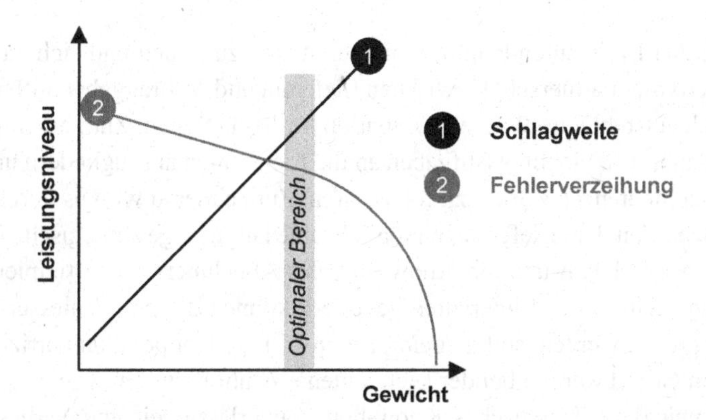

Abb. 2.6 Trade-Off Kurven

Mit Hilfe der Trade-Off-Kurven ist es möglich, Leistungsbeschränkungen von Produkten und Produktkomponenten abzubilden. Dies ermöglicht konkrete Abschätzungen über das Leistungsverhalten eines Produktes, ohne dass ein physischer Test notwendig ist. Allein durch die genauen Abhängigkeitsbeschreibungen der Produktparameter können hinreichende Beschränkungen und Machbarkeitsgrenzen definiert werden. Dies gestaltet Auswahlprozesse von Produktkomponenten in Entwicklungsphasen effizienter und schneller (Morgan und Liker 2006; Ward 2007). Die hierdurch gewonnenen Erkenntnisse können genutzt werden, um den Entwicklungsaufwand, insbesondere im Bereich des Prototypenbaus zu reduzieren.

Ein Beispiel für die erfolgreiche Nutzung von Trade-Off-Kurven stellt Toyota dar. Toyota führt frühestmöglich physische Tests im PEP durch, um kritische bzw. gegenläufige Ziele zu identifizieren. Sich beeinflussende Parameter werden anschließend in Trade-Off-Kurven festgehalten, wodurch eine große Kostenreduktion erzielt werden konnte. Als Ergebnis baut Toyota 70–90 % weniger Prototypen als seine amerikanischen Konkurrenten. Stattdessen verwendet Toyota hierzu Fahrzeuge aus der Serienproduktion. Trade-Off-Kurven stellen dann in einem nächsten Schritt sicher, dass alle zukünftigen Autos diese Tests ebenfalls bestehen werden (Ward 2007).

Das Dokumentieren von Wissen durch Trade-Off-Kurven kann durch ein Trade-Off-Sheet erfolgen. Auf diesem befinden sich neben dem eigentlichen Graphen weiterführende Informationen zu dem betrachteten Produkt, dem Untersuchungsbereich, dem Analysevorgehen sowie konkrete Schlussfolgerungen und Handlungsempfehlungen. Die generierten Trade-Off-Kurven sind darüber hinaus regelmäßig hinsichtlich ihrer Aktualität zu überprüfen und ggf. auf Grundlage von Praxistests zu aktualisieren.

PEP-spezifisches Lieferantenranking

Im Rahmen des KVP steht der Aufbau einer langfristigen Zusammenarbeit mit den Lieferanten im Fokus. Das PEP-spezifische Lieferantenranking dient dazu, die Kooperationsbereitschaft und die Entwicklungskompetenz bei der Auswahl von Lieferanten im stärkeren Maße, neben Auswahlkriterien wie Preis und Qualität, zu berücksichtigen.

Im LD werden Lieferanten benötigt, die bereit sind zu lernen und sich zu verbessern, um so eine wertvolle Partnerschaft zwischen Lieferant und Auftraggeber aufbauen zu können. Hierdurch entsteht eine Win-Win-Situation für beide Seiten. Zum einen wird es dem Abnehmer erlaubt, Entwicklungsaufgaben an die Lieferanten auszugliedern und somit die eigenen Kernkompetenzen stärker zu fokussieren. Zum anderen wird es durch eine intensive Zusammenarbeit dem Lieferanten möglich, eine langfristige strategische Planung von Kapazitäten vorzunehmen und am Know-how des Abnehmers zu partizipieren. Werden Verbesserungen seitens des Lieferanten generiert, können diese angemessen an den Abnehmer weitergeben werden, sodass beide Seiten von der Kooperation partizipieren.

Aus diesem Grund werden bei der Lieferantenauswahl Kriterien, wie z. B. vertrauensvolle Zusammenarbeit, technisches Know-how, Zuverlässigkeit und Verbesserungsvermögen untersucht (Morgan und Liker 2006).

Lieferanten-KVP

Der Lieferanten-KVP beschreibt die Lieferantenförderung durch die Einbeziehung der Lieferanten in den PEP. Generell kann hierbei zwischen einer reaktiven und aktiven Lieferantenförderung unterschieden werden. Die reaktive Lieferantenförderung beschreibt die meist temporäre Unterstützung eines Lieferanten durch den Abnehmer, z. B. durch eine Task Force. Diese reaktive Form der Lieferantenförderung stellt eine adäquate Maßnahme zur Lösung akuter Probleme dar und setzt eine offene, vertrauensvolle Zusammenarbeit sowie die Bereitschaft einer hohen Prozesstransparenz voraus. Dem Anspruch des KVP, eine stetige Verbesserung der Ziele Qualität, Kosten und Zeit herbeizuführen, entspricht die reaktive Lieferantenförderung jedoch nur eingeschränkt, da der Fokus auf der Vermeidung von Folgen akuter Probleme liegt, anstatt die zugrunde liegenden Prozesse kontinuierlich zu verbessern.

Die aktive Lieferantenförderung setzt auf eine präventive Vermeidung und kontinuierliche Prozessverbesserung der Lieferanten. Durch Partizipation des Lieferanten im PEP des Abnehmens kann dieser vom Know-how des Abnehmers profitieren. Im Rahmen der aktiven Lieferantenförderung stehen unterschiedliche Maßnahmen zur Verfügung, die eine variierende Intensität der Zusammenarbeit aufweisen. Diese Maßnahmen können die Bereitstellung finanzieller Ressourcen, intensive Gespräche in Innovationsworkshops, gemeinsame Entwicklungsprogramme, Konzeptwettbewerbe und gegenseitigen Personalaustausch zwischen Unternehmen und Lieferanten beinhalten (Romberg 2010; Morgan und Liker 2006).

2.3.3 Praxisbeispiel A3-Methode

Das folgende Praxisbeispiel erläutert die Anwendung der A3-Methode in der Produktentstehung der Becorit GmbH in Form eines Projektstatusberichts. Im Unternehmen kommt allerdings der Begriff des Projektstatusformblatts als Synonym zur Anwendung welcher in den folgenden Ausführungen ebenfalls verwendet wird.

Unternehmen und Projektmanagement im PEP
Die Becorit GmbH gehört zur Wabtec Gruppe und entwickelt und produziert seit 1926 Reibmaterialien für den Bergbau und bereits seit 1946 ebenso für den Schienenverkehr. Nahezu alle namhaften Bahngesellschaften, auch außerhalb Europas, fahren mit diesen Qualitätsprodukten. Seit jeher ist es der Anspruch der Becorit GmbH mit technologischen Innovationen Produkte zu entwickeln, die durch exzellente Qualität und technische Alleinstellungsmerkmale überzeugen.

Die Entwicklung von Produkten für den Schienenverkehr ist ähnlich wie im Automobilbereich durch standardisierte Methoden und Vorgaben gesteuert und ist hinsichtlich Produkt- und Prozessdesign in Meilensteine und Gates unterteilt. Der PEP der Becorit GmbH unterscheidet hierbei zwischen Neuentwicklungen von Materialien oder Trägersystemen und Applikationsentwicklungen, bei denen vorhandene Baukästen genutzt werden können und somit hauptsächlich Validierungstests, Kundenversuche und Freigabeprozeduren gesteuert werden müssen.

Nutzen und Aufbau des Projektstatusformblatts
Das Projektstatusformblatt dient als zentrale Informationsquelle für Management, Projektleiter, Projektmitarbeiter und interne Lieferanten. Das Projektstatusformblatt stellt ein Werkzeug dar, mit dem die eigentliche Projektarbeit standardisiert dokumentiert und detailliert gesteuert werden kann. Alle Projektstatusformblätter sind in einem Projektraum ausgehängt. Somit ist eine hohe Verfügbarkeit dieser zentralen Informationsquelle für alle relevanten Nutzer sichergestellt und das Management kann jederzeit ohne große Vorbereitung informiert werden. Durch den standardisierten Aufbau des Projektstatusblattes können die Informationen für alle ersichtlich im gleichen Schema dokumentiert werden. Dies wiederum entlastet die Projektleiter beim Reporting am Monatsende. Zusätzlich beträgt der Aufwand für die erste Erstellung nur wenige Minuten, was eine wichtige Voraussetzung für die breite Akzeptanz des Projektstatusformblattes darstellt. Abbildung 2.7 zeigt das Projektstatusformblatt der Becorit GmbH.

Das Projektstatusformblatt weist einen standardisierten Aufbau auf, der die Projektdokumentation und -kontrolle erleichtert. Im Dokumentenkopf des Projektstatusformblattes werden Informationen zu Projektname, Projektnummer sowie Projektleiter zusammengefasst. Diese Informationen dienen zur schnellen Information über das Projekt.

Auf der linken Seite finden sich allgemeine Informationen zur Charakterisierung des Projektes und der Ausgangssituation. Diese Informationen bilden die Grundlage für die erste und dritte Phase des PDCA, der Planung und Prüfung. Tab. 2.3 liefert einen detaillierten Überblick über die Inhalten zur Charakterisierung des Projektes.

Auf der rechten Seite werden Informationen zur Projektplanung und -steuerung dokumentiert und regelmäßig aktualisiert. Durch die regelmäßige Prüfung des Projektstatus anhand des Projektplans können Abweichungen identifiziert und Korrekturmaßnahmen eingeleitet werden. Dies erlaubt das kurzzyklische Durchlaufen des PDCA-Regelkreises. Tab. 2.4 liefert eine genaue Beschreibung der Inhalte zur Projektplanung und -steuerung im Projektstatusformblatt.

Project:	**P-Nr:**	**Project schedule:**	**Date:**		
Project Leader:		Stage / Milestone	scheduled date	Real date	Status
Goal of the project: Approval of locomotive brake shoe L250 for customer project 45310		MS0 Start of the project MS1 Material selection done MS2 Proposal accepted by customer MS3 Samples are tested according to specifications MS4 Customer approval MS5 Serial production started MS6 Lessons learned done	12.01.15 12.01.15 13.01.15 27.02.15 01.09.15 01.01.16 30.03.16	12.01.15 12.01.15 13.01.15 20.02.15	
Measures: - Emergency brakes in line with customer specs. - Performance and LCC in route profile		**Current Status:** Dynamometer tests done for emergency brakes, route profile and UIC 3A 1. All internal tests are ok. Field test requested by customer.			
Project datas: Project folder: XXX					
Initial situation: Customer prefers Becorit material because of good experience with wheel wear. Wet performance has to be tested with UIC specs. UIC homologation not necessary.		**Next actions / Recover plan:** To attend the brake shoe assembly on the loco. Measurement of wheel profile.	**Who:** BB	**Date:** 16.03.2015	
Root cause: -		**Actual review of the project:** 27.02.2015, i.O.			

Abb. 2.7 Projektstatusformblatt der Becorit GmbH

Tab. 2.3 Allgemeine Informationen zur Charakterisierung des Projekts

Kategorie	Inhalte
Projektziele	Welche Ziele bzw. Teilziele werden durch das Projekt verfolgt?
Kennzahlen	Durch welche Kennzahlen wird der Projekterfolg gemessen?
Projektinforma-tionen	Kurze Darstellung wichtiger Daten zum Projekt Wo finden sich wichtige Projektdaten, wie z. B. Projektordner?
Ausgangssituation	Darstellung der Ausgangssituation Auf Grundlage welche Probleme bzw. Chancen wurde das Projekt initiiert?
Hauptursache	Welche wesentliche Ursache ist für das Problem bzw. den Fehler verantwortlich?

Tab. 2.4 Informationen zur Projektplanung und -steuerung

Kategorie	Inhalt
Projekt Zeitplan	Standardisierter Projektplan mit geplanten Meilensteinen und Terminen. Kontrolle von Terminabweichungen bzgl. Meilensteine und farbige Kodierung der Meilensteinerreichung
Aktueller Status	Erfassung des aktuellen Projektstatus; Dokumentation der letzten Aktionen im Projekt
Nächste Maßnahmen	Planung und Dokumentation der zukünftigen geplante Maßnahmen; Dokumentation von Korrekturmaßnahmen
Projektreview	Kommentarfeld für das Management, farbiges Statusfeld wird von der Gesamtprojektleitung oder Geschäftsführung nach erfolgtem Review gesetzt

Einführung des Projektstatusformblatts

Die Einführung des Projektstatusblatts bei der Becorit GmbH erfolgte in Zusammenarbeit mit der Abteilung für Qualitätssicherung. Zur Einführung des Projektstatusblatts wurde im Rahmen eines Workshops mit den Projektleitern die A3-Methode vorgestellt und die Anforderungen an einen standardisierten Projektstatusbericht diskutiert. Hierbei wurden alle notwendigen Informationen aufgenommen, die seitens des Managements und der Projektleiter auf einem solchen Blatt dokumentiert werden müssen. Danach wurde der bisherige Arbeitsablauf und die bisher verwendete Dokumentation dahingehend untersucht, ob und wo diese Informationen bisher abgelegt werden. Redundante Ablagen wurden erkannt und weitestgehend eliminiert. Ein Monatsbericht, den die Projektleiter bisher anzufertigen hatten, wurde komplett gestrichen, da die enthaltenen Informationen sich nun auf dem Projektstatusblatt wiederfinden und so auch bei Abwesenheit des Projektleiters jederzeit vom F&E-Management zusammengefasst werden können.

Da die Budgetierung der Applikations- bzw. Baukastenprojekte keine großen Probleme darstellt, wurde in einem ersten Schritt darauf verzichtet das Budget im Projektstatusformblatt darzustellen. Es hatte sich gezeigt, dass es vor allem hinsichtlich der Historie der Projekte und der technischen Hintergründe immer wieder zu Nachfragen kam. Daher wurde Wert darauf gelegt, dass diese Informationen in möglichst kurzer, aber prägnanter Form im Projektstatusformblatt hinterlegt werden.

Geplante künftige Erweiterungen des Projektstatusformblatts zielen auf einen höheren Informationsgehalt sowie auf eine effizientere Nutzung ab. Zum einen ist die Ergänzung des Projektstatusformblatts um Budgetinformationen geplant. Dies ermöglicht nicht nur die Projektkontrolle hinsichtlich zeitlicher, sondern auch finanzieller Zielerreichung. Zum anderen ist eine Erweiterung um ein zweites Blatt angedacht, auf dem ein Projekttagebuch geführt wird. Darin werden tabellarisch Informationen über Maßnahmen, Ereignisse und Entscheidungen im Projekt dokumentiert. Dieses Projekttagebuch bildet damit die Grundlage zur Dokumentation und projektübergreifenden Verbreitung von Best-Practices und Lessons Learned. Des Weiteren ist ein automatisches Auswerten der Projektstatusformblätter geplant, um einen Gesamt-Projekt-Status generieren zu können. Dies ist insbesondere hinsichtlich der Projektsteuerung im Rahmen eines Multiprojektmanagement von Bedeutung.

Fazit

Die Einführung des Projektstatusformblattes erfolgte ohne große Widerstände, da alle Nutzer an der Gestaltung des Blattes beteiligt waren. Durch die Einsparung administrativen Aufwands zur Projektdokumentation und -kontrolle konnten die Projektleiter entlastet werden. Das Konzern-Reporting wurde vereinfacht und die nach IRIS-Standard[1] geforderte Verfolgung der Projekte konnte nicht nur besser dargestellt, sondern tatsächlich optimiert werden.

[1] International Railway Industry Standard: international geltende Anforderung an die Qualitätsmanagementsysteme von Bahnherstellern und deren Zulieferer

2.4 Standardisierung

Thomas Richter, Michelle Rico-Castillo

2.4.1 Grundlagen

Die Standardisierung wurde durch Henry Ford (1863–1947) und Frederick Windslow Taylor (1856–1915) Ende des 19. Jahrhunderts im Rahmen der Massenfertigung von Automobilen in Unternehmen eingeführt. Ford erkannte schon früh die Vorteile standardisierter Erzeugnisse, er vereinheitlichte die verwendeten Einzelteile und reduzierte die Anzahl an Varianten. Somit konnte der Aufwand in der Montage und der Beschaffung reduziert und die Komplexität in der Produktion minimiert werden.

> Any customer can have a car painted any colour that he wants so long as it is black. Henry Ford. (Ford und Crowther 1923)

Taylor verfolgte das Ziel, die Prozesse eines Unternehmens produktiver und Arbeitsabläufe effizienter zu gestalten. Seiner Ansicht nach existiert genau eine ideale und bekannte Möglichkeit eine gewisse Tätigkeit oder einen Ablauf durchzuführen. Im Zuge dessen wurden umfangreiche Arbeitsinhalte und Tätigkeiten in kleine Aufgaben unterteilt und von einer Person durchgeführt. Diese Form der Arbeitsteilung ermöglichte es den Arbeitern, sich auf eine spezifische, detaillierte Aufgabe zu konzentrieren, diese optimal auszuführen und stetig zu verbessern, was eine Spezialisierung der Arbeitsinhalte zur Folge hatte. Diese Spezialisten entwickelten Routinen, wodurch die Arbeit immer auf die gleiche Art und Weise durchgeführt wird. Es liegt nahe, dass verschiedene Mitarbeiter einen nicht standardisierten Prozess auf unterschiedliche Weise ausführen, wodurch sich das Risiko einer Abweichung von dem geforderten Prozessergebnis erhöht. Durch die Standardisierung wird die Freiheit zur Durchführung von gewissen Tätigkeiten und Abläufen reduziert. Mitarbeiter werden bei der Ausführung der Tätigkeit unterstützt, wodurch die Prozesssicherheit erhöht und ein gleichbleibendes Prozessergebnis angestrebt wird. Demnach kann die Standardisierung als eine „*Vereinheitlichung von materiellen und immateriellen Gütern*" (Hinterhuber 1975) verstanden werden.

Die Standardisierung von Prozessen und Arbeitsabläufen wurde von Taichi Ohno (1912–1990) in das Toyota Produktionssystem übernommen und ist heutzutage sowohl in Ganzheitlichen Produktionssystemen als auch im Lean Development (LD) ein wichtiges Prinzip zur Erhaltung und Erhöhung der Prozessqualität (VDI 2870-1 2012; Pohanka 2014). Nach VDI 2870 umfasst die Standardisierung das Festlegen und Definieren von wiederholenden technischen oder organisatorischen Vorgängen und entsprechenden Handlungsverantwortlichen (VDI 2870-1 2012). Allerdings sollten Standards die Kreativität bezüglich potentieller Optimierungen nicht einschränken, da diese ansonsten die Umsetzung einer Verbesserung hemmen könnten und Mitarbeiter aufgrund des Standards

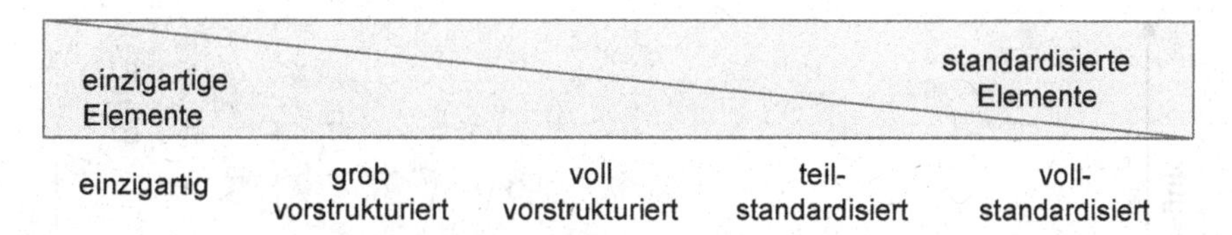

Abb. 2.8 Grad der Standardisierung. (Daniel 2008)

eine starre, nicht veränderbare Situation vermuten (Dombrowski et al. 2009). Aus diesem Grund ist auf die Ausprägung der Standardisierung zu achten, speziell in Prozessen, bei denen ein hohes Maß an Kreativität und Flexibilität gefordert ist. Der Grad der Standardisierung reicht von Einzigartigkeit (Individualisierung) bis zur vollständigen Standardisierung (Abb. 2.8). Jedoch kommen meist Formen zustande, die eine Mischform aus Standardisierung und Individualität darstellen. So werden bestimmte Elemente (Prozesse, Produkte etc.) standardisiert und bewusst Handlungsräume vorgehalten, um die gefordert Flexibilität und Kreativität zu gewährleisten (Daniel 2008).

Es gibt im LD, ähnlich wie bei der Arbeitsteilung nach Taylor, genau eine bekannte Methode einen Prozess bzw. ein Projekt optimal durchzuführen. Abweichungen von dieser Methode resultieren in einem nicht optimalen Prozess und kreieren somit Verschwendung. Um das Commitment der am PEP beteiligten Mitarbeiter zur Standardisierung zu erhöhen, sind sie bei der Definition von Standards miteinzubeziehen und das Einverständnis durch Informationen und Qualifikationen herzustellen (Spath 2003). Es ist darauf zu achten, dass Standards transparent gestaltet und offen kommuniziert werden. Dies bedeutet, dass der aktuell geltende Standard für jeden Mitarbeiter zugänglich und einfach dargestellt bzw. visualisiert werden muss. Können Mitarbeiter den Standard nicht nachvollziehen, entwickeln sie ihre eigene Routine und verschwenden somit Ressourcen, da nicht die beste bekannte Möglichkeit (der Best-Practice) zur Durchführung von Tätigkeiten genutzt wird. Ein Standard gilt stets so lange, bis eine potenzielle Verbesserung geplant, getestet, umgesetzt und als Optimierung evaluiert wurde. Somit ist ein Standard als ein temporäres Element zu verstehen, welches regelmäßig zu hinterfragen ist, um Verbesserungspotentiale zu identifizieren. Dies hat bereits Henry Ford erkannt:

> Today's standardization is the necessary foundation on which tomorrow's improvement will be based. If you think of „Standardization" as the best you know today, but which is to be improved tomorrow you get somewhere. But if you think of standards as confining, then progress stops. Henry Ford. (Morgan und Liker 2006)

Somit bildet die Standardisierung von Prozessen die Grundlage für die kontinuierliche Verbesserung und der nachhaltigen Einführung von Optimierungen. Zudem dient die Standardisierung der Stabilität und Planbarkeit von Prozessen (VDI 2870-1 2012). Die Standardisierung unterstützt somit die Sicherung und Verbesserung von Prozessen. Dies bedeutet, dass ohne standardisierte Prozesse kein Optimum hinsichtlich Qualität, Kos-

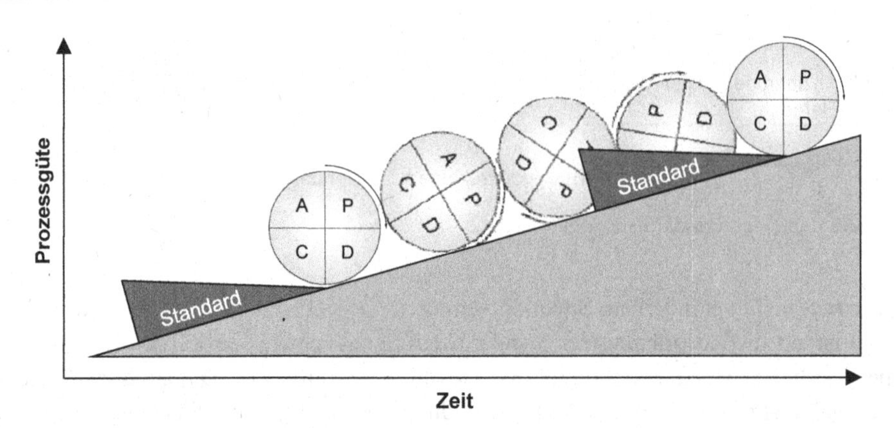

Abb. 2.9 Standardisierung der Verbesserung

ten und Zeit erreicht werden kann (Reitz 2008). Abbildung 2.9 zeigt den Zusammenhang zwischen dem PDCA-Zyklus (Plan-Do-Check-Act) und der Standardisierung. Durch das Durchführen eines PDCA-Zyklus wird die Prozessgüte optimiert, die Standardisierung stellt anschließend sicher, dass ein einmal erreichtes Niveau nur zum Besseren verändert werden kann. Die Verbundenheit der Gestaltungsprinzipien KVP und Standardisierung wird auch im letzten Schritt des PDCA-Zyklus deutlich. In diesem werden die erfolgreich eingeführten Verbesserungsmaßnahmen nach Möglichkeit und Eignung unternehmensweit standardisiert.

Die Standardisierung bildet einen wichtigen Bestandteil im LD (Morgan und Liker 2006) und in der Fertigung (VDI 2870-1 2012). Allerdings besteht ein Unterschied zwischen Fertigung und Produktentstehung hinsichtlich der Art der Tätigkeit. Die Fertigung ist geprägt durch repetitive Tätigkeiten, wobei in der Produktentstehung vielfach einmalige Aufgaben mit ungewissem Prozessergebnis und einem hohem Maß an Kreativität durchgeführt werden. Zudem handelt es sich in der Produktentstehung primär um *kognitive Prozesse* und nicht, wie in der Fertigung, um *physische Prozesse* (Dombrowski et al. 2013). Kognitive Prozesse beziehen sich auf das, was im allgemeinen Sprachgebrauch mit dem *Denken* verknüpft ist. Somit beschreiben kognitive Prozesse die kreativen Aufgaben zur Lösungsfindung (Dombrowski et al. 2013). Dies bedeutet, dass die Standardisierung nicht eins zu eins von der Fertigung auf das LD übertragen werden kann.

> You can't standardize the work of product developers in the same way as factory workers without destroying the development process itself. (Mascitelli 2007)

Dementsprechend sollten die Prozesse in repetitive und kreative Prozesse unterteilt werden. So kann leichter entschieden werden, in welchen Bereichen das Einführen von Standards sinnvoll ist. Insbesondere bei repetitiven Prozessen sollten diejenigen Methoden als Standards eingeführt werden, die sich als erfolgreich erwiesen haben und mit denen die besten Resultate erzielt werden konnten. Werden Verfahren, die sich während eines Prozesses bewährt haben, standardisiert und auf Checklisten festgehalten, helfen sie bei der Übertragung und Verbreitung des Best-Practices und unterstützen somit den Ingenieur bei der Arbeit (Morgan und Liker 2006). Im LD werden sowohl Prozesse, Arbeitsabläufe als auch Bauteile (im Rahmen der Wiederverwendung) standardisiert. Die geforderte Systemflexibilität erzeugt Toyota durch die Standardisierung von einfachen Tätigkeiten und unterscheidet die drei Bereiche der Standardisierung (Morgan und Liker 2006).

- **Design-Standardisierung** – Wird durch die Nutzung gleicher Architekturen, Module, Komponenten oder Plattformen in unterschiedlichen Produkten erreicht.
- **Prozessstandardisierung** – Toyota erreicht dies durch standardisierte Aufgaben, Arbeitsanweisungen und die Reihenfolge der Arbeitsaufgaben.
- **Standardisierung der Ingenieurqualifikationen** – Dies ist die Standardisierung von Fertigkeiten und Fähigkeiten von Ingenieuren in der Entwicklung. Durch die Standardisierung wird Flexibilität in der Aufgabenverteilung und Planung geschaffen. Ingenieure werden dazu angehalten, sich ständig weiter zu qualifizieren, siehe Abschn. 2.6.

2.4.2 Methoden

Zur nachhaltigen Implementierung der Standardisierung im LD stehen verschiedene Methoden und Werkzeuge zur Verfügung. Methoden die direkt der Standardisierung zugeordnet sind, sind *Prozessstandardisierung, Arbeitsstandards, Projektkategorisierung, Vorgabe von Wiederverwendungsquoten, Einführung eines Kennzahlensystems* und *Shopfloor Management*. Neben diesen Methoden gibt es weitere Methoden, wie beispielsweise das 5S, Obeya, Best-Practice Sharing und systematische Fehlerbehebung, welche das Prinzip der Standardisierung unterstützen. Nachfolgend werden die sechs direkt der Standardisierung zugeordneten Methoden detailliert beschrieben.

Prozessstandardisierung
Ein Prozess ist nach DIN EN ISO 9000:2005 definiert als „Satz von in Wechselbeziehung oder Wechselwirkung stehenden Tätigkeiten, der Eingaben in Ergebnisse umwandelt". Die Beschreibung der Prozessstandardisierung erfolgt z. B. mit Unterstützung der Swim-Lane-Darstellung und beinhaltet die einzelnen Prozessphasen, -schritte, Meilensteine, Schnittstellen und Verantwortlichkeiten (Morgan und Liker 2006). So wird ein transparenter und effizienter Austausch von Informationen, Produkten und Leistungen ermöglicht.

Die Prozesse in der Produktentstehung sind durch einen hohen Kreativitätsanteil geprägt, in denen die Informationen und Randbedingungen für jedes Entwicklungsprojekt unterschiedlich sind, abhängig vom Komplexitäts- und Innovationsgrad der Aufgabe. Nichtsdestotrotz ist der generelle Ablauf eines Entwicklungsprojektes zumeist gleich und wiederholt sich (Morgan und Liker 2006; Fiore 2005). Die Prozessstandardisierung stellt somit auch im LD sicher, dass allgemeine und wiederkehrende Abläufe definiert und beschrieben sind, sodass Vorgehen in Teilprozessen und Entwicklungsschritte gleich ablaufen. Prozessstandards dienen dem operativen, taktischen und strategischen Management und besitzen unterschiedliche, Ebenen abhängige, Detaillierungsgrade.

Arbeitsstandards

Die Prozessstandardisierung (wie oben erläutert) beschreibt welche Tätigkeiten durchzuführen sind, wohingegen Arbeitsstandards die Art- und Weise der Durchführung beschreiben. Ein Arbeitsstandard ist eine detaillierte Spezifikation des Soll-Prozesses als Ziel-Zustand, d. h. eine klar festgelegte, strukturierte und definierte Vorgehensweise innerhalb eines Prozesses. Somit sind die Arbeitsstandards den einzelnen Prozesselementen der Prozessstandards angegliedert. Arbeitsstandards repräsentieren eine verbindliche Ausführung einer Tätigkeit, welche den Best-Practice darstellt. Es werden unter anderem Verfahren, Methoden und Abläufe definiert und die Nutzung von Equipment (Maschinen, Vorrichtungen, Softwareprogrammen etc.) festgelegt. So können adaptierbare Vorlagen, Checklisten und Richtlinien genutzt werden, um Entwicklungszeit zu sparen und/oder die Reduzierung von Fehlern zu ermöglichen (Mascitelli 2007). Arbeitsstandards sind besonders geeignet für Abläufe mit hoher Fehleranfälligkeit, langer Einarbeitungszeit vielen Schnittstellen und einen repetitiven Charakter besitzen.

Zum Beispiel muss die Produktarchitektur und der Aufbau von CAD-Modellen standardisiert werden, um so die Kompatibilität zu anderen CAD-Modellen zu ermöglichen. Zudem ist vor dem Hintergrund der Vernetzung der Entwicklungsstandorte und der gleichzeitigen, teamorientierten Entwicklung von Bauteilen an verschiedenen Standorten darauf zu achten, dass ein standardisiertes Vorgehen zur Erstellung der CAD-Modelle einzuhalten ist. Zur Gestaltung neuer Modelle kann auf Vorgängermodelle zurückgegriffen werden, wodurch die Entwicklungszeit reduziert wird. Ein bestimmter Standardisierungsgrad ist somit wichtig und bildet das Rückgrat des PEP (Romberg 2010). Je detaillierter ein Vorgehen beschrieben wird, desto stärker standardisiert ist diese Tätigkeit. Arbeitsstandards sind in Handbüchern und Arbeitsanweisungen transparent und verständlich festzuhalten und jedem Mitarbeiter zugänglich zu machen. Zudem ist darauf zu achten, dass Arbeitsstandards gemeinsam mit den Mitarbeitern entwickelt werden, um die Einhaltung der Standards zu unterstützen. Letztendlich sind es die Mitarbeiter, die das Wissen über die zu verrichtende Arbeit besitzen und die standardisierten Abläufe durchführen müssen.

Projektkategorisierung

Produktentstehungsprojekte sind sehr unterschiedlich. Dies betrifft neben dem Komplexitäts- und Innovationsgrad auch die Erfolgsaussichten, den erwarteten Gewinn sowie die benötigten Ressourcen. Die Produktentstehungsprojekte können zum einen nach der wirtschaftlichen und strategischen Bedeutung, zum anderen nach der inhaltlichen Ausrichtung kategorisiert werden. Eine gut durchdachte und einheitliche Projektkategorisierung ermöglicht die Sammlung und Auswertung von Informationen und Erfahrungswerten. Damit wird eine strukturierte Wissensbewahrung und -nutzung aus zuvor durchgeführten Projekten unterstützt. Dies erleichtert die Planung von Projekten. Weiterhin können durch den Vergleich der Projekte in einer Kategorie aussagefähige Informationen für die Kontrolle (Benchmarking) getroffen und einheitliche Kennzahlen definiert werden. Die Projektkategorisierung ist gerade in großen Unternehmen eine wichtige Eingangsgröße für das Bestimmen von Schwerpunkten und Zielen. Auf Basis einer Projektkategorisierung kann im Anschluss eine Ressourcenverteilung und Priorisierung erfolgen. Vielfach werden in Unternehmen die Ressourcen nicht nach der Priorisierung der Projekte vergeben, sodass strategisch bedeutende oder wirtschaftlich lukrative Projekte parallel mit weniger wichtigen Projekten durchgeführt und somit die Ressourcen nicht optimal genutzt werden (Mascitelli 2007).

Vorgabe von Wiederverwendungsquoten
Neben der Standardisierung von Prozessen, Abläufen und Arbeitsinhalten bildet die Wiederverwendung von Bauteilen eine zentrale Rolle für das LD. Die Wiederverwendungsquote dient zur Nutzung bereits bestehender Bauteile und Prozesse, wodurch die Entwicklungszeiten und -kosten sowie Fertigungskosten reduziert werden. So können z. B. für fast jedes Neuprodukt bereits bestehende Komponenten verwendet werden. Dieses Vorgehen wird auch Carry Over Engineering bezeichnet mit dem Ziel des beschleunigten PEP und schnellen Reifegraderhöhung des Endproduktes (Romberg 2010). Sind diese in einem Katalog aufgeführt, der für alle Mitarbeiter einsichtig und nutzbar ist, kann eine nicht benötigte Neuentwicklung von Komponenten verhindert werden. Basis für das Einführen von Wiederverwendungsquoten ist die Standardisierung von Prozessen, Innovationszyklen, Technologien, Bauteilen, Komponenten, Modulen und Schnittstellen (Befestigungspunkte, Bauraum etc.). Nur mit Hilfe dieser Standardisierungen kann ein Transfer und die Wiederverwendung von verschiedenen Komponenten und Prozessen innerhalb des gesamten Unternehmens erreicht werden (Morgan und Liker 2006).

Durch die Verwendung von bestehenden Bauteilen wird einerseits der Aufwand in der Produktentstehung reduziert, andererseits profitiert die Fertigung durch die Reduzierung der Varianten. Zur Wiederverwendung von Bauteilen gilt es zunächst die Module, welche zum Vorgängermodell verändert werden sollen, zu identifizieren. Anschließend werden die zugehörigen Baugruppen analysiert und die zu ändernden Bauteile bestimmt (Zahn 2013). Zudem ermöglichen sogenannte Plattform- oder Gleichteilestrategien auf Basis von Skalenvorteilen geringere Entwicklungszeiten, geringere Produktionskosten bei einer höheren Produktvielfalt. So werden beispielsweise bei verschiedenen Modellen von Audi und Volkswagen die gleichen Plattformen verwendet (Schuh 2013).

Einführung eines Kennzahlensystems
Kennzahlen (Key Performance Indicators (KPI)) dienen zum Abbilden der Leistung in einem bestimmten Bereich oder des gesamten Unternehmens und ermöglichen die Identifikation von Stärken, Schwächen, derzeitigen Situationen und Entwicklungen bzw. Verläufen. Die Ermittlung von Kennzahlen ist somit eine wichtige Voraussetzung für das Messen, Überwachen und Steuern von Prozessen und Projekten. Kennzahlen bilden daher die Grundlage zur Bewertung und Optimierung von Prozessen. Im Rahmen der Stan-

dardisierung werden vermeintliche Prozessoptimierungen durch KPIs evaluiert und ggf. standardisiert. So ist ein ganzheitliches, an den Zielen ausgerichtetes Kennzahlensystem zu etablieren und dieses in allen Produktentstehungsprojekten zu nutzen. Das Kennzahlensystem kann neben Kennzahlen zu Effektivität und Effizienz auch weiche Faktoren, wie die Motivation und die Qualifikation der Mitarbeiter (wie z. B. Problemlösungsfähigkeit) beinhalten (Zahn 2013). Nähere Informationen zum Thema Kennzahlen werden in Abschn. 3.5 gegeben.

Shopfloor Management

Die Methode Shopfloor Management (SFM) wurde dem Gestaltungsprinzip der Standardisierung zugeordnet, kann allerdings auch anderen Gestaltungsprinzipien des LD zugeordnet werden. Das SFM beschreibt das Führen vor Ort und bringt Führungskräfte an den Ort der Wertschöpfung (Gemba oder Genba). Führungskräfte und Mitarbeiter treffen sich in regelmäßigen Abständen auf dem Shopfloor und besprechen Probleme direkt dort, wo sie entstehen. Die direkte Führungskraft (Teamleader oder Hancho) ist dazu angehalten, die Mitarbeiter bei der eigenständigen Problemlösung zu unterstützen und zu coachen. Zudem können Verbesserungsideen mitgeteilt und gemeinsam Maßnahmen mit den entsprechenden Verantwortlichkeiten festgelegt werden. Diese Maßnahmen werden kontinuierlich nachverfolgt und ermöglichen so die nachhaltige Implementierung eines kontinuierlichen Verbesserungsprozesses. Dazu sind Kennzahlen zu definieren, zu standardisieren und transparent darzustellen. Auf einer Shopfloor-Tafel sind neben den kontinuierlichen Verbesserungsprojekten auch Informationen zu den aktuellen Prozessen darzustellen. Kennzahlen zu Qualität, Performance (Soll – Ist- Vergleich) etc. verhelfen den Mitarbeitern die eigene Arbeit zu reflektieren bzw. die Güte der Prozesse zu bewerten. Wie in Abb. 2.10 zu sehen umfasst das SFM im LD, ähnlich wie im Bereich der Fertigung, die Elemente: Führen vor Ort, Visualisierung, Standardisierung, Problemlösung sowie die Kommunikation (Kudernatsch 2013).

2.4.3 Praxisbeispiel Shopfloor Management

Die Schaeffler Gruppe entwickelt und fertigt mit seinen Marken INA, LuK und FAG Präzisionsprodukte für alles was sich bewegt – in Maschinen, Anlagen, Kraftfahrzeugen und in der Luft- und Raumfahrt. Die global agierende Unternehmensgruppe ist ein weltweit führender Wälzlagerhersteller und ein renommierter Zulieferer der Automobilindustrie. Das Unternehmen erwirtschaftete im Jahr 2014 einen Umsatz von rund 12,1 Mrd. €. Mit ca. 82.000 Mitarbeitern weltweit ist Schaeffler eines der größten deutschen und europäischen Industrieunternehmen in Familienbesitz.

MOVE, als Weg die Schaeffler Gruppe in ein schlankes Unternehmen zu verwandeln, startete 2009 zunächst in der Produktion und wurde sukzessiv auf die indirekten Bereiche, wie Vertrieb und Forschung & Entwicklung ausgeweitet. Ziel ist es, das Unternehmen

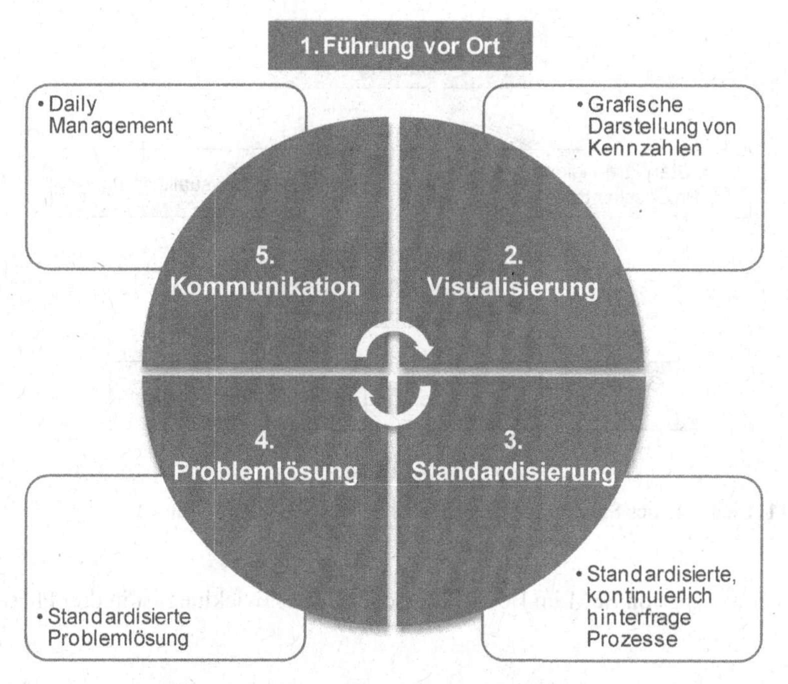

Abb. 2.10 Elemente des Shopfloor Management. (Kudernatsch 2013)

anhand von vier Prinzipien flexibel für die Zukunft aufzustellen und die Liefertreue stark zu verbessern:

- eigenverantwortliche Mitarbeiter
- Verschwendung vermeiden
- fehlerfreie Abläufe
- synchron zum Kundentakt.

Um dies zu erreichen, muss eine Kultur der kontinuierlichen Verbesserung im Unternehmen geschaffen und bei allen Mitarbeitern verankert werden. Das SFM ist eine etablierte Methode, um eine kontinuierliche Verbesserungskultur durch das aktive Führen und Coachen am Ort der Wertschöpfung nachhaltig im Unternehmen zu implementieren.

Mithilfe von SFM sollen die Prozesse und Arbeitsstandards in der täglichen Arbeit verankert und kontinuierlich verbessert werden. Als zentrales Element lernen die Mitarbeiter Probleme zu erkennen und nachhaltig zu beseitigen, wodurch die Entwicklung einer Kultur der kontinuierlichen Verbesserung unterstützt wird. Gleichzeitig müssen Führungskräfte ihre Fähigkeit entwickeln, Mitarbeiter im Problemlösungsprozess zu coachen. Durch die konsequente Offenlegung und den konstruktiven Umgang mit Problemen, entsteht außerdem eine positive Fehlerkultur in der Probleme als Chancen erkannt werden, um aus ihnen zu lernen.

Abb. 2.11 Elemente des Shopfloor Managements bei der Schaeffler Gruppe

Die Einführung von SFM im Bereich Forschung & Entwicklung ist in drei Phasen aufgeteilt.

1. Vorbereitung
2. Einführung
3. Optimierung

Im Folgenden werden die drei Phasen detailliert vorgestellt.

Vorbereitung
Zunächst wird die Ausgangssituation in der Abteilung, die an der Einführung von SFM interessiert ist, analysiert. Gemeinsam mit dem Abteilungsleiter durchleuchtet der zuständige MOVE Trainer (interne Bezeichnung eines LEAN Trainers) die bestehenden Arbeitsweisen und Kommunikationsabläufe, um festzustellen, ob mit Einführung der Methode die bestehenden Probleme gelöst werden können. Stellt sich die Methode als geeignet heraus, wird sie im ersten Schritt allen betroffenen Führungskräften vorgestellt um ein einheitliches Verständnis über Shopfloor Management zu vermitteln. Bei dieser Informationsveranstaltung geht es darum, ein Grundverständnis des Shopfloor Managements herzustellen (Abb. 2.11) und Fragen und Ängste aufzudecken.

Im zweiten Schritt werden die Führungskräfte eingeladen, sich ein Umsetzungsbeispiel in einer Nachbarabteilung anzuschauen. Hierbei geht es darum, die Methode in der Praxis zu erleben und den erfahrenen Kollegen Fragen zu stellen. Bestehende Ängste und Befürchtungen sollen durch die positiven Erfahrungen der Kollegen ausgeräumt werden. Ziel ist es, dass alle Führungskräfte die Methode verstehen und die Vorteile für sich erkennen. Die Überzeugung bei den Führungskräften ist von entscheidender Bedeutung für den Erfolg des SFM, da sie zukünftig ihre Mitarbeiter auf veränderte Weise führen werden. Deswegen sollte auf diese Phase viel Wert gelegt werden. Empfehlenswert ist es, das Commitment von den Führungskräften einzuholen, sodass das SFM konsequent umgesetzt wird.

Anschließend wird ein Gesamtverantwortlicher, meist der Abteilungsleiter, und ein neutraler Moderator als Workshopleiter bestimmt. Der Moderator sollte bereits Erfahrungen mit der Einführung von Shopfloor Management haben, andernfalls ist es empfehlenswert einen erfahrenen MOVE Trainer hinzuzuziehen. Außerdem werden bei der Definition des Projekts die IST-Situation sowie die qualitativen und quantitativen Ziele festgehalten. Anschließend erfolgt die Einladung der Teilnehmer zu einem 4–5 tägigen SFM-Workshop. Da SFM von der aktiven Beteiligung der Mitarbeiter lebt, ist es wichtig, dass beim Workshop alle betroffenen Mitarbeiter einbezogen werden. Andernfalls kann es sein, dass die erarbeitete Visualisierung der Arbeitsabläufe nicht von allen verstanden und akzeptiert wird. Die Räumlichkeiten für den Workshop sollten folgendermaßen ausgestattet sein:

- 1 Beamer
- 2 Flipcharts
- mindestens 2 Pinnwände
- 1 Moderatorenkoffer
- ausreichend Platz für Gruppenarbeiten

Außerdem muss das notwendige Equipment zum Aufbau der SFM-Tafeln bestellt werden. Wichtig ist, dass der erste Entwurf der Tafel flexibel umzugestalten ist, denn die Erfahrung zeigt, dass es anfangs immer wieder Änderungen gibt. Daher empfiehlt es sich, günstige und nicht zu spezifische Materialen zu Beginn zu verwenden, zum Beispiel:

- 1 Pinnwand
- Klebeband für die Einteilung der Tafel
- Klarsichthüllen zur Sammlung der Karten
- Pinnnadeln
- Papier
- Klebepunkte
- Stifte

Die Visualisierung kann auch in elektronischer Form erfolgen, zum Beispiel mithilfe von Excel, Notes oder anderen Tools. Dies macht vor allem Sinn, wenn bereits Übersichten in elektronischer Form vorliegen und genutzt werden können oder wenn das Team über mehrere Standorte verteilt ist und die SFM-Runden in Form einer Web-Konferenz stattfinden. In solch einem Fall müssen keine Materialien beschafft werden.

Als Vorbereitung sollten diese Informationen zur Verfügung stehen:

- Bereichsstruktur (Organisation, Mitarbeiter, Aufgaben, etc.)
- Prozessbeschreibungen und Arbeitsabläufe

- Standards (Formulare, Checklisten, etc.)
- Kommunikationsstruktur (Abteilungsbesprechungen, Daily Walks, etc.)
- Problemlösungsmethoden (A3-Report, etc.)

Einführung
Zu Beginn des SFM-Workshops werden die Ziele des Projekts besprochen und auf die Erwartungen und Befürchtungen der Teilnehmer eingegangen. Anschließend werden in einer Kurzpräsentation die theoretischen Grundlagen der Methode erklärt. Hierbei ist es wichtig, auf Fragen der Teilnehmer einzugehen, um sicherzustellen, dass alle die Methode verstanden haben. Wenn dies geschehen ist, können die einzelnen Elemente des SFM gemeinsam erarbeitet werden. Sollte es sich um mehrere Teams handeln, findet die Ausarbeitung für jedes Team parallel in Gruppenarbeit statt.

1. Standards
Im ersten Schritt wird ein grober Überblick über den Arbeitsablauf erstellt, zum Beispiel anhand eines SIPOC (Supplier, Input, Process, Output, Customer). Falls es bereits einen beschriebenen Prozess gibt, wird dieser herangezogen. Der Ablauf dient als Grundlage um die SFM-Karten zu gestalten. Ziel ist es, dass diese auf einen Blick die wichtigsten Informationen sowie den Status des „Work in Progress" bereitstellen. Außerdem werden die zur Bearbeitung der Aufgaben einzuhaltenden Standards, wie Checklisten, Formulare, Besprechungssteckbriefe, Rollendefinitionen etc. gesammelt. Diese Standards werden an der SFM-Tafel visualisiert und auf ihre Einhaltung überprüft.

Der Standard beschreibt das aktuelle Optimum, nachdem die Tätigkeiten durchzuführen sind um ein entsprechendes Ergebnis zu erzielen. Um Abweichungen vom beschriebenen Standard aufzudecken, können zum Beispiel Führungskräfte-Karten dienen, anhand derer die Einhaltung der definierten Standards überprüft wird. Bei Abweichungen ist die Ursache zu ermitteln und abzustellen. Dadurch werden Potentiale in Prozessen erkannt und diese kontinuierlich verbessert.

2. Mitarbeiterorganisation
Im zweiten Schritt geht es darum, die Verteilung der Arbeit auf die einzelnen Mitarbeiter an der SFM-Tafel darzustellen. Die Gestaltung der Zeilen und Spalten steht den Mitarbeitern frei. Wenn jede Zeile einem Mitarbeiter zugeordnet wird, können die Spalten zum Beispiel den Status „To Do, Doing, Done", eine Zeitschiene oder den jeweiligen Prozessschritt, in dem sich die Arbeit befindet, angeben. Wichtig ist, dass die Ausgestaltung dieses Elements den Mitarbeitern der Abteilung überlassen wird und individuell an die Tätigkeiten der Abteilung angepasst wird. In diesem Schritt sollte auch festgelegt werden, nach welchen Regeln die Karten von einer Spalte oder Zeile in die nächste wandern. Nur wenn alle das System verstanden haben, kann es zum Schluss funktionieren und einen Überblick über die Arbeit im Team geben.

3. Kennzahlen
Im dritten Schritt werden Kennzahlen definiert, die zum kurzfristigen Steuern dienen. Durch das Eintragen in ein Diagramm und Hinterlegen eines Soll-Wertes für die Kennzahl, können Abweichungen schnell erkannt und der historische Verlauf nachverfolgt werden. Es ist darauf zu achten, dass die Kennzahlen so einfach wie möglich zu generieren sind, zum Beispiel durch Zählen. Diese decken möglichst Qualität, Kosten, Liefertreue und Mitarbeiterzufriedenheit ab.

Als wertvolle Kennzahlen haben sich erwiesen:

- Anzahl der eingehenden Aufträge/Woche
- Anzahl der abgearbeiteten Aufträge/Woche
- Anzahl der Aufträge in Abweichung aufgrund von Qualität/Kosten/Terminen

4. Problemlösungsprozess
Im vierten Schritt wird definiert, mithilfe welcher Tools und Methoden die aufgedeckten Probleme bearbeitet werden sollen. Zentrales Element ist die PUL-Liste (Problem, Ursache, Lösung), da sie eine Auseinandersetzung mit der Kernursache fordert und gleichzeitig die Lösungsumsetzung überwacht. In der PUL-Liste werden Probleme aufgelistet und entsprechende Ursachen, Lösungen, Umsetzungsmaßnahmen, Verantwortliche und Termine festgehalten. Je nach Komplexität des Problems können weitere Methoden (z. B. PDCA, SixSigma, A3-Report) eingesetzt werden. Wichtig ist, dass eindeutig festgelegt ist, wie mit auftretenden Problemen zu verfahren ist. Nur so ist sichergestellt, dass Probleme nachhaltig gelöst werden. Dabei ist es hilfreich mit Methoden einzusteigen, die dem Team bereits bekannt sind.

Die Rolle der Führungskraft ist von zentraler Bedeutung im Problemlösungsprozess. Sie hat die Aufgabe ihre Mitarbeiter zu befähigen, Probleme eigenständig zu lösen. Das heißt, sie schlüpft in die Rolle eines Coaches, um die Kultur einer kontinuierlichen Verbesserung in den Köpfen der Mitarbeiter zu verankern. Aus diesem Grund ist es sehr wichtig, dass die Führungskräfte in der Problemlösungsmethode geschult sind. Dies kann durch eine separate Schulung und anschließendem Coaching erfolgen.

5. Kommunikation
Im letzten Schritt wird festgelegt, welche Abstimmrunden stattfinden müssen, um das SFM-System mit Informationen zu befüllen und aktuell zu halten. Dies geht von der Befüllung des Auftragsvorrats, der eventuell die Auftraggeber mit einschließt, über die Verteilung der Arbeit innerhalb des Teams, sowie die regelmäßige Aktualisierung des Status, inklusive des Anstoßens der Problemlösung. Ziel ist es, die Kommunikation innerhalb von festen Zeitfenstern strukturiert ablaufen zu lassen (Abb. 2.12).

Dazu werden feste Inhalte und Abläufe in einem Besprechungssteckbrief festgelegt, sowie die Rollen der Beteiligten definiert. Der Leiter des jeweiligen Teams moderiert und leitet die SFM-Runden. Außerdem muss klar sein, was jeder Mitarbeiter vor den Runden vorzubereiten hat. Welche Informationen muss er parat haben, um die SFM-Runde so kurz

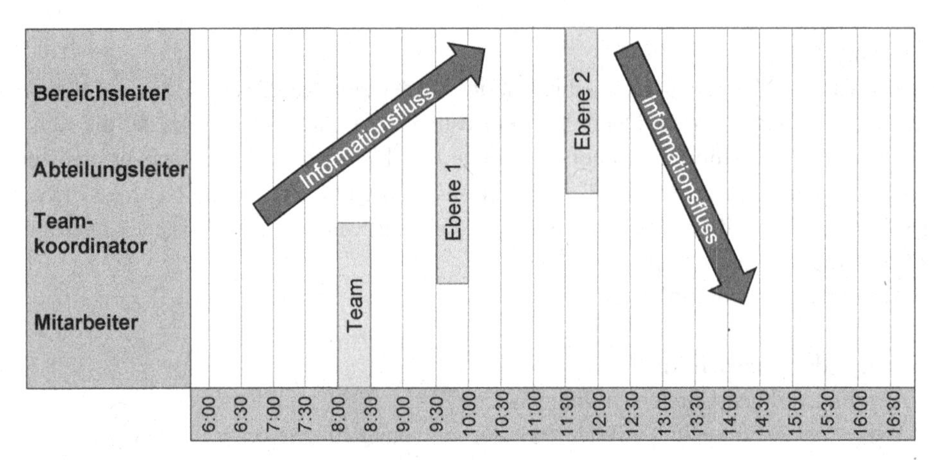

Abb. 2.12 Beispiel Kommunikationskaskade

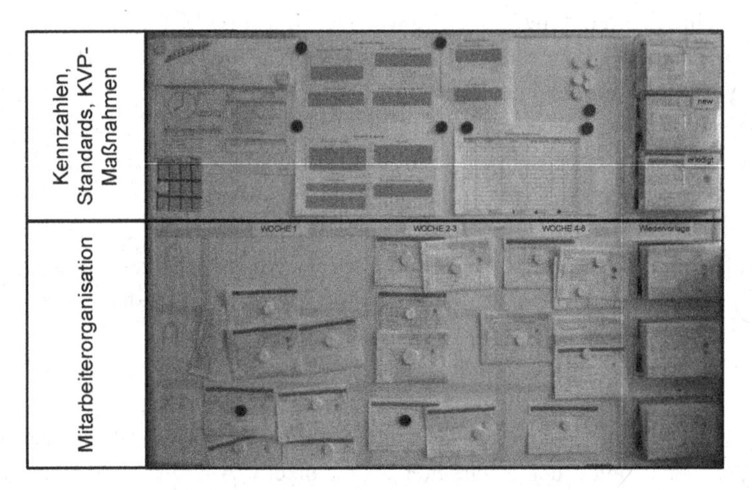

Abb. 2.13 Shopfloor Management Tafel

und effizient wie möglich zu gestalten. Die einzelnen Teamrunden müssen dann mit den Runden auf Abteilungs- und Bereichsebene abgestimmt werden; und zwar so, dass eine schnelle Eskalation von Problemen stattfinden kann. Sind alle Elemente definiert, werden sie auf der SFM-Tafel visualisiert (Abb. 2.13).

Wenn jedes Team seine Tafel aufgebaut hat, werden die Ergebnisse der gesamten Workshop-Gruppe vorgestellt. Anschließend wird anhand eines Praxis-Beispiels der Ablauf der SFM-Runden durchgespielt und auf diese Weise verifiziert, ob das System funktioniert. Aller Wahrscheinlichkeit nach, müssen im Anschluss noch einmal Änderungen oder Ergänzungen vorgenommen werden, insbesondere an den Schnittstellen. Bei Bedarf wird ein Maßnahmenplan zur Fertigstellung des SFM aufgestellt.

Waren nicht alle betroffenen Mitarbeiter im Workshop beteiligt, muss zum Abschluss eine Präsentation der Ergebnisse und eine Schulung der Mitarbeiter stattfinden. Auch hier empfiehlt es sich, das System anhand von Beispielen durchzuspielen, solange, bis jeder seine Aufgaben und Verantwortungen verstanden hat. Erst danach kann das SFM im Arbeitsalltag gelebt werden.

Optimierung
Um eine möglichst reibungslose Umsetzung zu gewährleisten, ist eine intensive Betreuung während der ersten SFM-Runden notwendig. Der MOVE Trainer mit der entsprechenden Erfahrung und Methodenkompetenz fungiert hier als Coach und Trainer gleichzeitig. Einerseits muss er sicherstellen, dass die Abläufe und Regeln eingehalten werden, andererseits hat er die Aufgabe den Leiter der SFM-Runden bei der Erfüllung seiner Aufgabe zu coachen (gegebenenfalls mit Unterstützung durch die Personalabteilung). In dieser Phase wächst die Führungskraft in ihre neue Rolle hinein. Da die systematische Problemlösung für die meisten Mitarbeiter neu ist und das Einspielen der Besprechungsabläufe zunächst etwas Zeit in Anspruch nimmt, sollten am Anfang vorerst keine komplexen Probleme bearbeitet werden.

Während der ersten Monate ergeben sich in der Regel viele kleine Änderungen, die das bestehende System verbessern. Neben dieser kontinuierlichen Verbesserung, sollte nach ca. 6–9 Monaten ein Review durchgeführt werden. Dieses dient dazu die Erfahrungen mit dem SFM-System auszuwerten und, falls notwendig, größere Anpassungen vorzunehmen. In jedem Fall sind die Ergebnisse für die nächste geplante SFM-Einführung von großem Wert.

2.5 Fließ- und Pull-Prinzip

Frank Eickhorn, Frank Schimmelpfennig, Kai Schmidtchen

2.5.1 Grundlagen

Die Einführung der Fließbandarbeit bei der Produktion des Ford Model T im Jahre 1913 war eine Revolution der industriellen Fertigung und ist der Ausgangspunkt der heutigen Massenproduktion. Die Fließbandarbeit ist durch eine kontinuierliche Weitergabe der Produkte zu der nächsten Arbeitsstation charakterisiert. Das von Frederick Winslow Taylor entwickelte Scientific Management, auch Taylorismus genannt, bildet eine wesentliche Voraussetzung der bei Ford eingeführten Fließbandarbeit. Beim Taylorismus erfolgt eine Trennung von Kopf und Handarbeit. Die wesentlichen Merkmale des Taylorismus sind die präzise Beschreibung und Festlegung von Arbeitsschritten. Die Arbeitsaufgabe wird in ihre kleinsten Teilvorgänge aufgeteilt, sodass eine direkte Abhängigkeit der Entlohnung von der Produktivität erzielt werden kann. So führte die Fließbandarbeit zu erheblichen Produktivitätssprüngen bei der Produktion des Ford Model T (Womack et al. 1991). Die von Henry Ford eingeführte Fließbandarbeit ist zudem der Ursprung für das von Toyota entwickelte Fließprinzip. Dabei beschreibt das Fließprinzip eine umfassende Unternehmensgestaltung, die darauf ausgerichtet ist, einen schnellen und gleichmäßigen Fluss von

Materialien und Informationen zu ermöglichen. Ziel ist die Verkürzung der Durchlaufzeiten und die Reduzierung der Bestände (VDI 2870-1 2012).

Insbesondere auf Grund des dominierenden Informationsflusses in der Produktentstehung erscheint eine Übertragung des Fließ- und Pull-Prinzips fragwürdig. Materialflüsse, Bearbeitungszeiten und Kapazitäten sind in der Produktion standardisiert, wohingegen die Produktentstehung sowohl ein höheres Level der Abstraktion als auch ein höheres Komplexitätsniveau aufweist. Dabei stellt die Standardisierung eine wesentliche Voraussetzung für die Einführung des Fließprinzips dar. Weiterhin ist die Synchronisation von Prozessen unabdingbar für die Umsetzung des Fließprinzips. Das Fließprinzip verfolgt einen gleichmäßigen Fluss der Tätigkeiten bzw. des Wertstroms ohne Iterationsschleifen, ohne Unterbrechung durch Schnittstellen oder Abteilungsgrenzen (Romberg 2010). Hierdurch können Wartezeiten von Informationen/Produkten in der Produktentstehung vermieden werden. Um einen gleichmäßigen Fluss in der Produktentstehung ohne Verschwendung zu realisieren, ist eine konsequente Kundenorientierung erforderlich. Die Kundenorientierung beschreibt in diesem Zusammenhang die ausschließliche Lieferung bzw. Bereitstellung von Informationen, die der nachgelagerte Kunde abruft. Dies wird, ähnlich wie in der Produktion, durch die Einführung des Pull-Prinzips realisiert (Dombrowski und Zahn 2011).

Für die Einführung des Pull-Prinzips ist es erforderlich, dass Abläufe und Prozesse zeitlich aufeinander abgestimmt und synchronisiert werden. Um das Pull-Prinzip etablieren zu können, müssen zunächst Materialfluss, Kapazitäten und Bearbeitungszeiten standardisiert werden. Dies ist in der Produktentstehung kompliziert, da die Prozesszeiten deutlich variabler sind als in der Produktion. Eine Überprüfung der Einhaltung des Pull-Prinzips in der Produktentstehung ist ebenfalls schwierig, da die Nichteinhaltung des Prinzips, nicht wie in der Produktion, an Hand von Beständen und Zwischenpuffern sichtbar wird (Zahn 2013). Stattdessen bedeutet das Einhalten des Pull-Prinzips im LD die notwendigen Informationen in der benötigten Form bzw. Qualität an einem definierten Ort zum Bedarfszeitpunkt zur Verfügung zu stellen (Brunner 2008). Die Arbeitsschritte bzw. Arbeitsphasen werden so eingeteilt, dass sie ähnlich anspruchsvolle Inhalte aufweisen. In einem nächsten Schritt wird durch die kontinuierliche Verschwendungsminimierung die Bearbeitungsdauer der Arbeitsphasen stetig verkürzt (Dombrowski et al. 2011a).

Neben der Übertragung des Pull-Prinzips auf die Weitergabe von Informationen erfolgt in der Produktentstehung eine Übertragung auf den Innovationsprozess. Dies ist jedoch kritisch zu bewerten. Innerhalb des Innovationsprozesses wird zwischen dem Market Pull sowie dem Technology Push unterschieden. Diese sind stark abhängig von der strategischen Ausrichtung eines Unternehmens. Beim Market Pull liegt der Erfindung eine bestehende Kundenanforderung zur Neuentwicklung oder Modifizierung eines Produktes oder einer Dienstleistung zugrunde. Es liegt somit ein geringes technologisches Risiko und Marktrisiko vor. Der Technology Push hingegen wird aus Eigeninitiative eines Unternehmens initiiert, ohne dass zu Beginn der Produktentstehung bereits ein konkreter Abnehmer bzw. späterer Kunde existiert. Dementsprechend ist das Risiko hoch, dass kein Markt für das Produkt vorhanden ist. Darüber hinaus handelt es sich bei dem Technology Push hauptsächlich um Produkte mit einem hohen technologischen Risiko (Wölk 2008;

Herstatt und Lettl 2006). Bereits Henry Ford hat den diesen Gedanken des Technology Push erkannt und in folgendem Zitat auf den Punkt gebracht: „Wenn ich die Menschen gefragt hätte, was sie wollen, hätten sie gesagt, schnellere Pferde.“ (Mörtenhummer 2009).

2.5.2 Methoden

Dem Fließ- und Pull-Prinzip sind die Methoden Prozesssynchronisation, prozessorientierte Projektorganisation, Einführung von Kompetenzzentren, Regelkommunikation, Scrum (dt. Gedränge) sowie Simultaneous Engineering zugeordnet. Des Weiteren sind Methoden für die Zusammenarbeit mit Lieferanten Bestandteil des Fließ- und Pull-Prinzips. So sind die Lieferantenauswahl und –integration sowie Request for Design Development Proposal zu berücksichtigen.

Prozesssynchronisation

Eine wesentliche Voraussetzung zur Umsetzung des Fließ- und Pull-Prinzips in der Produktentstehung ist die Synchronisation von Prozessen (Romberg 2010). Dabei bezeichnet die Synchronisation das zeitliche aufeinander abstimmen von Vorgängen mit dem Ziel, Verschwendung in den Prozessen zu vermeiden. Synchronisation sorgt dafür, dass Aktionen gleichzeitig bzw. in einer bestimmten Reihenfolge ablaufen. Die Prozesssynchronisation bezieht sich nicht nur auf direkt wertschöpfende Bereiche. Um eine Entwicklung im Kundentakt zu ermöglichen, muss der Fluss so geplant werden, dass er sich an der längsten unteilbaren Taktzeit im Prozess orientiert (VDI 2870-1 2012). So müssen besonders Aspekte, wie der Informationsaustausch und notwendige Abstimmungsrunden, betrachtet werden. Eingesetzt werden kann die Prozesssynchronisation überall dort, wo Schnittstellen – sowohl unternehmensintern wie auch extern zwischen Dienstleistern, Lieferanten und Kunden – vorhanden sind (Zahn 2013).

Grundlage der Prozesssynchronisation ist die ausführliche Analyse des gesamten PEP. Hierzu kann bspw. die Wertstrommethode herangezogen werden, mit der die Gestaltung eines neuen Prozessdesigns durchgeführt werden kann.

In Abb. 2.14 ist schematisch das Prinzip der Prozesssynchronisation dargestellt. Im Ausgangszustand wird, in Form von Wartezeiten zwischen den einzelnen Takten, ein er-

	Takt 1	Takt 2	Takt 3	Takt 4	Takt 5
Ist	A	B	C	D	E
Soll	A B	C D	E		

Abb. 2.14 Prozesssynchronisation in Anlehnung an. (Tapping et al. 2002)

hebliches Maß an Verschwendung generiert. Auf Basis einer durchgeführten Analyse kann eine Taktung und Glättung der Prozesse erfolgen (Morgan und Liker 2006).

In diesem Beispiel werden die Prozessbausteine neu gegliedert und an den Kundentakt angepasst. Durch diese Einteilung kann, von anfänglich 5 Kundentakten, eine Reduktion auf 3 Kundentakte für die identische Entwicklungsarbeit durchgeführt werden. Durch einen sich anschließenden kontinuierlichen Verbesserungsprozess, können die Durchlaufzeiten der getakteten Prozessbausteine weiter reduziert werden, ohne die Arbeitsinhalte zu verändern (Sehested und Sonnenberg 2011).

Prozessorientierte Projektorganisation

Die prozessorientierte Projektorganisation zeichnet sich durch ein Projektteam aus, das unterschiedlichste Qualifikationen und Fähigkeiten besitzt. Die Qualifikationen und damit auch die Teamzusammensetzung werden je nach Projektanforderungen zusammengestellt. Aufgrund dieser Zusammensetzung wird eine effiziente Kommunikation zwischen Mitarbeitern unterschiedlicher Fachgebiete erreicht. Diese Art der Zusammenarbeit ermöglicht es, Projekte schneller und kostengünstiger abzuschließen, als das bei der klassischen Zusammenarbeit der Fall ist (Ehrlenspiel und Meerkamm 2013; Hoppmann et al. 2011).

Für jedes Produkt eines Unternehmens wird dabei ein eigenes, unabhängig arbeitendes Projektteam gebildet. Da der Aufbau und die Entwicklung moderner Produkte zunehmend modular erfolgt, ist auch eine Unterteilung der Projektteams in weitere Modulprojektteams empfehlenswert. Auch diese Teams verfügen über einen Projektleiter. Die einzelnen Teams werden dabei meist auch räumlich zusammengelegt (vgl. Obeya). Zwischen allen Teams wird zu Beginn ein Konsens bezüglich der Projektziele und aller wichtigen Spezifikationen der Module bzw. Produkte getroffen (Cusumano und Nobeoka 1998, S. 53/54; Ehrlenspiel und Meerkamm 2013; Morgan und Liker 2006).

Der Projektleiter nimmt in der prozessorientierten Projektorganisation eine zentrale Rolle ein. Im Gegensatz zu anderen Organisationsformen wird ihm eine weitgehende Weisungsbefugnis übertragen. Er trifft Entscheidungen bezüglich eingesetzter Technologien und verwendeter Komponenten. Weiterhin begleitet er die Entwicklung eines Moduls oder eines ganzen Produktes vom Kick-Off der Entwicklungsarbeiten bis zum Start of Production und hat dabei die Aufgabe, eine ständige Kundenorientierung zu gewährleisten (Dombrowski und Zahn 2011). Abbildung 2.15 zeigt exemplarisch die Matrixorganisation in der Produktentstehung am Beispiel von Toyota. Der Chief Engineer wird horizontal über die gesamten vertikal verlaufenden Sparten in den Prozess eingebunden (Liker 2013).

Zu beachten ist bei der prozessorientierten Projektorganisation jedoch, dass der Erfolg und die effiziente Bearbeitung der Projekte von einer reibungslosen Kommunikation aller Teammitglieder abhängen. Weiterhin kann es bei mehreren unabhängig voneinander arbeitenden Teams zu mehrfach ausgeführten Arbeiten kommen. Auch das herauslösen der Mitarbeiter aus ihrem gewohnten persönlichen und fachlichen Umfeld kann ein Risiko bei der Bildung der Projektteams darstellen (Cusumano und Nobeoka 1998; Ehrlenspiel und Meerkamm 2013; Schipper und Swets 2010).

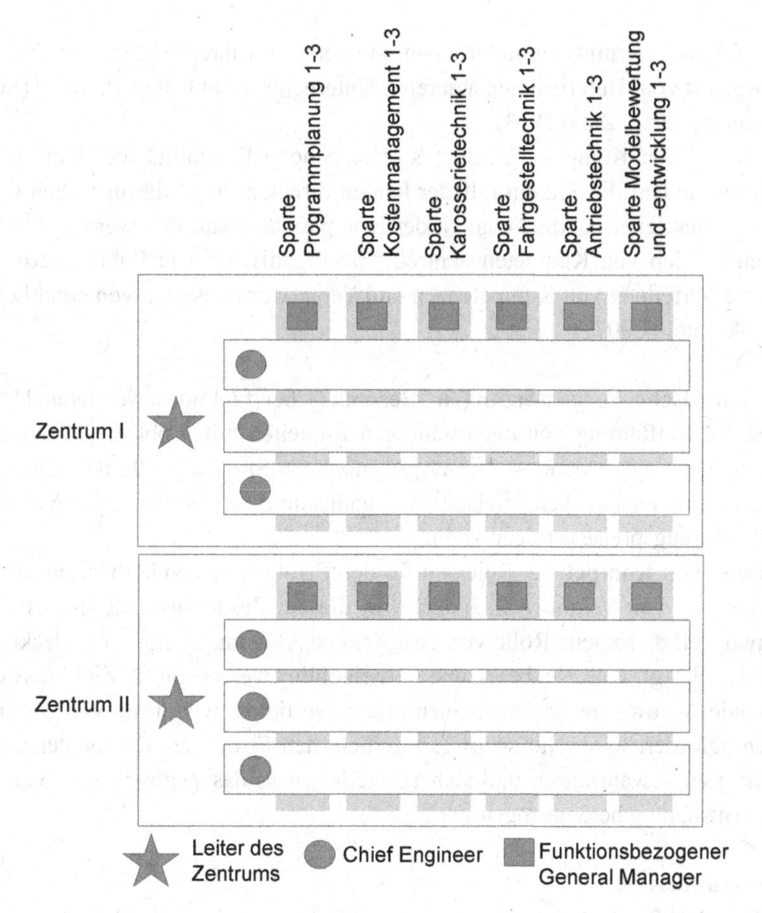

Abb. 2.15 Matrixorganisation in der Produktentstehung bei Toyota. (Liker 2013)

Einführung von Kompetenzzentren

Der PEP besteht aus einer hohen Anzahl einzelner Prozessbausteine, bei denen unterschiedliches Fachwissen gefordert wird. Eine Zuteilung verschiedener Spezialisten für viele einzelne Projekte würde eine sehr hohe Bindung von Kapazitäten notwendig machen, die in dieser Form für den Erfolg eines Projektes nicht erforderlich sind. Hieraus resultiert die Idee, zentrale Anlaufstellen zu etablieren, die projektübergeordnet im PEP mit ihrem Know-how zur Verfügung stehen. Diese Anlaufstellen werden als Kompetenzzentren (engl. Center of Competence, functional departments) bezeichnet, bei denen es sich um eigenständige Einheiten eines Unternehmens handelt, in denen Fachwissen gebündelt wird. Die Bildung von Kompetenzzentren ermöglicht es, Know-how gezielt dann abzufragen, wann es im PEP erforderlich ist. Wurden die Spezialisten auf diese Weise für die Problemlösung eingebunden, stehen sie unmittelbar danach für andere Projekte zur Verfügung, wodurch eine sehr gute Kapazitätsauslastung erreicht werden kann. Organisatorisch sind Kompetenzzentren i. d. R. in Form von Profit Center gestaltet. Profit Center stellen dabei organisatorisch ausgegliederte Unternehmensteile dar, die einer eigenen

Gewinn- und Verlustermittlung unterliegen und somit mit ihrem Erfolg bzw. Misserfolg nahezu losgelöst vom Unternehmen agieren („Unternehmen im Unternehmen") (Sehested und Sonnenberg 2011; Zahn 2013).

Die Bildung von Kompetenzzentren soll eine hohe Flexibilität der Unternehmung gewährleisten, indem die Teammitglieder keinen direkten Projektbezug haben und vom jeweiligen Projektleiter in Abhängigkeit der Komplexität beauftragt werden. Für den erfolgreichen Betrieb von Kompetenzzentren sind organisatorische Rahmenbedingungen wie auch die Verteilung von Kompetenzen und Verantwortlichkeiten von erheblicher Bedeutung (Mascitelli 2007)

- **Organisatorische Voraussetzungen**: Besonders bei funktionsorientieren Unternehmen ist die Einführung von eigenständigen Einheiten mit Problemen bezüglich der Kostenzurechnung verbunden. Die organisatorische Struktur sollte daher einer Spartenorganisation entsprechen (divisonale Organisation), in der eine genaue Zuordnung der Verrechnungspreise erfolgen kann.
- **Verteilung von Kompetenz**: Relevant für den Erfolg ist neben der Organisation auch die Verteilung von Verantwortlichkeiten. In diesem Zusammenhang gilt es abzuklären, inwieweit diese neue Rolle von bestehenden Abteilungsleitern abgedeckt werden kann oder ob ggf. eine Neubesetzung herbeigeführt werden muss. Ziel muss es sein, bestehendes Know-how so auszubauen und zu vertiefen, wie dieses von den internen Kunden gefordert wird. Nur so ist es möglich, den Erfolg des Kompentenzzentrums langfristig zu gewährleisten und sicherzustellen, dass das Zentrum auch von für die Produktentstehung herangezogen wird.

Regelkommunikation

Bei der Arbeit in Projektteams oder auch bei der Abstimmung zwischen verschiedenen Projekten ist die Regelkommunikation ein wichtiges Instrument. Durch kurze, regelmäßig stattfindende Meetings ist es möglich, einen kontinuierlichen Informationsfluss zwischen allen Teammitgliedern, beziehungsweise zwischen mehreren Projektteams, zu gewährleisten. Auf diese Weise kann auf Probleme oder unerwartete Ereignisse schnell und effizient reagiert werden (Mascitelli 2007; Romberg 2010; Schuh 2012). Besonders bei Projekten, an denen Mitarbeiter mit unterschiedlichen Qualifikationen oder aus verschiedenen Organisationseinheiten beteiligt sind, kann durch Regelkommunikation eine deutliche Steigerung der Effizienz erreicht werden (Schipper und Swets 2010).

Bei der Umsetzung der Regelkommunikation ist die Häufigkeit der Meetings an das jeweilige Projekt anzupassen. Dabei sind kurze Meetings in kürzeren Zeitintervallen zu bevorzugen. Bewusst kurz gehaltene Meetings, die dafür jedoch täglich stattfinden, ermöglichen einen schnellen Austausch neuer Erkenntnisse, woraus kurze Lernzyklen resultieren. Zusätzlich kann durch tägliche Meetings ein konstantes Konzentrationsniveau auf Projektaufgaben erreicht werden (Mascitelli 2007; Sehested und Sonnenberg 2011).

Ein Beispiel für die Anwendung der Regelkommunikation zeigt Toyota. Während der Entwicklungsphase findet ein tägliches Meeting zwischen Vertretern aller betroffenen

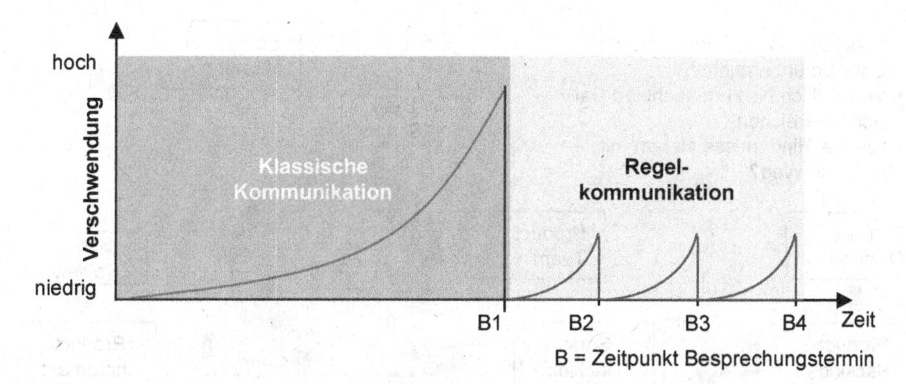

Abb. 2.16 Schematische Darstellung unterschiedlicher Kommunikationskonzepte. (Mascitelli 2007)

Funktionen an dem Ort statt, wo Prototypen erbaut werden. Hierdurch werden eventuelle Probleme vor Ort sofort erkannt, bewertet sowie die Umsetzung der definierten Lösungen kontrolliert (Morgan und Liker 2006). Abbildung 2.16 stellt den Unterschied der beiden Kommunikationsstrukturen und deren Auswirkungen auf die Verschwendung dar. Durch kürzere Zyklen der Besprechungen können gezielt Soll-/Ist-Abweichungen frühzeitig erkannt und Korrekturschleifen realisiert werden. Auf diese Weise können unnötige Verschwendung vermieden und die Performance der Produktentstehung gesteigert werden.

Scrum

Eine Nivellierung bzw. Taktung einzelner Prozessbausteine ist entscheidend für den kontinuierlichen Fluss in der Produktentstehung. Auf Grund der hohen Aufgabenkomplexität und der langen Prozesszeiten ist dies zumeist schwierig umzusetzen. Hierzu stellt Scrum ein Prozessmodell für das Projektmanagement dar. Das Zusammenarbeiten nach dem Scrum Prinzip erfordert einen hohen Aufwand in der täglichen Projektsteuerung. Es hat jedoch den Vorteil, dass interaktiv und anforderungsorientiert über mehrere Abteilungen hinweg interdisziplinär zusammengearbeitet werden kann (Gloger 2011). Ursprünglich wurde Scrum für die Softwaretechnik entwickelt, wird aber mittlerweile in verschiedensten Bereichen eingesetzt. Den Kern von Scrum bilden drei Rollen, fünf Aktivitäten und drei Artefakte (vgl. Abb. 2.17). Bei den Rollen handelt es sich um Personen bzw. Personenkreise, die bestimmte Aufgaben und Verantwortungen tragen. Der Product Owner ist der Projektverantwortliche und hat dafür Sorge zu tragen, dass die Produktentwicklung der Projekte ordnungsgemäß durchgeführt wird. Hierzu arbeitet der Product Owner eng mit dem Product Team zusammen. Das Product Team ist für die Entwicklung des Produktes zuständig. Im Gegensatz zu den Product Owner sowie dem Team ist der Scrum Master nicht unmittelbar im Projekt involviert. Die Aufgabe des Scrum Masters liegt in der Sicherstellung der gesamten Prozesse, die für die Entwicklungsprojekte mit Scrum durchgeführt werden. Damit hat der Scrum Master dafür zu sorgen, dass alle am Prozess Beteiligten konform nach den Vorgaben arbeiten. Sind Abweichungen festgestellt, muss der Scrum Master z. B. Verhaltensänderungen der Mitarbeiter durch Schulungen bewirken oder falls erforderlich Änderungen am Prozess vornehmen (Gloger 2011).

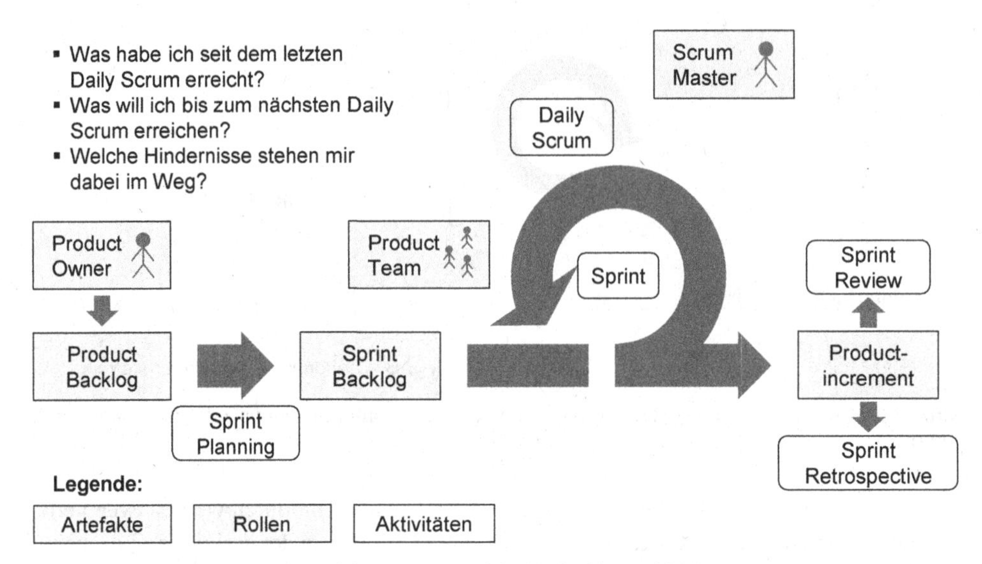

Abb. 2.17 Scrum Prozess in Anlehnung an. (Rubin 2013; Gloger 2011)

Die Produktidee bzw. -vision ist der Ausgangspunkt von Scrum und wird durch das Unternehmen definiert, wobei der Kunde einen großen Einfluss ausübt und damit zum großen Teil bei der Definition mitwirkt. Der Product Owner konkretisiert, ggf. mit dem Product Team, die Produktidee zu entsprechenden Produktfunktionalitäten, diese werden anschließend im Product Backlog eingetragen und priorisiert. Die Priorisierung erfolgt unter Berücksichtigung des zu erwartenden finanziellen Gewinns. Die kontinuierliche Priorisierung des Product Backlog zählt zu den Aufgaben des Product Owners. Der Erfolg von Scrum hängt maßgeblich von der Akzeptanz der Organisation ab, dass die Entscheidungen des Product Owner in der gesamten Organisation respektiert werden. Anschließend erfolgt eine zeitliche Abschätzung der definierten Produktfunktionalitäten durch das Product Team. Nachdem der Product Backlog konkretisiert wurde und das gesamte Team ein gemeinsames Verständnis erlangt hat, startet die Sprint Planung. Das Product Team wählt eine Anzahl an Funktionalitäten aus dem Product Backlog, die innerhalb eines Sprints bearbeitet werden kann und übernimmt diese in das Sprint Backlog. Dabei bedient sich Scrum dem Pull-Prinzip, das Product Team zieht die entsprechenden Funktionalitäten aus dem Produkt Backlog (Gloger 2011). Innerhalb des Sprints arbeiten alle Teammitglieder an der Erfüllung der ausgewählten Produktfunktionalitäten. Während des Sprints sind keine Änderungen an den ausgewählten Produktfunktionalitäten möglich, um den Rhythmus nicht zu stören. Zur Sicherstellung der Synchronisierung, Inspektion und Vorausplanung tauschen sich die Teammitglieder täglich im Daily Scrum über ihre Aufgaben aus. Im Rahmen dieses Austausches werden die in Abb. 2.17 gezeigten Fragen beantwortet. Der Scrum Master löst während des Sprints auftretende Hindernisse und unterstützt das Product Team bei der Erreichung ihrer Ziele. Neben diesen Aufgaben schult der Scrum Master das Team, um allen Teilnehmern das gleiche Scrum Verständnis zu ermöglichen und für die Einhaltung des Scrum Prozesses zu sorgen. Dabei verfügt der Scrum Master

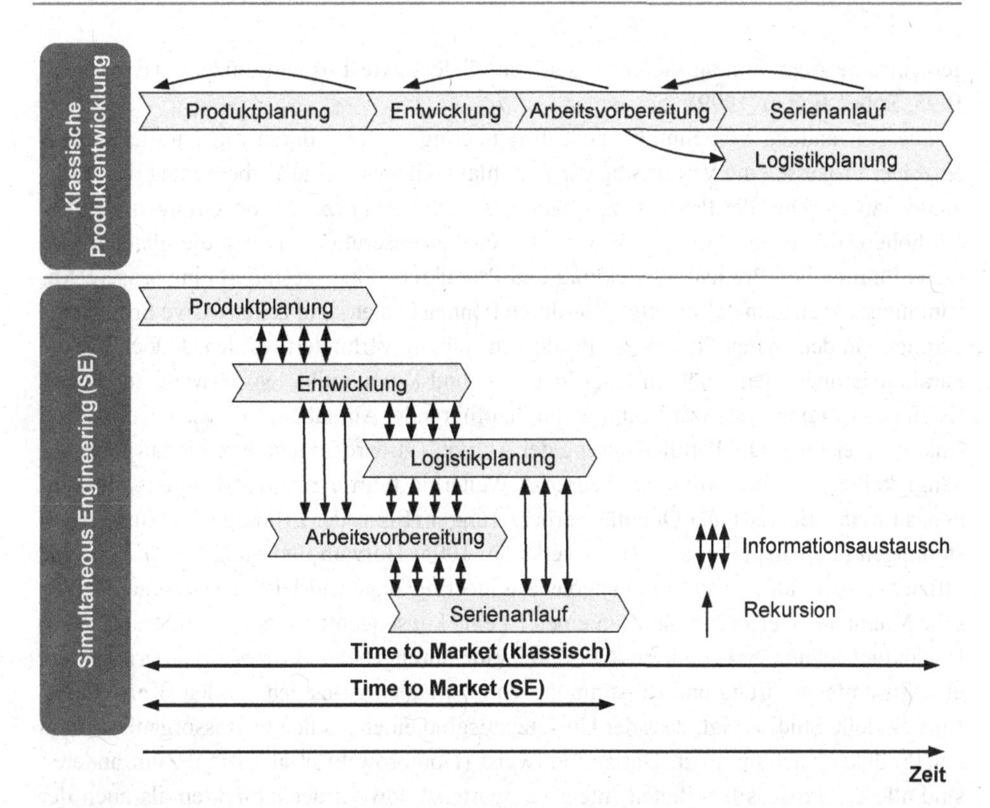

Abb. 2.18 Schematische Darstellung des Simultaneous Engineering. (Dombrowski et al. 2006; Schulze 2011)

über keine Weisungsbefugnis gegenüber dem Product Team. Das Ergebnis des Sprints ist ein Productincrement, welches einen Teil der Produktidee darstellt. Anschließend präsentiert das Product Team dem Product Owner sowie den entsprechenden Stakeholdern das Ergebnis. Die Anwendung der Sprint Retrospective dient der kontinuierlichen Verbesserung. Es wird untersucht welche Tätigkeiten verbessert werden müssen, um eine effektive Bearbeitung zu ermöglichen. Diese werden bei der nächsten Sprint Planung berücksichtigt (Trepper 2012; Rubin 2013; Brandstäter 2013).

Simultaneous Engineering

Das Simultaneous Engineering, auch als Concurrent Engineering bekannt, wurde 1966 entwickelt, um die verschiedenen Interessensparteien in der Produktentstehung zusammenzuführen. Abbildung 2.18 zeigt schematisch den Unterschied zwischen einem konventionellen PEP und dem Simultaneous Engineering. Aufgaben, die beim konventionellen Vorgehen sequentiell durchgeführt wurden, werden beim Simultaneous Engineering zeitlich parallelisiert. Hierzu erfordert Simultaneous Engineering einen intensiven Austausch der Informationen aller am Prozess beteiligten Stakeholder (z. B. Fertigung, Lieferanten, Kunden). Durch den frühen Austausch bereits in der Konzeptphase erfolgt eine gemeinsame Abstimmung der marktseitigen Ziele sowie Lösungskonzepte (Eversheim 1995; Sobek II et al. 1999).

Die Anwendung von Simultaneous Engineering verfolgt durch die Parallelisierung einzelner Prozesse eine Verkürzung der Durchlaufzeit sowie eine Verbesserung des Informationsaustausches der Prozesse zueinander. Aus diesen Prozessverbesserungen resultieren höhere Kosteneinsparungen sowie Qualitätsverbesserungen. Durch die gleichzeitige Durchführung von Produktentwicklung und Produkterstellung resultiert eine bessere Abstimmung der einzelnen Bereiche. Hierdurch können kosten- und zeitintensive Produktänderungen in den späten Phasen der Produktentstehung verhindert werden. Jedoch hat die Parallelisierung einen erhöhten Koordinations- und Kommunikationsaufwand zur Folge. Es gibt eine maximale Anzahl parallel durchzuführender Aufgaben; ist diese überschritten sinkt die Leistung. Die Parallelisierung der Aktivitäten wird zudem durch inhaltliche Abhängigkeiten einzelner Aufgaben begrenzt. Weiterhin führt die Anwendung des Simultaneous Engineering zu einer Qualitätsverbesserung im Sinne der Erfüllung der Kundenvorstellungen (Ehrlenspiel et al. 2014; Eversheim 1995; Horváth und Fleig 1998). Um eine effiziente Anwendung von Simultaneous Engineering zu gewährleisten, sind organisatorische Maßnahmen erforderlich. Zum einen ist eine konsequente Prozessorientierung in der Produktentstehung zu verankern. Nur durch eine durchgehende Prozessorientierung kann eine Zusammenführung und Abstimmung von Aufgaben vollzogen werden (Kern 2005). Eine aktuelle Studie zeigt, dass der Umsetzungsgrad einer solchen Prozessorganisation in der Produktentstehung noch Defizite aufweist (Dombrowski et al. 2015). Zum anderen sind alle am Prozess beteiligten Interessensparteien sowohl der indirekten als auch der direkten Bereiche des Unternehmens einzubeziehen. Die Partizipation aller Prozessbeteiligten ermöglicht es, eine effiziente Zusammenarbeit funktionsübergreifender Teams sicherzustellen und einen verbesserten Wissensgewinn zu erzielen (Kern 2005).

Request for Design and Development Proposal

Die Bezeichnung Request for Design and Development Proposal (kurz RDDP) steht für die Anfrage eines Konstruktions- und Entwicklungsvorschlags. Ursprünglich bezeichnet das RDDP ein bei Toyota eingesetztes, klar definiertes und strukturiertes Dokument, welches in Form einer standardisierten Anfrage an einen vorab festgelegten Lieferantenkreis übermittelt wird. Hiermit werden dem Lieferanten die Anforderungen für ein Entwicklungsprojekt mitgeteilt, auf deren Basis ein Angebot und erste Prototypen vom Lieferanten erarbeitet werden (Morgan und Liker 2006).

Bei der Erstellung des RDDP besteht die Herausforderung einerseits darin, dem Lieferanten möglichst viele Freiheitsgrade zu schaffen, um seine Erfahrungen und Innovationsfähigkeit gezielt zu nutzen. Andererseits müssen die Anforderungen jedoch soweit spezifiziert werden, dass der Lieferant die Wünsche und Anforderungen des Kunden versteht und diese im Produkt umsetzen kann. Das Dokument hat damit starke Ähnlichkeit zum klassischen Lastenheft, welches ebenfalls zur Abstimmung der Anforderungen mit Lieferanten dient (VDI 2519 2001).

Besonders relevant ist neben der einheitlichen Struktur auch die strukturierte Aufbereitung der Ziele. So sollte die Aufgabenstellung quantitative und qualitative Anforderungen enthalten und diese voneinander abgrenzen. Ebenso sind alle Anforderungen der Relevanz entsprechend zu ordnen. Hierdurch kann der Lieferant den Fokus der Entwicklung auf die wichtigsten Kriterien legen und solche Kriterien vorerst vernachlässigen, die geringe Auswirkungen auf den Projekterfolg haben. Die klare Benennung von Verantwortlichkeiten auf allen Stufen stellt sicher, dass die Aufgabenverteilung allen Projektmitgliedern bekannt ist und eine Bearbeitung der Aufgaben zielführend umgesetzt werden kann. Das Beispiel Toyota zeigt, dass selbst solche Ziele und deren Aufgabenstellungen an Lieferanten weitergegeben werden können, deren Zielerreichung selbst dem Auftraggeber ungewiss erscheint (Morgan und Liker 2006).

RDDP ist damit eng an andere Gestaltungsprinzipien und Methoden verknüpft: Nach dem Prinzip des Frontloading werden mithilfe des RDDP-Dokuments schon in den frühen Phasen der Produktentstehung eine definierte Aufgabenstellung und klare Verantwortlichkeiten dokumentiert, wodurch eine Vermeidung von Iterationsschleifen bewirkt wird. Auch Ergebnisse des Target Costings können im RDDP-Dokument aufgenommen und an Lieferanten übergeben werden. Hierzu werden die sich beim Target Costing ergebenen Target Gaps als Zielbeschreibung an Lieferanten weitergereicht, die diese im Prozess ihrer Produktentstehung erreichen müssen (Morgan und Liker 2006).

Systematische Lieferantenauswahl

Durch den Trend der Fokussierung auf Kernkompetenzen werden immer mehr Entwicklungsanteile an Lieferanten ausgelagert, die dadurch einen Teil der Wertschöpfung und Verantwortung übernehmen. Lieferanten, die solche Verantwortungen übernehmen, haben einen erheblichen Einfluss auf den Erfolg des Unternehmens. Hieraus resultiert die Relevanz, dass Unternehmen systematisch die Lieferanten auswählen, die ein definiertes Anforderungsbündel optimal erfüllen (Hofbauer et al. 2012).

Die klassische Lieferantenauswahl stellt den letzten Meilenstein der Entscheidungsfindung dar und bezeichnet die Wahl eines vorab bewerteten und eingegrenzten Lieferantenkreises. Die systematische Lieferantenauswahl hingegen greift wesentlich weiter und umfasst die folgenden Bereiche: (Janker 2008).

1. Lieferantenvorauswahl
2. Lieferantenanalyse
3. Lieferantenbewertung
4. Lieferantenauswahl

Ziel ist es, den bestmöglichen Lieferanten für eine Zusammenarbeit im PEP und der Produktion zu identifizieren. Dazu wird innerhalb der systematischen Lieferantenauswahl, durch eine Reduktion aller potentiellen Lieferanten, der Lieferant ausgewählt, der die vorgesehene Aufgabenstellung optimal erfüllt.

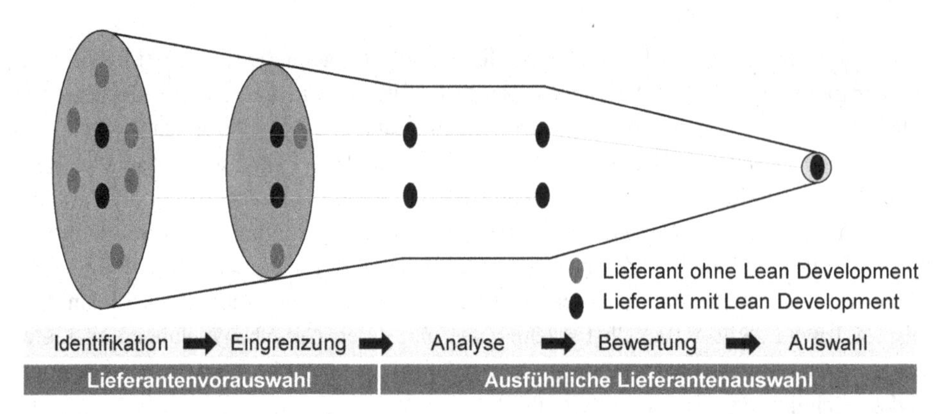

Abb. 2.19 Prozessablauf der systematischen Lieferantenbewertung in Anlehnung an. (Koppelmann 2004)

Wie in Abb. 2.19 zu sehen, beginnt der Prozess mit der Lieferantenvorauswahl, die die Teilbereiche Lieferantenidentifikation und Lieferanteneingrenzung umfasst. In der Vorauswahl werden Lieferanten auf Basis der durchzuführenden Aufgabe identifiziert. Dieser Prozessschritt umfasst in der Regel eine ausführliche Branchen- und Marktrecherche. Die identifizierten, potenziellen Lieferanten werden in Form von definierten Bewertungskriterien eingegrenzt. Bei diesen Kriterien handelt es sich um Lieferanteninformationen, die mit verhältnismäßig geringem Aufwand und in kurzer Zeit zu ermitteln sind. Exemplarisch können in diesem Schritt Zertifikate, kurze Lieferantenfragebögen und bestehende Patente herangezogen werden. Der Grund für diese frühzeitige Eingrenzung ist eine Reduktion der Komplexität, die eine Kosten- und Kapazitätsverbesserung für die weitergehenden Prozessschritte ermöglicht (Koppelmann 2004; Glantschnig 1994).

Innerhalb der Lieferantenanalyse werden die bereits gesammelten Informationen weiter konkretisiert, strukturiert und um zusätzliche Kriterien ergänzt. Ziel ist die Bereitstellung von Informationen, mit denen eine Gegenüberstellung der Lieferanten möglich ist. Untersucht werden bei der umfassenden Analyse sowohl wirtschaftliche als auch technische Bereiche, die je nach Aufgabenschwerpunkt spezifiziert werden. Neben projektbezogenen Kriterien sollten bei der Analyse auch Betrachtungen der zukünftigen Zusammenarbeit, Konkurrenzbeziehungen und Strategien der Lieferanten herangezogen werden (Hartmann et al. 1997).

Sobald in der vorhergehenden Analyse alle relevanten Informationen ermittelt werden konnten, erfolgt darauf aufbauend eine aussagekräftige Bewertung der noch verbleibenden Lieferanten. Die Bewertung der Lieferanten kann dabei auf Basis zahlreicher Verfahren erfolgen, die sich in quantitative und qualitative Verfahren unterteilen lassen. Durch die umfassende Lieferantenbewertung wird eine systematische Auswahl des Lieferanten sichergestellt. Hierbei sollten übergreifende Kriterien, wie bspw. die fachliche und organisatorische Kompetenz, Ressourcen oder auch Kapazitäten, berücksichtigt werden.

Lieferantenintegration
Unter Lieferantenintegration wird die systematische und zielgerichtete Kombination der Fähigkeiten und Ressourcen eines Unternehmens mit denen seiner Zulieferer verstanden. Es wird versucht, auf Basis dieser Kombination und gemeinsamer Aktivitäten auf den jeweiligen Geschäftsprozessen einen sicheren und nachhaltigen Wettbewerbsvorteil zu erzielen, der sich in folgende Bereiche unterteilen lässt: (Rink und Wagner 2007)

- *schneller*: Durch eine gemeinsame und intensive Zusammenarbeit sollen die Entwicklungszeiten eines Produktes verkürzt werden (Time-to-market)
- *besser*: Durch die Kombination der Fähigkeiten entsteht ein besseres Entwicklung-Know-how, das zu Maximierung des Endkundenwertes und zu besseren und attraktiven Produkten führt.
- *kostengünstiger*: Durch die frühe Zusammenarbeit entstehen Aufwands- und Kostenoptimierungen entlang der gesamten Wertschöpfung.

Allgemein folgt die Methode der Lieferantenintegration in Bezug auf Lieferantanzahl dem Grundsatz „Weniger ist mehr": Durch eine Reduktion bestehender Lieferanten soll es möglich werden, die Anzahl verbleibender Lieferanten intensiver in den Produktentstehungsprozess einzubinden. Eine solche Einbindung der Lieferanten kann zu unterschiedlichen Zeitpunkten erfolgen. Unterscheiden lassen sich hier generell Integrationen in der Entwicklungsphase und in der Industrialisierungsphase (Hofbauer et al. 2012). Wann und wie Lieferanten eingebunden werden, hängt von vielen Faktoren ab, wobei die Intensität und der Zeitpunkt der Zusammenarbeit eine besondere Rolle einnehmen.

Eine frühe Einbindung der Lieferanten empfiehlt sich besonders dann, wenn es sich um komplexe oder kritische Produkte sowie Technologien handelt. Ebenfalls sollten Lieferanten frühzeitig eingebunden werden, wenn sie Teil von strategischen Allianzen sind. Im Rahmen von strategischen Allianzen ist es nur so effektiv möglich, Schwächen zu kompensieren und gemeinsame Stärken weiter auszubauen. Auch der Umfang des Projektes, der von Lieferanten übernommen werden soll, hat dabei Auswirkungen auf den idealen Integrationszeitpunkt. Eine Einteilung der Lieferanten in Abhängigkeit verschiedener Faktoren liefern Kamath und Liker. Bei Contractual-Lieferanten handelt es sich um eine rein vertragliche Beziehung, ohne eine direkte Zusammenarbeit. Der Lieferant erhält ein fertig erstelltes Konzept vom Kunden, das nur einer weiteren Ausarbeitung bzw. Umsetzung bedarf. Stark konträr zum Contractual-Lieferanten ist der Partner-Lieferant, bei dem eine ebenbürtige Zusammenarbeit angestrebt wird. Der Lieferant hat die gesamte Verantwortung über meist umfangreiche Systeme, bei denen der Lieferant bereits in den frühen Phasen der Produktentstehung eingebunden wird (Kamath und Liker 1994).

Für eine systematische Lieferantenintegration sind neben dem Zeitpunkt der Integration und der Intensität der Zusammenarbeit viele weitere Aspekte auf strategischer und operativer Ebene zu berücksichtigen. Ziel der übergreifenden Betrachtung ist die Vermeidung von Koordinations- (Nicht-Wissen des Partners) und Motivationsproblemen (Nicht-Wollen des Partners) (Kamath und Liker 1994).

2.5.3 Praxisbeispiel Scrum

Die WAGNER Group GmbH mit Stammsitz in Langenhagen ist ein inhabergeführtes Familienunternehmen. Das Unternehmen ist ein führender Anbieter für den ganzheitlichen Brandschutz und richtungsweisend am Markt. Das Produktspektrum umfasst Gesamtlösungen von der Beratung über die Lösungsentwicklung bis hin zur Anlagenerrichtung und –betreuung. Das Ziel von Wagner ist die Risikominderung im Bereich der Brandgefahren durch qualitativ hochwertige, zuverlässige und wirtschaftliche Lösungen für seine Kunden zu schaffen.

Auf Grund der sich schnell ändernden Kunden-, Markt- und gesetzlichen Anforderungen, ist es für Unternehmen mit einem hohen Innovationsanteil, wie der WAGNER Group GmbH, entscheidend, kurzfristig auf Veränderungen zu reagieren. Daher beschäftigt sich die WAGNER Group GmbH seit einigen Jahren mit den Themen LD und Agil. Agil bedeutet nicht notwendigerweise „schneller" sondern flexibler. Klassisches Projektmanagement wird für diese Unternehmen zum Auslaufmodell und Lean-Prinzipien alleine reichen auch nicht, um wirklich erfolgreich zu sein und auch zu bleiben. Eine Umstellung auf agile Methoden sieht auf dem Papier einfach aus, da die Methode Scrum schlank und übersichtlich ist. Die Umsetzung jedoch ist eine ernste Herausforderung, da man sehr leicht in alte Verhaltensmuster zurückfällt (z. B. Product Owner verteilt Aufgaben statt Ziele zu definieren). Die Einführung selbstorganisierender Teams bedeutet auch u. U. einen Macht- und Kontrollverlust für klassische Projektmanager, was die Popularität zur konsequenten Einführung agiler Methoden sicherlich auch negativ beeinflussen kann. Hat man die alten Verhaltensmuster abgelegt und sich auf die neue Methode eingelassen stellt man fest: es lohnt sich wirklich.

Was ändert sich grundlegend?
Das Wichtigste: Kommunikation und Transparenz! Solange keine örtlich verteilten Teams zu steuern sind, wird mit Stift und Klebezetteln an Whiteboards visualisiert. Keine Datenbanken oder Projektmanagement-Tools. Die Interaktion zwischen Stakeholdern, dem Product Owner und dem Entwicklungsteam sind der entscheidende Faktor hierbei! Auch die Planung hat sich grundlegend geändert: Der sorgfältig ausgearbeitete, vollumfängliche Projektplan, der dann oft auch stoisch abgearbeitet wurde, hat ausgedient. Planung ja, aber die Granularität nimmt bei agiler Vorgehensweise sehr deutlich ab. Detailplanung nur mit Sicht auf das nächste Sprintziel, in der Regel dann zwischen 2 und 4 Wochen. Je weiter die Ziele entfernt sind, desto gröber die Planung. Trotzdem ist eine langfristige Planung sinnvoll, aber mehr im Sinne einer Produkt-Roadmap mit Marktpaketen. Dies ist insbesondere wichtig, um einen ersten, aber tragfähigen Architekturentwurf erstellen zu können. Ausgiebige Voruntersuchungen, wie beim klassischen Frontloading, sind nicht mehr angesagt. Stattdessen wird schnellstmöglich versucht die erwartete Funktionalität inkrementell von Sprint zu Sprint zu realisieren. In den klassischen Organisationsformen sind Produktmanager für die Definition des marktgerechten Produktes und der marktgerechten Funktionen verantwortlich. Jedoch endet ihre Verantwortung meistens, wenn

der eigentliche Entwicklungsprozess startet. Dann kümmert sich der Projektleiter um die Umsetzung und Einhaltung der Termin-, Kosten- und Qualitätsziele. Der Wechsel vom V-Modell auf Scrum führt zu einer erheblichen Veränderung der Rollen im Produktentstehungsprozess. Teile der Verantwortlichkeiten werden vom Product Owner und vom Scrum Master übernommen. Üblicherweise wird der ehemalige Produktmanager zum Product Owner umbenannt und der ehemalige Projektleiter zum Scrum Master. Hierbei ist jedoch zu beachten, dass die Verantwortlichen vor solch einem Rollenwechsel intensiv auf ihre neue Rollen vorbereitet werden müssen. Weiterhin muss ihnen die Möglichkeit gegeben werden, die neue Verantwortung anzunehmen oder auch abzulehnen, da sich die neue Rolle erheblich von ihrer vorherigen Rolle unterscheidet. Beispielhaft sei die Herausforderung genannt, dass der Product Owner für den Großteil seiner Arbeitszeit für das gesamte Scrum Team verfügbar sein muss. Bei Scrum gibt es, im Gegensatz zum V-Modell, vor Projektstart keine vollständige Produkt- und Funktionsdefinition. Daher ist das Team darauf angewiesen, dass es bei Unklarheiten und in Abhängigkeit vom Projektstand vom Product Owner umgehend die erforderlichen Definitionsergänzungen erhält. Andernfalls gerät der Prozess sofort ins Stocken und das Ziel des Sprints kann nicht erreicht werden. Der ursprüngliche Produktmanager ist es jedoch gewöhnt, den Großteil seiner Arbeitszeit bei Handelspartnern, Kunden oder dem eigenen Vertrieb zu verbringen. Dementsprechend erfordert eine Umstellung auf Scrum sowohl die Klärung des Wollens, Könnens und Zeit habens der verantwortlichen Person, um den Erfolg sicherzustellen.

Erfolgsfaktoren, die man ernst nehmen sollte

Scrum ist schlank und kann nicht weiter verschlankt werden. Rituale und Artefakte sind unbedingt einzuhalten. Jede Nichteinhaltung der am Anfang vereinbarten Kadenz mit Regelterminen zu Planning, Refinement, Reviews, Retrospektiven, Daily Standups etc. führt zu einer Verwässerung der Methode bis zur Unkenntlichkeit, womit man wieder in das alte Verhaltensmuster zurückfällt. Termine müssen wahrgenommen werden, aber sie sollten nur so lange dauern wie nötig.

Ein zentraler Erfolgsfaktor ist der Product Owner – er wird zum Dreh- und Angelpunkt von Scrum. Er gibt Ziele vor und keine Lösungen. Damit ist ein Allrounder eher geeignet als ein Spezialist, der versucht ist in Lösungen zu denken.

Die vielgepriesenen und oft vernachlässigten Soft-Skills sind entscheidend für den Erfolg. Die Rolle des Scrum Master ist entscheidend, da er das Team vor ungeplanten äußeren Einflüssen schützt – er darf nicht zum verlängerten Arm der Stakeholder werden. Um dies sicherzustellen ist die intensive Schulung der Mitarbeiter im Umgang mit Scrum entscheidend. Trotz der Vielzahl an Literatur ist eine Ausbildung im Selbststudium nicht empfehlenswert. Häufig treten Probleme und Fragestellungen erst im Tagesgeschäft auf und können nicht anhand von Literatur beantwortet werden. Daher empfiehlt sich die Durchführung eines Grundkurses für das gesamte Scrum Team sowie eine intensive Ausbildung vom Product Owner und Scrum Master. Insbesondere für den neu ausgebildeten Scrum Master ist es fatal, wenn er sofort ohne Unterstützung für ein wichtiges Projekt verantwortlich ist. In diesem Fall ist das erste Projekt mit einem erfahrenen, ggf. auch externen Scrum Master durchzuführen und die ausgebildete Person als Junior Scrum Master zu benennen. Nach ca. 6 Monaten kann der Junior Scrum Master die eigenverantwortliche Leitung von Projekten übernehmen. Völlig undenkbar ist es, ganz ohne einen Scrum Master zu beginnen. Weder vom umsetzenden Team noch vom ggf. neuen Product Owner kann verlangt werden, dass prozessuale Mängel erkannt und während der Sprints behoben werden. Hierdurch würde das Risiko eines scheiternden Scrum Projektes entstehen und würde somit fälschlicher Weise zu einer Ablehnung der Methodik führen.

Die ursprüngliche Herkunft von Scrum im Entwicklungsbereich stellt eine weitere Herausforderung dar. Agilität ist auch in der Hardware-Entwicklung und in der Entwicklung mechanischer Komponenten gefordert. Daher wird Scrum auch auf diese Bereiche übertragen, um von den Potenzialen zu profitieren. Dies ist jedoch nur in begrenztem Umfang möglich. Eine erfolgreiche Einführung ist zwingend von der Einführung im Software-Bereich zu trennen. Zunächst sollte Scrum im Software-Bereich umgesetzt und stabilisiert werden, so können erste Erfolgserlebenisse erzielt und Scrum Master ausgebildet werden. Die Übertragung auf andere Bereiche, wie der Hardware-Entwicklung, gestaltet sich anschließend deutlich einfacher. Wesentliche Herausforderung im Hardware- und Mechanik-Bereich ist es, innerhalb der kurzen Sprint-Zyklen funktionsfähige Baugruppen zu erzeugen, die einen integrierten Test der Software und der Gesamtfunktionalität zulassen. Verfahren wie das Rapid Prototyping verbessern die Situation, lösen aber nicht jedes Problem. Daher ist es im Hardware- und Mechanik-Bereich ggf. erforderlich, die Sprint-Zyklen zu verlängern. Jedoch darf dadurch die Software-Entwicklung nicht beeinträchtigt werden.

Bei der Zusammenarbeit mit Zulieferern oder externen Dienstleistern bestehen besondere Herausforderungen an den Scrum Prozess. Bedingt durch die Eigenschaften des Produktentstehungsprozesses ist es unvermeidbar, dass in den Sprints nicht immer alle Aufgaben erledigt werden, die im Sprint Backlog vorgesehen waren. Zudem werden neue Aufgaben dazu kommen, die rein aus technischer Sicht erforderlich sind und zu Beginn des Projektes nicht absehbar waren. Die Beseitigung von Programmfehlern (Bugfixing) wird in einigen Sprints einen größeren Zeitraum erfordern, als zunächst angenommen. Es werden sich also Funktionen aus dem geplanten Bearbeitungszeitraum heraus verschieben. Hat der Zulieferer die Möglichkeit, alle zusätzlichen Sprints in Rechnung zu stellen, kann dies zu einem erheblichen Kostenanstieg führen. Daher sind die Anforderungen vom Scrum Prozess bereits bei der Vertragsgestaltung mit Zulieferern zu berücksichtigen.

Scrum kann nur funktionieren, wenn jede einzelne Produktfunktion eine eindeutige Priorität bekommt, im Product Backlog und dann im Sprint Backlog. Nahezu sicher wird der Product Owner bei Marktstart nicht den vollständigen Funktionsumfang des Produktes bekommen, den er sich vorgestellt hat. Durch die Priorisierung wird aber sichergestellt, dass trotzdem das minimal marktfähige Produkt entstanden ist. Allein die Denkweise: „Wir werden in x Monaten liefern, wir wissen aber heute noch nicht, welche Detailfunktionen das Produkt dann genau besitzen wird" ist ein völliger Paradigmenwechsel in vielen Unternehmen und ist im Vorfeld klar zu kommunizieren.

Wie stelle ich die Konformität sicher?
SCRUM alleine ist eine Methode um Ergebnisse zu erarbeiten. Fragen zur Sicherstellung der Konformität zur ISO 9001, zur Erstellung einer Architektur, zur Dokumentation von Anforderungen und Rückverfolgbarkeit von Entwicklungsergebnissen (wichtig für Audits) werden nicht beantwortet. Dies muss man selbst und möglichst schlank hinzufügen. Als Minimum hierfür sind ein Sprint-Review-Report sowie wachsende Dokumente für Architektur/Systemdesign, Anforderungen aus Epics, Features, Userstories mit Akzeptanzkriterien sowie entsprechende Testfälle zu nennen. Es empfiehlt sich die relevanten Dokumententypen und SCRUM Artefakte aufzulisten und diese auf Erfüllung der zugehörigen Kapitel in den DIN ISO 9001 Anforderungen zu prüfen.

Hierbei werden alle sicherheitskritischen Backlog-Items auf einem separaten Board visualisiert, für das ein Safety-Product-Owner dann zuständig ist.

Benötige ich noch einen PEP?
Für die Anwendung von Scrum ist zwingend ein standardisierter Produktentstehungsprozess im Unternehmen erforderlich. Die Auswirkungen agiler Methoden ist gering, da Scrum in erster Linie Entwicklungsergebnisse produziert, die eine Schnittstelle im PEP haben. Da der Reifegrad jedoch ständig zunimmt und der Teil des PEP, der die Entwicklung betrifft bei jedem Sprint komplett durchlaufen wird (Anforderungen, Entwicklung, automatischer Test) muss eine Vorgehensweise definiert werden, wie mit bisherigen Meilensteinen (engl. Quality Gates) verfahren wird. Dies kann dazu führen, dass PEP-Dokumente auch inkrementell erstellt werden müssen und bestimmte Quality Gates wegfallen.

2.6 Mitarbeiterorientierung und zielorientierte Führung

David Ebentreich, Ulrich Möhring, Frank Schimmelpfennig

2.6.1 Grundlagen

Mit dem Gestaltungsprinzip Mitarbeiterorientierung und zielorientierte Führung wird die besondere Bedeutung der Mitarbeiter und der Führungskräfte im LD verdeutlicht. Im Gegensatz zur Produktion sind in der Produktentstehung kaum Produktionsmitarbeiter (blue collar) beschäftigt, sondern hauptsächlich Angestellte (white collar), die mit dem Wissen über Produkte und Prozesse ihre Arbeit verrichten. Der Anteil wissensintensiver Tätigkeiten ist somit deutlich höher als in der Produktion (Morgan und Liker 2006). Die Mitarbeiter mit Ihrem Wissen und kreativen Ideen stellen die wichtigste Ressource für erfolgreiche Produkte und effiziente Prozesse dar (VDI 2870-1 2012).

Die Hauptaufgabe in der Produktentstehung ist die erfolgreiche Entwicklung und Industrialisierung eines Produkts bis zum Start of Production (SOP). Diese Aufgabe ist in möglichst kurzer Zeit (Time-to-Market), mit möglichst geringem Ressourceneinsatz durchzuführen. Gleichzeitig sind die Prozesse für den weiteren Produktlebenszyklus so zu planen, dass keine Verschwendung in den nachgelagerten Phasen entsteht. Für die Berücksichtigung dieser Aspekte wird in Abschn. 4.1 der Ansatz des Lean Design vorgestellt, der den Mitarbeiter dazu sensibilisieren bzw. helfen soll, die Anforderungen der späteren Produktlebenszyklusphasen zu berücksichtigen. Die Methoden und Werkzeuge im Gestaltungsprinzip Mitarbeiterorientierung und zielorientierte Führung sollen den Mitarbeitern und Führungskräften helfen die Mitarbeiter zu qualifizieren die Prozesse selbstständig zu verbessern. Die Prozesse gilt es zu verbessern, um den Zeitraum bis zum SOP zu verkürzen und ein Produkt mit einem hohen Kundenwert zu erzeugen.

Der Wandel von einem klassischen Produktentstehungsprozess hin zu einem Produktentstehungsprozess nach LD-Prinzipien kann nur durch das Zusammenspiel von Führungskräften und Mitarbeitern gelingen. Mitarbeiter sind die Experten in ihren Prozessen und kennen die Schwachstellen meist sehr gut. Damit diese Schwachstellen auch behoben werden, sind die Mitarbeiter zu befähigen, die Schwachstellen beheben zu können, diese auch beheben zu wollen und sie letztlich auch beheben zu dürfen. Durch die Mitarbeiterorientierung werden die Voraussetzungen zu einem eigenverantwortlichen Abbau von Verschwendung durch die Mitarbeiter geschaffen. Diesen Freiraum kann den Mitarbeitern nur durch die Führungskräfte zugesichert werden (Bullinger 2009; Dombrowski et al. 2011b). Dabei führen nicht alle Verbesserungsideen auch tatsächlich zu Verbesserungen. Eine offene Kultur (Fehler- und No-Blame-Kultur) für das Probieren von Verbesserungen und das Erkennen und Aufdecken von Fehlern ist damit essentiell. Es bildet die Basis für Vertrauen und somit für einen funktionierenden Kontinuierlichen Verbesserungsprozess. Verstärkt wird diese besondere Bedeutung dadurch, dass im Produktentstehungsprozess Fehler oft sehr spät festgestellt werden. Werden Fehler also nicht aufgedeckt und offen angesprochen, führen sie zu deutlich höheren Kosten im späteren Verlauf der Produktentstehung (Ehrlenspiel et al. 2014).

2.6.2 Methoden

Für die Qualifizierung der Mitarbeiter sind Methoden, wie das Mentoring und Coaching sowie die Qualifizierungsplanung, im Gestaltungsprinzip zusammengefasst. Die Methode Spezialistenkarrieren ist ein Anreiz für Mitarbeiter, dass nicht nur Führungskräfte mit Personalverantwortung Karriere machen können, sondern auch Experten eine fachliche Karriere anstreben können. Damit bleiben diese Experten für die Fachaufgaben erhalten und können sich trotzdem weiterentwickeln. Für die Spezialistenkarrieren könnte die Zielposition eines starken Projektleiters geeignet sein. Der starke Projektleiter ist ein erfahrener Spezialist mit großem Fachwissen über das Produkt. Eingesetzt wird er als Projektverantwortlicher, der den gesamten Produktentstehungsprozess bis zum Serienanlauf des Produktes betreut (Zahn 2013).

Damit die Mitarbeiter und Führungskräfte zielorientiert arbeiten, ist es wichtig, dass Unternehmensziele bis auf die unterste Führungsebene vernetzt sind. Erst diese Vernetzung stimmt die Ziele so aufeinander ab, dass in die gleiche Richtung gearbeitet wird. Sind diese Ziele und die Motivation zur Zielerreichung im Unternehmen aufeinander ausgerichtet, bilden sie ein großes Potenzial für die Vermeidung von Verschwendung durch entgegengesetztes Arbeiten. Die Methode Hoshin Kanri hilft bei der Umsetzung dieses Gedankens. Im folgenden Kapitel werden die Methoden des Gestaltungsprinzips Mitarbeiterorientierung und zielorientierte Führung vorgestellt.

Fehler- und No-Blame-Kultur

Eine No-Blame-Kultur nimmt an, dass Fehler nicht absichtlich verursacht werden, sondern durch systematisches Fehlverhalten entstehen. Bei Toyota hat Teamwork daher schon immer eine höhere Bedeutung, als individuelle Verantwortlichkeit. Das heißt, dass die Unternehmenskultur im Gegensatz zu Schuldzuweisungen und Sanktionierungen auf Lernerfahrungen und Wachstum ausgerichtet ist. In einer Fehler- und No-Blame-Kultur ist es wichtig sich neben seinen persönlichen Stärken vor allem auf die Schwächen zu konzentrieren, um aus diesen zu lernen und sich zu verbessern. Dabei geht es nicht darum, jemanden durch Schuldzuweisungen zu verletzen, sondern im Gegenteil darum, ihn durch das Aufdecken von Fehlern zu helfen und zu unterstützen. Folglich stellt diese Art der Selbstreflexion (jap.: Hansei) die Grundlage für das wahre Kaizen dar (Liker 2013). In diesem Zusammenhang lautet die richtige Frage daher: „Wie können wir das Problem zusammen beheben?" anstatt „Wer ist schuld an diesem Problem?".

Qualifizierungsplanung

Diese Methode enthält unter anderem Werkzeuge der Mitarbeiterentwicklung. Zu den wichtigsten zählen die Aufgabenbeschreibung sowie das Mitarbeiter-Qualifikations-Profil. Ein Beispiel für letzteres ist die Qualifizierungsmatrix (vgl. Abb. 2.20), die dazu dient die Kenntnisse der einzelnen Mitarbeiter über die verschiedenen Aufgaben und Prozesse zu visualisieren.

Anhand der Qualifizierungsmatrix können der Qualifizierungsstand und -bedarf der einzelnen Mitarbeiter abgeleitet werden.

Durch den Vergleich von Aufgabenbeschreibung und Qualifizierungsmatrix leiten sich die Aufgabenverteilung und Trainingsprogramme (z. B. Job-rotation, Weiterbildung) ab. Zusätzlich können Workshops zum besseren Verständnis der Kundenanforderungen oder zum Durchführen von KVP-Aktivitäten eingeplant werden. Insbesondere neue Mitarbeiter sollten sowohl theoretisches als auch praktisches Training (on the job) erhalten und zusätzlich die Möglichkeit erhalten, Lernerfahrungen in den Bereichen Produktion und Vertrieb beim Kunden zu machen. Dadurch soll ein besseres Verständnis für die Kundenbedürfnisse aufgebaut werden. Des Weiteren sollten neue Mitarbeiter möglichst von einem erfahrenen Spezialisten, in der Funktion eines Mentors, unterstützt werden (Buck und Witzgall 2012).

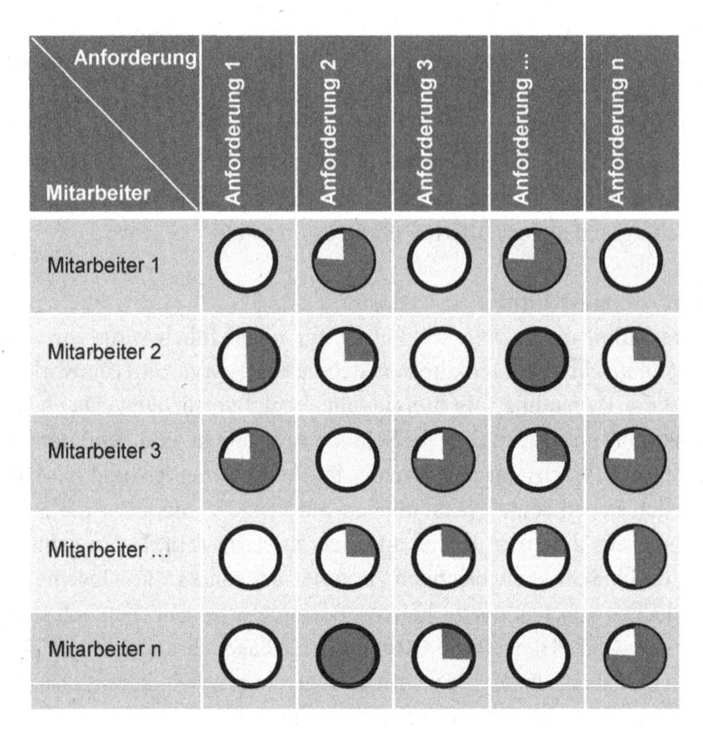

Abb. 2.20 Qualifizierungsmatrix

Mentoring

Für die Erfüllung der Aufgaben eines erfolgreichen Ingenieurs werden viele Fähigkeiten gebraucht, die über die reine fachliche Qualifizierung hinausgehen, sodass die Notwendigkeit eines Lernprozesses im Berufsleben (training on the job) erforderlich ist. Viele Fähigkeiten werden durch das Zusammenarbeiten mit anderen erfahrenen Ingenieuren im Job selber erlernt. Allerdings vollzieht sich dieser Lernprozess nicht von alleine, sondern benötigt eine gewisse Struktur. Durch die Unterstützung eines erfahren Kollegen, der als Mentor fungiert, wird diese Entwicklung unterstützt. Dieser Mentor soll dem Mentee bei fachlichen, wie auch nicht fachlichen Fragen helfen (Morgan und Liker 2006). Der Mentor hat dabei die Aufgabe dem Mentee zur Seite zu stehen, doch erst zu unterstützen, wenn dieser die Hilfe bei der Bearbeitung von anspruchsvollen Aufgaben wirklich benötigt (Liker 2013).

Hoshin Kanri

Das Ausrichten der Teilziele aller Mitarbeiter an den übergeordneten unternehmerischen Zielen wird durch die Methode Hoshin Kanri (policy-deployment) beschrieben. Dazu werden die für das Unternehmen festgelegten Ziele in Teilziele für jede unternehmerische Ebene heruntergebrochen und kontinuierlich gemessen. Die Festlegung der Ziele erfolgt dabei zusätzlich zu dem vertikalen in einem lateralen Prozess, bei dem ein systematischer Austausch- und Vereinbarungsprozess auf horizontaler Ebene durchgeführt wird. Somit

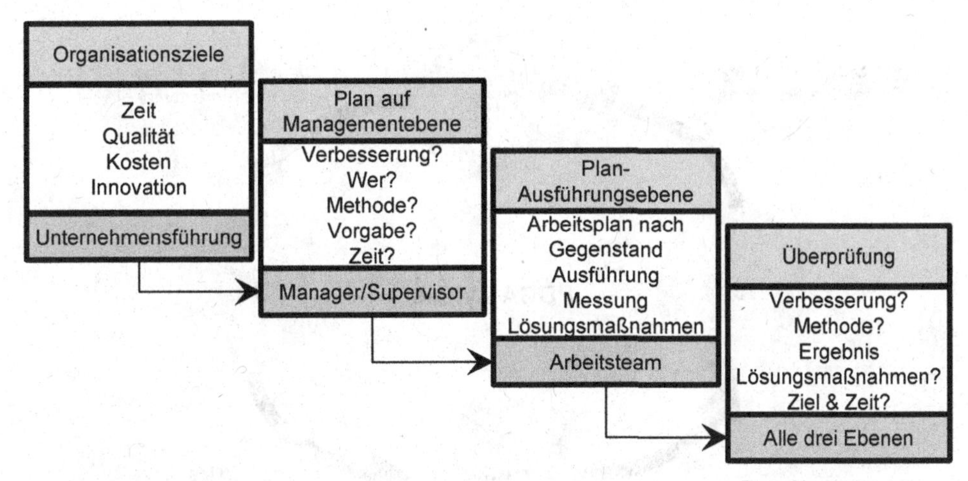

Abb. 2.21 Hoshin Kanri nach. (Liker 2013)

sollen alle Mitarbeiter einbezogen, motiviert und kontinuierlich zu Verbesserungen angehalten werden, die in ihrer Gesamtheit übergeordnete Verbesserungen auf Unternehmensebene bewirken (Liker 2013; Jochum 2002).

Der schematische Prozess des Ableitens von Organisationszielen auf die Ebene der Arbeitsgruppen ist in Abb. 2.21 dargestellt. An oberster Stelle stehen die Unternehmensziele, die von der Unternehmensführung verantwortet werden und bei denen die Zielfunktion hinsichtlich Zeit, Qualität, Kosten und Innovation festgelegt wird. Daran anschließend werden auf Manager- bzw. Supervisor-Ebene Verbesserungen definiert und Verantwortlichkeiten, Methoden, Vorgaben und Zeiträume festgelegt. Auf Basis dieser Vorgaben werden daraufhin auf Arbeitsteamebene Arbeitspläne erstellt, Ausführungen und deren Messung beschrieben und Lösungsmaßnahmen formuliert. Wurden alle drei Ebenen durchlaufen, folgt eine generelle Überprüfung der erarbeiteten Ziele auf jeder Ebene im Hinblick auf Verbesserungen, Methoden, Ergebnisse, Lösungsmaßnahmen, Ziele und Zeiträume.

Der Hoshin Kanri Prozess folgt dabei dem Plan-Do-Check-Act Problemlösungszyklus, wie in Abb. 2.22 zu sehen. Im ersten Schritt (Plan) wird, wie bereits erwähnt, zuerst ein Plan auf der höchsten Ebene entwickelt, der daraufhin in den Hierarchieebenen abwärts in immer feiner definierte Ziele unterteilt wird. Der Fortschritt der Ausführungen wird auf jeder Ebene gemessen und die Ergebnisse daraufhin an die jeweils höhere Ebene berichtet. Durch den Vergleich von Ist- und Soll-Zustand können anschließend weitere Aktionen bestimmt werden, um diese Lücke zu schließen (Liker und Convis 2011).

Spezialistenkarriere
Karriereplanungen von technischen Mitarbeitern, wie beispielsweise Ingenieuren in traditionell organisierten Unternehmen, orientieren sich oft an einem Beförderungssystem, das einen Wandel vom technischen hin zu einem administrativen Aufgabenbereich nach sich zieht. Daher bleiben Ingenieure in diesen Unternehmen eher selten für längere Zeit

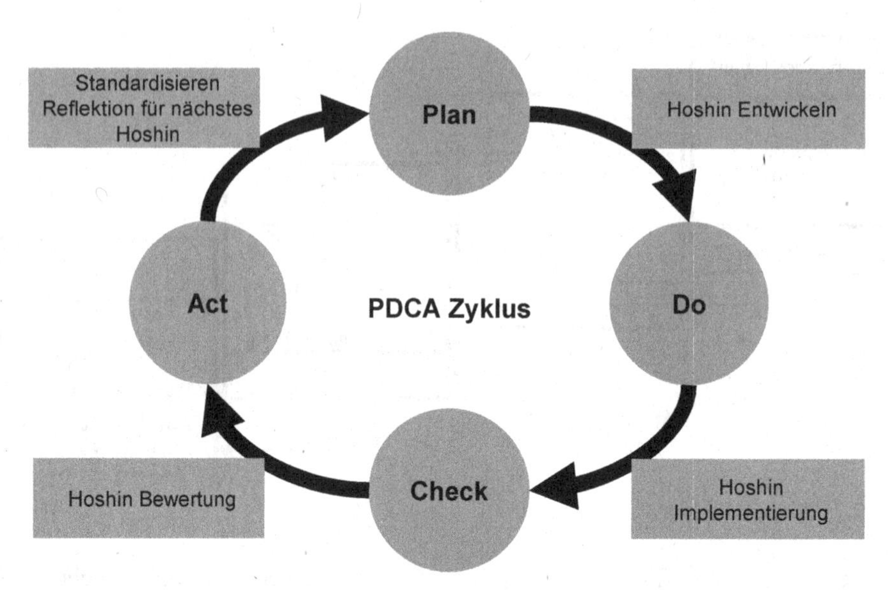

Abb. 2.22 Der PDCA Zyklus des Hoshin Kanri Prozesses nach. (Liker und Convis 2011)

in derselben Abteilung. Im Gegensatz dazu, legen Unternehmen, die eine Lean Philosophie verfolgen, oft Wert auf eine längerfristige berufliche Entwicklung ihrer Mitarbeiter in einer technischen Position (Ward 2007). Daher haben viele dieser Unternehmen eine sogenannte Spezialistenkarriere als Instrument der Personalentwicklung eingeführt, die die Entwicklung der technischen Expertise der Mitarbeiter in einem bestimmten Fachgebiet in den Vordergrund stellt (Schuh et al. 2007). Toyotas Management Hierarchie beruht beispielsweise auf der Grundlage von Fähigkeiten und Wissen, indem die technische Expertise eines Mitarbeiters als das Hauptkriterium für eine Beförderung herangezogen wird. Als Folge sind die Vorgesetzten bei Toyota häufig fachlich qualifizierter als die Mitarbeiter, die an sie berichten (Morgan und Liker 2006).

Toyota fördert grundsätzlich den Aufbau von technischer Expertise und standardisierten Grundkenntnissen seiner Ingenieure durch hohe Investitionen in deren Entwicklung (Morgan und Liker 2006). Durch ein intensives Training on the job, bei dem die Mitarbeiter eng durch einen Mentor beaufsichtigt werden, soll ein gewisses Maß an Grundkenntnissen für spätere Aufgaben aufgebaut werden (Ward 2007). Im Anschluss daran unterstützt der Mentor 6 bis 8 Jahre durch das Aufzeigen von weiteren Entwicklungspotentialen und Verbesserungsmöglichkeiten (Sobek II et al. 1999). Regelmäßige Beurteilungen der Entwicklung der Mitarbeiter in ihrem technischen Fachgebiet und das Veranstalten von Hansei Events veranlassen die Ingenieure dazu ihre Entwicklungspotenziale zu reflektieren, um so eine weitere Entwicklung zu begünstigen. Außerdem wird die Zuteilung von Aufgaben sorgfältig im Hinblick auf eine Unterstützung der technischen Entwicklung jedes Mitarbeiters geprüft (Morgan und Liker 2006; Ward 2007).

Ingenieure bei Toyota brauchen beispielsweise durch die Spezialistenkarriere wenigstens 10 bis 12 Jahre, um als geeignet für eine Top Management Position zu gelten (Morgan und Liker 2006). Am Anfang ihrer Karriere müssen Ingenieure bei Toyota außerdem verschiedene Aufgabenbereiche, wie die Montage oder den Verkauf, durchlaufen, um ihr Verständnis über den Wert für den Kunden aufzubauen (Ward 2007; Morgan und Liker 2006). Erst nach zwei bis drei Jahren weiterem intensivem Training werden Ingenieure als voll ausgebildete Teammitglieder angesehen (Morgan und Liker 2006). Während dieser Zeit ist ein abteilungsübergreifender Wechsel sehr ungewöhnlich (Ballé und Ballé 2005).

Eine starke Fokussierung der Unternehmensstruktur auf die Projektdimension, wie sie beispielsweise in der Methode des starken Projektleiters beschrieben wird, kann auf der anderen Seite auch zu einigen Nachteilen führen. So ist es beispielsweise unerlässlich immer wieder das Expertenwissen von technischen Spezialisten zur Bewältigung komplexer Problemstellungen während der Produktentwicklungs-Projekte zu nutzen. Vor diesem Hintergrund muss die notwendige Expertise im Unternehmen aufgebaut werden. Eine allgemeine Vorgehensweise dazu bietet der Austausch von Expertenwissen und Know-how unter Spezialisten desselben Fachgebietes. Durch die Zuweisung von Ingenieuren zu den entsprechenden funktionalen Abteilungen kann der Aufbau dieser Expertise unterstützt werden. Nach Womack und Jones stellen die einzelnen Funktionen eines Unternehmens eine Möglichkeit der kontinuierlichen Transfers von Wissen und Best-Practice-Lösungen dar und helfen ihren Mitgliedern dabei diese zu nutzen. Somit kann sichergestellt werden, dass alle Ingenieure die benötigten Grundkenntnisse aufbauen, um ihre Arbeit in Projektteams bestmöglich ausführen zu können (Ward 2007; Haque und James-Moore 2004; Womack und Jones 2013).

Starker Projektleiter/Chief Engineer

Ein großes Problem in vielen Unternehmen sind die Verantwortlichkeiten innerhalb des PEP. Aufgrund der Beteiligung vieler verschiedener funktionaler Abteilungen sind die Verantwortlichkeiten häufig Bestandteil von Diskussionen. Ein starker Projektleiter oder Chief Engineer, der nicht nur als Führungskraft, sondern auch als technischer System-Integrator fungiert, stellt eine adäquate Lösung zu diesem Problem dar. Der Chief Engineer ist für jedes Projekt von der Produktidee bis zum Verkauf verantwortlich und kann somit auch zu jedem Zeitpunkt über deren Status Auskunft geben. Er stellt sozusagen das Bindeglied zwischen allen beteiligten Parteien dar (Morgan und Liker 2006).

In Abb. 2.23 ist die Einordnung des Chief Engineer in vier Managementtypen veranschaulicht. Die horizontale Achse gibt den Fokus des Führungsstils von sozialer Koordination zu technischer Integration an und die vertikale unterscheidet zwischen Top-Down und Bottom-Up Ansätzen. Der bürokratische Manager koordiniert seine Mitarbeiter Top-Down und bezieht sich dabei auf Standards, Zeitpläne und Aufgaben Delegation. Im Gegensatz dazu ist der System Designer sehr kreativ und technisch versiert mit weniger ausgeprägten Fähigkeiten im Führen von Mitarbeitern. Besonders bei wichtigen technischen Entscheidungen verfolgt er einen Top-Down Ansatz. Der Gruppen-Moderator ist eine Person mit ausgeprägten Fähigkeiten im Hinblick auf Führungsaufgaben und Teambildung, allerdings ist er nicht unbedingt ein guter Ingenieur. Zuletzt ist der System Integrator eine Person mit vertieften technischen Kenntnissen, die einen Bottom-Up Füh-

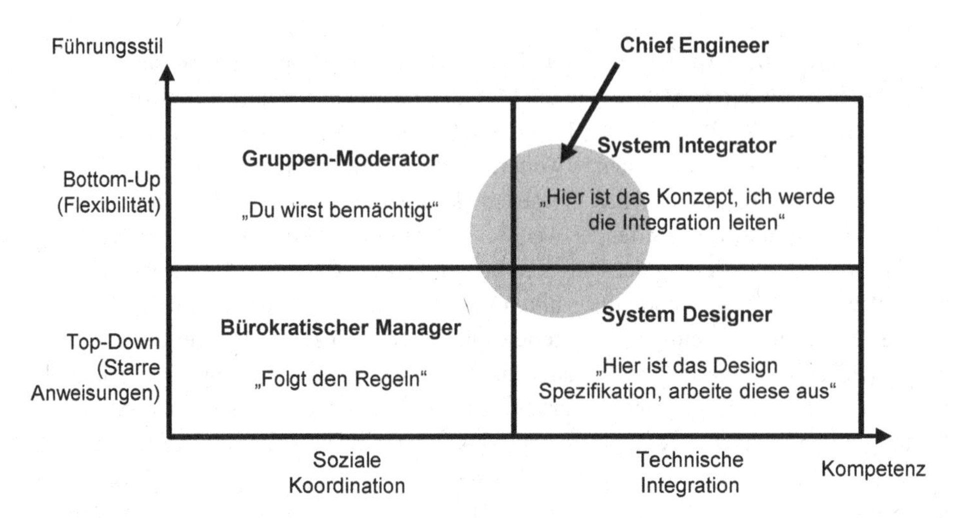

Abb. 2.23 Model der 4 Management –Typen nach Morgan und Liker (2006)

rungsstil anwendet, um die besten Ideen der Mitarbeiter zu nutzen. In dieser Einteilung schneidet der Chief Engineer alle vier Managementtypen, wobei er die größten Überschneidungen mit dem System Integrator aufweist (Morgan und Liker 2006).

Das Chief Engineering System ist so gestaltet, dass einem Chief Engineer zur Bearbeitung administrativer Aufgaben eine kleine Anzahl an Mitarbeitern unterstellt ist, um ihm die Fokussierung auf die technische Begleitung des Projekts und die interdisziplinäre Zusammenarbeit zu ermöglichen (Morgan und Liker 2006). Trotz der hohen Verantwortung des Chief Engineer hält sich seine formale Autorität in Grenzen (Morgan und Liker 2006). Die organisationale Einbindung des Chief Engineer bei Toyota ist in Abb. 2.24 dargestellt. In dieser Matrix-Organisation leitet der Chief Engineer ein Fahrzeug Programm, das auf den Ressourcen verschiedener funktionaler Abteilungen aufbaut. Dabei berichten die einzelnen Ingenieure nicht direkt an den Chief Engineer, sondern an die jeweiligen Abteilungsleiter, die auch für die Projektzuteilung, die Leistungsbeurteilung sowie Beförderungsentscheidungen der einzelnen Ingenieure verantwortlich sind (Morgan und Liker 2006). Diese klare Aufgabenverteilung entlastet den Chief Engineer von administrativen Aufgaben und ermöglicht das Festlegen von klaren Verantwortungsbereichen. Gleichzeitig ist er abhängig von den funktionalen Ressourcen, um seine angestrebten Ziele zu erreichen. Als Ausgleich dieser ungleichen Machtverteilung besitzt der Chief Engineer allerdings ein gewisses Maß an informeller Autorität. Diese Autorität gründet auf der ausgeprägten Erfahrung des Chief Engineer, der in den entsprechenden Bereichen oft über Jahrzehnte gearbeitet hat. Bei Toyota werden Chief Engineer oft mehr bewundert als leitende Angestellte oder der Vizepräsident (Morgan und Liker 2006; Kennedy 2003; Ward 2007; Ballé und Ballé 2005; Oppenheim 2004).

Eine wichtige Eigenschaft des Chief Engineer ist das Verständnis für den Kundennutzen. Dazu versetzt sich dieser bei Toyota zu Beginn jedes Projektes in die Position des Kunden und versucht dessen Wünsche durch das Sammeln vieler Informationen und

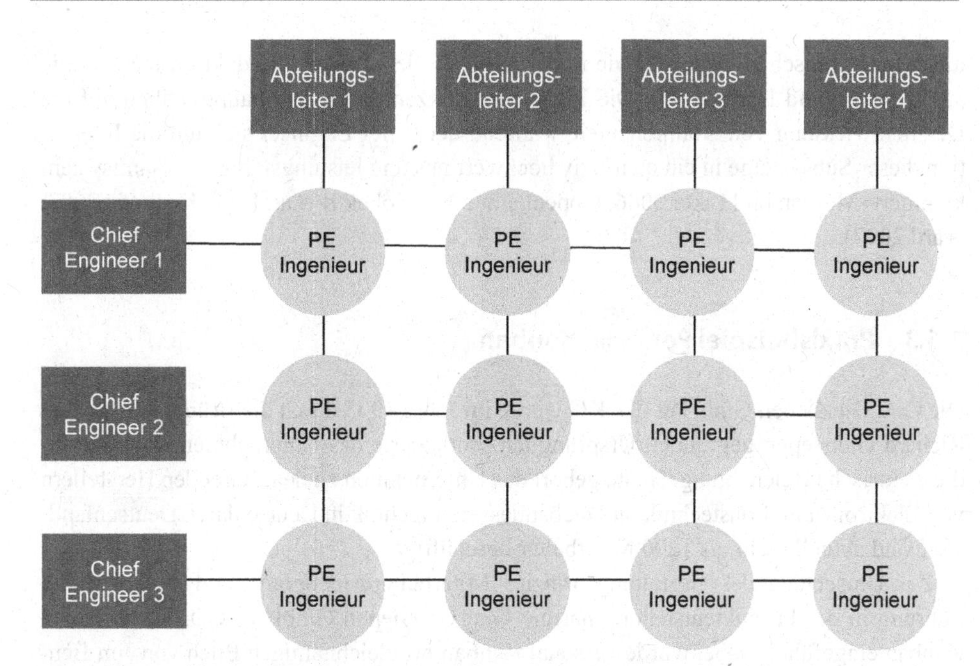

Abb. 2.24 Matrix Organisation in der Produktentwicklung von Toyota

deren Analyse zu identifizieren (Morgan und Liker 2006; Ballé und Ballé 2005). Hierdurch soll sichergestellt werden, dass die Kundenerwartungen durch den nachfolgenden Entwicklungsprozess erfüllt werden. Die Ergebnisse werden in Form eines Konzept-Dokuments festgehalten und dem Management vorgestellt, evaluiert, verfeinert und schließlich in die Produktdefinitionen übertragen (Morgan und Liker 2006; Ward 2007). Diese Produktdefinitionen dienen im Folgenden als Grundlage für eine umfassende Lernphase zur Präzision der Produktdefinitionen in feiner untergliederte Teilziele für die einzelnen Ingenieure der funktionalen Abteilungen. Als „Stimme des Kunden" hat der Chief Engineer die Aufgabe, die Ergebnisse kontinuierlich am Kundenwert zu messen. Über das Aufgabenfeld eines gewöhnlichen Projektmanagers, wie die Festlegung von Meilensteinen und das Verhandeln von Deadlines, hinaus beinhaltet dies das Ableiten von bestimmten Kosten, Leistungen, Zielen für bestimmte Komponenten.

Des Weiteren kommuniziert der Chief Engineer diese Informationen über die verschiedenen Projekte hinweg, sodass sich alle Prozesse am Nutzen für den Kunden ausrichten können. Außerdem ist er dafür verantwortlich, die entsprechenden Aufgaben so abzuleiten, dass sie messbar sind, um diese dann den Anforderungen entsprechend zu verteilen (Morgan und Liker 2006).

Der Chief Engineer hält regelmäßig Kontakt und Rücksprache mit Designern und Ingenieuren. Im Gegensatz zum gewöhnlichen Projektmanager geht der Aufgabenbereich des Chief Engineers, der idealer Weise der erfahrenste und beste Ingenieur im Team ist, über administrative Aufgaben, Personalentscheidungen, und Projektcontrolling hinaus. Der Chief Engineer zeichnet sich zusätzlich durch eine starke Beteiligung in der Entwicklung von technischen Details sowie in der Auswahl der späteren Produktionstechnologie aus (Morgan und Liker 2006). Die Ingenieure konzentrieren sich hauptsächlich auf die Detailentwicklung von Komponenten, während der Chief Engineer sich um die Integration dieser Subsysteme in ein qualitativ hochwertiges und leistungsfähiges Gesamtsystem kümmert (Morgan und Liker 2006; Oppenheim 2004; Sobek II et al. 1999; Kennedy 2003; Ward 2007).

2.6.3 Praxisbeispiel Personal Kanban

Die Gira Giersiepen GmbH & Co. KG wurde im Jahre 1905 durch die Brüder Gustav und Richard Giersiepen gegründet. Ursprünglich produzierte das Unternehmen Apparate für die elektrische Beleuchtung. Heute gehört das Unternehmen zu den führenden Herstellern von Elektroinstallationstechnik und Gebäudesystemtechnik in Deutschland. Deutschlandweit sind aktuell mehr als 1200 Mitarbeiter beschäftigt.

Zur Umsetzung des Gestaltungsprinzips Mitarbeiterorientierung und zielorientierte Führung in der Produktentstehung hat die Gira Giersiepen GmbH & CO. KG Personal Kanban eingeführt. Dabei wurde Personal Kanban im gleichnamigen Buch von Jim Benson et al. 2013 detailliert vorgestellt (Benson et al. 2013). Die Methode Kanban entstammt ursprünglich der Produktion und wurde von Taiichi Ohno entwickelt (Ohno 2013). In der Produktion wird Kanban vorrangig zur Senkung von Beständen und zur optimalen Steuerung von Zulieferprodukten zu einem Produktions- oder Montageprozess eingesetzt (VDI 2870-2 2012). Hingegen wird Personal Kanban primär zur Visualisierung von Aufgaben und damit zur Visualisierung der Auslastung von Mitarbeitern genutzt. Darüber hinaus werden die sich in Arbeit befindlichen Aufgaben begrenzt. Zudem soll durch die Anwendung eine feste Priorisierung der Aufgaben vermieden werden. Personal Kanban führt zu einer Steigerung der Mitarbeitermotivation, da abgeschlossene Aufgaben visualisiert und dadurch Erfolgserlebnisse bei den Mitarbeitern geschaffen werden.

Zur Anwendung eines Personal Kanban Boards werden ausschließlich eine geeignete Wandfläche (Whiteboard, Flipboard, Wand, Tür…), sowie die zur Beschriftung erforderlichen Stifte und Klebezettel benötigt. Abbildung 2.25 zeigt ein Personal Kanban Board bei Gira. Dabei wurden die folgenden Spalten gewählt:

- „ToDo" beschreibt den vorliegenden Arbeitsvorrat,
- „WIP" für „Work In Progress" oder auch „in Arbeit" und
- „Done" oder „erledigt".

Als Kanban und für die Spaltenüberschriften wurde das Format von Haftnotizen verwendet. Die Karten sollten auch aus einer Entfernung von mindestens 3 Metern lesbar sein. Dementsprechend ist auf eine entsprechende Größe der Karten sowie Schriftgröße zu achten.

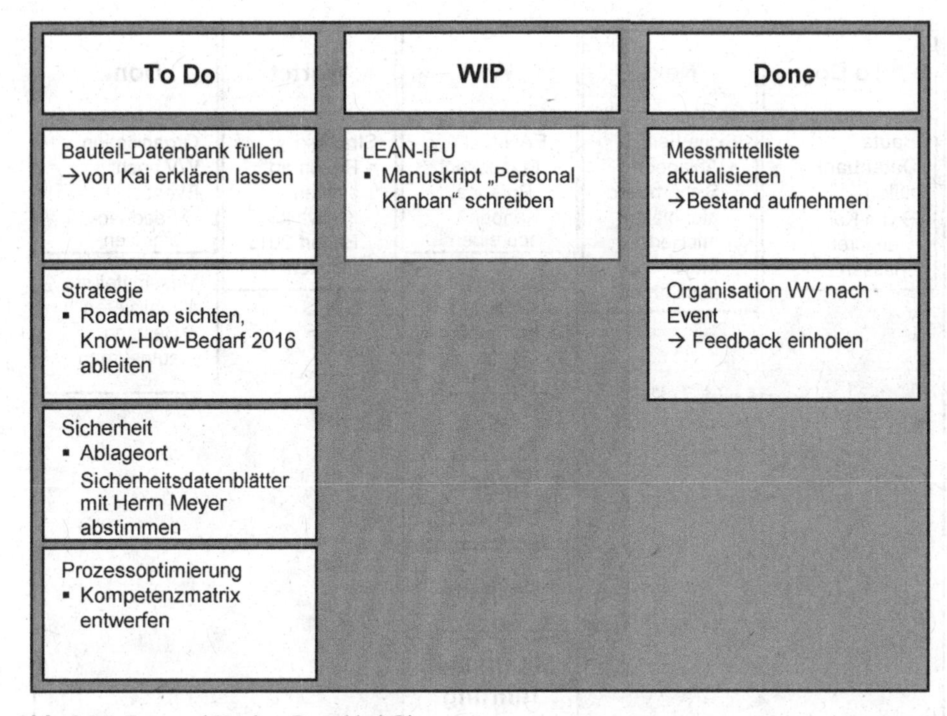

Abb. 2.25 Personal Kanban Board bei Gira

Jede eintreffende Aufgabe wird notiert und unter die Überschrift **ToDo** geklebt. Hierbei ist zu beachten, dass beim Eingang der Aufgaben eine Erfassung der Reihenfolge nicht relevant ist.

Die Spalte **WIP** wird durch einen sichtbaren Rahmen in der Länge begrenzt. Idealerweise sollte hier der Arbeitsvorrat auf **eine** Aufgabe begrenzt werden. Der Grund hierfür ist, dass der Mitarbeiter sich immer nur auf eine Aufgabe zurzeit konzentrieren soll. In der Anwendung zeigt sich jedoch, dass dies nicht immer möglich ist, sodass der Arbeitsvorrat auf zwei bis drei Aufgaben festgelegt wird. Eine wichtige Regel beim Personal Kanban ist, dass eine Aufgabe, die unter WIP geklebt wurde, erst wieder entfernt werden darf, wenn sie erledigt ist. Eine in WIP befindliche Aufgabe darf nicht wieder unter **ToDo** eingeordnet werden (Benson et al. 2013). Neben der offenen Visualisierung ergibt sich der zweite wesentliche Vorteil der Methode, die Fokussierung. Durch die Begrenzung der sich in Arbeit befindlichen Aufgaben wird der Wechsel zwischen Aufgaben vermieden und führt zu einer Konzentration auf eine bzw. maximal drei Aufgaben (Benson et al. 2013). Die Mitarbeiter, die der Methode zu Beginn extrem skeptisch gegenüberstehen sind häufig die, die mit der Organisation der eigenen Arbeit Schwierigkeiten haben. Die Mitarbeiter, die aktuell schon mit Aufgabenlisten in Papier oder in elektronischer Form gut zu Recht kommen, stehen der Methode aufgeschlossen gegenüber. Häufig wird die konsequente Bearbeitung von Aufgaben durch verschiedene Einflussfaktoren gestört, wie z. B. der Anruf eines Kunden, Schwierigkeiten im Projekt, eine sofortige Einberufung einer Task

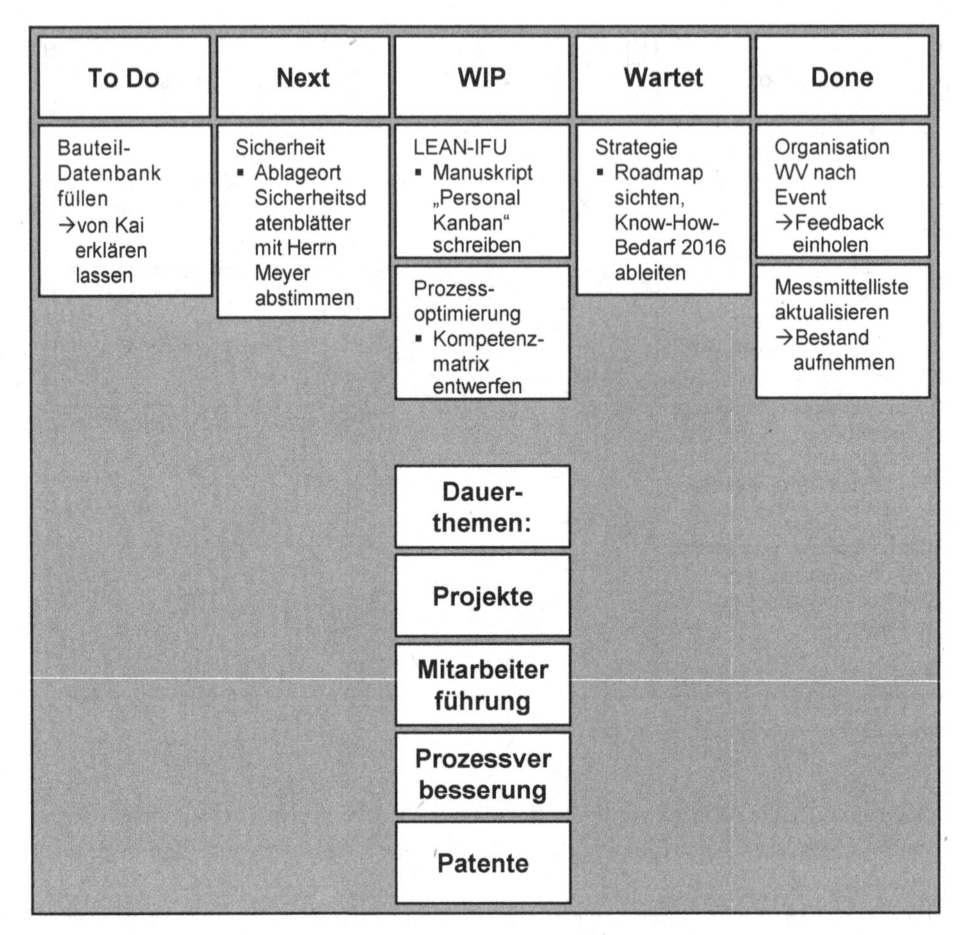

Abb. 2.26 Personal Kanban in der Elektronikentwicklung bei Gira

Force oder die Einberufung eines ungeplanten Meetings durch die Führungskraft. Hierbei zeigt sich ein weiterer Vorteil von Personal Kanban: Sobald die Störung bearbeitet wurde, reicht ein Blick auf das **WIP** Feld und die aktuelle Aufgabe kann direkt weiter bearbeitet werden.

Sobald eine sich in **WIP** befindliche Aufgabe erledigt ist, wird sie unter **Done** eingeordnet. Der Durchsatz an Aufgaben wird damit visualisiert und besser „fühlbar".

Im Vergleich zu der zu Beginn eingeführten Version des Personal Kanban wurde in der Elektronikentwicklung bei Gira die Methode um wenige Elemente erweitert. Dabei kamen insbesondere Aspekte aus „Getting Things Done" von David Allen dazu, um das System zu verfeinern, ohne es zu überfrachten (Allen 2001). Abbildung 2.26 zeigt das überarbeitete Personal Kanban Board in der Elektronikentwicklung bei Gira.

Wie in Abb. 2.26 zu sehen, wurden die Zwischenstufen „Next" und „Wartet" mit aufgenommen. In der Zwischenstufe Next werden die Aufgaben, die als nächstes bearbeitet werden sollen, aufgenommen. In der Zwischenstufe Wartet sind Aufgaben, die von dem

Mitarbeiter nicht weiter ausgeführt werden können. Es wird auf den Input von anderen Mitarbeitern gewartet, bis die Aufgabe vollständig abgeschlossen werden kann. Sobald diese Aufgabe wieder bearbeitet werden kann wird diese Aufgabe wieder zurück in den WIP geschoben. Zusätzlich sind weitere Themen und Projekte mit auf der Übersicht aufgenommen worden, um zu visualisieren, für welche Themen und Projekte der Mitarbeiter verantwortlich ist.

Kommunikationsregel

Es wurde vereinbart, dass Aufgaben von der Führungskraft an die Mitarbeiter und zwischen den Mitarbeitern immer durch persönliche Kommunikation eingesteuert werden. Der Auftraggeber erläutert die Aufgabe und bittet den Auftragnehmer darum, die Aufgabe anzunehmen. Im Optimalfall hat der Auftraggeber die Aufgabe bereits auf einer Haftnotiz vorformuliert und mitgebracht. Nimmt der Auftragnehmer die Aufgabe an, kann der Auftraggeber die Aufgabe jetzt in die erste Spalte des Personal Kanban des Auftragnehmers kleben.

Formulierung der Aufgabe

Um alle Boards optisch ähnlich zu halten und damit einen schnellen Überblick für alle zu ermöglichen, soll die Aufgabe immer aus einem THEMA und dem Arbeitsschritt bestehen, der als nächster zur Lösung der Aufgabe erforderlich ist. Diese Idee stammt aus der GTD-Methode von David Allen (Allen 2001). Der Hintergrund: Es besteht eine große Hemmschwelle, eine neue Aufgabe zu beginnen, wenn diese nur sehr vage formuliert ist. Ist dagegen der konkrete, nächste zu erledigende Schritt schon vorformuliert auf der Karte, kann sofort mit der Abarbeitung begonnen werden (vgl. Abb. 2.27). Hierbei fällt es dem Mitarbeiter meist einfacher Aufgaben zu erledigen, als über die grundsätzliche Herangehensweise an die Aufgabe nachzudenken und unnötige Kapazitäten zu verschwenden.

Auf der Karte, siehe Abb. 2.28, steht damit ein gut lesbares Thema sowie in kleinerer Schrift der konkrete nächste Schritt. Optional kann es für die weitere Optimierung sinnvoll sein, den Tag der Erfassung der Aufgabe und auch ein Zieldatum aufzuschreiben.

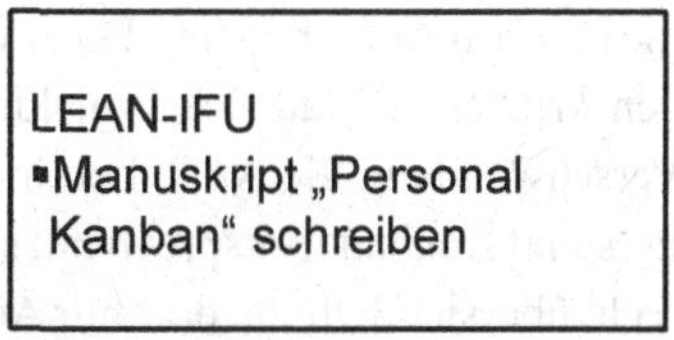

Abb. 2.27 Beispiel einer Aufgabenformulierung

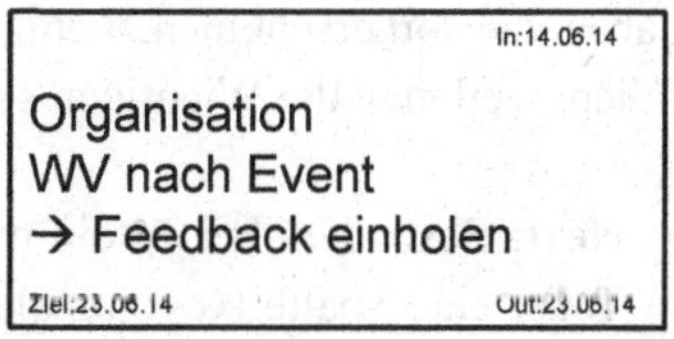

LEAN-IFU
▪Manuskript „Personal Kanban“ schreiben

Abb. 2.28 Personal Kanban Karte

In:14.06.14
Organisation
WV nach Event
→ Feedback einholen
Ziel:23.06.14 Out:23.06.14

So könnte später auch verfolgt werden, wie schnell im Durchschnitt der Durchlauf einer Aufgabe durch das Kanban Board ist. Entsprechend kann schon bei Einsteuerung mit Wunschtermin an Hand der Anzahl der anderen Aufgaben eine verlässliche Prognose gegeben werden, ob die Aufgabe fristgemäß beendet werden kann. (Das funktioniert natürlich nur, wenn die Aufgaben alle per FIFO-Prinzip bearbeitet werden.)

Granularität

Wie wird die Aufgabe sinnvoll formuliert? Eine gute Hilfestellung ist der Erledigungsaufwand. Die Aufgabe sollte innerhalb von etwa 30 min bis hin zu einigen Stunden erledigt werden können. Für kürzere Aufgaben lohnt sich die Erfassung nicht. Aufgaben, die sich schneller erledigen lassen, sollten umgehend bearbeitet werden. Übersteigt der Erledigungszeitraum einige Stunden, kann nicht sinnvoll der nächste konkrete Schritt notiert werden. In diesem Fall wäre es besser mehrere weitere Schritte auf einer Karte zu notieren. Der Umfang der Aufgabe sollte so gewählt werden das am Ende des Tages auch ein Erfolgserlebnis garantiert ist.

Priorisierung

Die Erfahrung zeigt, dass in der GIRA Elektronikentwicklung weder das Abarbeiten nach FIFO noch das Festlegen einer Priorität bei Erfassung der Aufgabe sinnvoll ist. Die Dinge ändern sich zu schnell. Was gestern noch mit höchster Priorität bearbeitet werden sollte, ist heute bereits von einer anderen Aufgabe überholt.

Der Mitarbeiter hat hier die Aufgabe, immer dann, wenn eine Position unter **WIP** frei wird, ALLE offenen Aufgaben unter **ToDo** durchzusehen. Er achtet dabei auf die Aufgaben mit Zieltermin, bedenkt aber auch die aktuelle Situation und zieht auf diese Weise die aktuell sinnvollste Aufgabe in den WIP.

Abgrenzung

Achtzig Prozent seiner Zeit arbeitet ein Mitarbeiter in der Elektronikentwicklung an Produktentwicklungen. Diese Arbeiten werden am Personal Kanban NICHT erfasst! Warum? Das Personal Kanban bietet keine Möglichkeit, eine Abfolge von Aufgaben zu strukturieren und dynamisch sichtbar zu machen, welche Folgen der Verzug bei einer Aufgabe für die anderen Aufgaben hat. Dazu werden Projektplanungstools verwendet, die automatisch den kritischen Pfad des Projektes sichtbar machen. Es wäre auch aus Sicht von Lean Verschwendung die Aufgaben in einem Projektplan abzubilden und zusätzlich auf einem Personal Kanban. Entsprechend sind bei den meisten Mitarbeitern die Kanban Tafeln auch recht übersichtlich, da dort nur Aufgaben zur Prozessverbesserung erfasst sind, die keinen direkten Bezug zum Projekt haben. Interessant: Es sind trotzdem meist die wichtigen Aufgaben, die dort erscheinen, weniger die dringend, die einem im Tagesgeschäft auf die Füße fallen, weil man die Wichtigen so lange aufgeschoben hat.

- **Next**: Besonders bei Tafeln mit sehr vielen Aufgaben ist es sinnvoll, nach der Spalte **ToDo** eine Spalte **Next** anzulegen. Es handelt sich um eine Art der Priorisierung. Bei einigen eintreffenden Aufgaben ist einem schon bei der Erfassung klar, dass man sie sofort angehen muss, wenn die aktuelle Aufgabe erledigt ist. Diese Aufgaben gehören unter **Next**. Es ist sinnvoll, dort nur eine einzige Karte aufzukleben.

- **Wartet**: Es hat sich erwiesen, dass viele Aufgaben nicht von einem einzigen Kollegen erledigt werden können. Einzelne Arbeitsschritte werden von einem anderen Kollegen erledigt, dann kommt das Zwischenergebnis wieder zurück und muss weiterbearbeitet werden. Entsprechend wird die Spalte **Wartet** nach **WIP** angeordnet und bildet eine Wiedervorlage. Es soll dort eine exakte Kopie der Aufgabe stehen, die man an einen Kollegen oder Mitarbeiter delegiert hat. Jeder Mitarbeiter hat die Aufgabe, mindestens einmal wöchentlich diese Spalte durchzugehen und die Kollegen zu den an sie delegierten Aufgaben auf den Erledigungsstand zu befragen. In Abb. 2.26 ist zu sehen, dass die Karte „Roadmap sichten" in der Spalte „Wartet" klebt, da die aktuelle Roadmap zur Sichtung noch nicht vorliegt.
- **Themen**: Wird vereinbart, dass auf Grund der Vermeidung von Verschwendung nicht alle Aufgaben am Personal Kanban erfasst werden, da diese Aufgaben zum Beispiel in einem elektronischen Tool verwaltet werden, können die Überschriften zu diesen Themen trotzdem als Merker in einer eigenen Spalte auf dem Board erfasst werden. Diese Vorgehensweise haben sich vor allem die Mitarbeiter gewünscht, bei denen sich per Definition der Arbeitsaufgabe nur wenige Aufgaben am Board befinden. Das vermindert die Gefahr, dass voreilig eine Unterlast beim Mitarbeiter interpretiert werden könnte, wenn beispielsweise Führungskräfte aus fremden Bereichen sich Personal Kanban Boards anschauen. An dieser Stelle könnte auch eine Karte kleben, auf der mehrere wiederkehrende Aufgaben gelistet sind, die wöchentlich, monatlich oder quartalsweise erledigt werden müssen. Dabei dienen sie als Merker, um diese Aufgaben nicht in eine separate Aufgabenliste schreiben zu müssen. Alternativ können diese Aufgaben auch unter ToDo geklebt und nach Erledigung wieder in die gleiche Spalte zurückgeführt werden.

Erfolge

Durch die Einführung von Personal Kanban konnten erhebliche Erfolge bei Gira erzielt werden. Durchgehend positiv wird durch die Mitarbeiter die Fokussierung auf eine oder zumindest sehr wenige Aufgaben bewertet. Grundsätzlich war jedem Mitarbeiter bewusst, dass die parallele Bearbeitung zu vieler Aufgaben nicht vorteilhaft ist. Jedoch lagen die Erfolge der Fokussierung deutlich über den Erwartungen der Mitarbeiter. Nach der anfänglichen Skepsis einiger Mitarbeiter ist die Methode inzwischen selbstverständlich geworden und wird auch von den Mitarbeitern durchgängig angewendet. Eine regelmäßige Motivation durch die Führungskraft ist dennoch erforderlich, da sonst die Gefahr besteht, dass einige Mitarbeiter wieder in alte Verhaltensmuster zurückfallen. Dabei zeigt sich, dass ein regelmäßiges Review des Kanban Boards gemeinsam mit der Führungskraft zur Bereinigung, Präzisierung und Priorisierung zielführend ist. Die Regel, niemals eine Aufgabe ohne vorherige Abstimmung einzusteuern, hat zusätzlich zur Verbesserung der Kommunikation beigetragen. Die Kommunikation zwischen Auftraggeber und Auftragnehmer wurde insbesondere durch die genaue Aufgabenklärung deutlich verbessert. Eine Aufgabe kann wie bisher per E-Mail ausführlicher erläutert und beschrieben werden. Danach wird jedoch eine für diese Aufgabe repräsentierende Karte an den Platz des Mitarbeiters gebracht und aufgeklebt. Dadurch ergibt sich die Möglichkeit zur Kommunikation und ggf. genaueren Definition der Aufgabe oder dem erwarteten Arbeitsergebnis.

Nach der Verbesserung der Selbstorganisation und Kommunikation ist die nächste Stufe der Weiterentwicklung, die Verkürzung der Durchlaufzeit der einzelnen Aufgaben. Hierzu ist zunächst die durchschnittliche Durchlaufzeit für die Aufgaben zu bestimmen. Jeder Mitarbeiter kann mit geringem zusätzlichem Aufwand, in dem Moment, in dem er eine Haftnotiz in die Spalte **Done** umklebt, auf dem Kärtchen die Durchlaufzeit in Arbeitstagen vermerken. Die Erhebung der Durchlaufzeit ist drei Monate nach Einführung sinnvoll. Ab diesem Zeitpunkt haben sich aussagekräftige Werte eingestellt und können sinnvoll interpretiert werden. Eine steigende Durchlaufzeit kann bspw. auf eine Überlastung des Mitarbeiters oder auf ein zu großes WIP Feld hinweisen.

Herausforderungen

Wie bei jeder Veränderung sind auch bei der Einführung von Personal Kanban verschiedene Herausforderungen zu berücksichtigen. Daher sind zunächst deutlich die Vorteile herauszustellen, um kritische Mitarbeiter zum Ausprobieren zu bewegen. Ein deutlicher Vorteil für den Mitarbeiter ist die unmittelbare Sichtbarkeit des Arbeitsvorrats für den Vorgesetzten. Wenn neue Aufgaben eingesteuert werden, ist es sinnvoll, das wirklich direkt am Board zu tun. Gemeinsam können Führungskraft und Mitarbeiter dabei prüfen, ob tatsächlich alle Aufgaben im Vorrat heute noch sinnvoll sind. Zusätzlich kann bei Bedarf gemeinsam eine Priorisierung vorgenommen werden. Dabei ist es auch möglich, sämtliche Aufgaben unter ToDo in absteigender Priorität zu ordnen. Trotzdem ist diese Priorisierung regelmäßig zu hinterfragen und an die aktuellen Gegebenheiten anzupassen.

Zu Beginn der Einführung wurde die Methode von einigen Mitarbeitern als Einschränkung der persönlichen Freiheit empfunden. Häufig wurde angeführt, dass es nicht sinnvoll sei, eine Methode bei unterschiedlichen Personen einzuführen. In der Produktentstehung ist dies eher ungewöhnlich, in der Produktion dagegen üblich. Insbesondere die Erweiterung des WIP Feldes von einer auf drei Aufgaben half die Akzeptanz bei den kreativeren Mitarbeitern zu erhöhen.

Des Weiteren ist insbesondere bei Messung der Durchlaufzeit für die einzelnen Aufgaben, die Einbindung des Betriebsrats erforderlich.

Die Nichtabbildung der eigentlichen Produktentwicklungsaufgaben führt dazu, dass ein Vergleich der Boards bei den Mitarbeitern nur mit Sachverstand möglich ist. Ist ein Mitarbeiter zu einem Großteil seiner Verfügbarkeit mit der Produktentwicklung beschäftigt, ist sein Board nahezu leer. Ein Mitarbeiter mit administrativen, unterstützenden Tätigkeiten hat dagegen ein massiv gefülltes Board. Ohne Kenntnis der Ursache könnte eine falsche Schlussfolgerung getroffen werden. Die Interpretation sollte aus diesem Grund ausschließlich durch die direkte Führungskraft erfolgen.

Die neu geschaffene Transparenz wird nicht von allen Mitarbeitern als positiv empfunden, da es deutlich wird, wenn ein Mitarbeiter keine oder nur wenige Aufgaben in der ToDo-Spalte stehen hat. Bei der Zuordnung von neuen Aufgaben kann damit aber die Arbeitsbelastung über alle Mitarbeiter besser nivelliert werden.

Die Skepsis von einigen Mitarbeitern verdeutlicht, dass die Einführung des Personal Kanban Anforderungen an die Führungskraft stellt. Es ist daher erforderlich, dass die Führungskräfte als Vorbild agieren und selbst ein offenes Personal Kanban pflegen. Bei verschiedenen Aufgaben ist eine gewisse Ungenauigkeit der Formulierung erforderlich, dies hat sich nicht als Hindernis erwiesen.

In der heutigen Gestaltung der Büros oder Großraumbüros fehlt es zumeist an einer geeigneten Fläche für das Personal Kanban Board. Auch die Abgrenzung von Räumen durch Glaswände kann nachteilig sein, wenn gleichzeitig verboten wird, die Wände zu bekleben. Die Gestaltung des Arbeitsplatzes sollte, wie in der Produktion üblich, optimal auf die Arbeitsaufgabe zugeschnitten sein.

Fazit
Zusammenfassend hat Personal Kanban sich in der Elektronikentwicklung bei Gira zu einem etablierten Tool entwickelt, vor allem um den sukzessiven Verbesserungsprozess anzutreiben. Es werden wenige Aufgaben eingesteuert, der Fortschritt dieser aber konsequenter verfolgt. Je nach Arbeitsweise des Mitarbeiters helfen Reviews des Personal Kanban Boards in unterschiedlichen Zeitabständen. Tendenziell wird eine deutliche Senkung der Durchlaufzeiten für die erfassten Aufgaben erwartet.

2.6.4 Praxisbeispiel Coaching

Die Siemens AG entwickelt unter anderem integrierte Lösungen für den schienengebundenen Nah-, Fern- und Güterverkehr sowie Industrie- und Minenbahnen. Das Portfolio umfasst dabei Produkte, Systeme und Anlagen für die sichere und effiziente Betriebsführung. Siemens ist dabei ein weltweit führendes Unternehmen, das entlang der Wertschöpfungskette der Elektrifizierung, Digitalisierung und Automatisierung aufgestellt ist. Weltweit sind rund 343.000 Mitarbeiter beschäftigt, die im Jahr 2014 einen Umsatzerlös von rund 71,9 Mrd. € erwirtschaftet haben.

Zur Umsetzung des Gestaltungsprinzips Mitarbeiterorientierung und zielorientierte Führung in der Produktentstehung hat Siemens die Methode des Coachings genutzt. Das Coaching dient dem Anlernen der Mitarbeiter in der Problemlösung und beruht auf persönlichem Training und individueller Hilfe durch die Führungskraft (Rother und Kinkel 2013). Diesem Prozess kommt eine besondere Bedeutung im Lernprozess von Mitarbeitern zu, da dieser oft aus der Weitergabe von implizitem Wissen besteht. Dieses implizite Wissen kann per Definition nur durch zwischenmenschliche Kommunikation weitergegeben werden (Morgan und Liker 2006). Weiterhin unterstützt die Methode den Lern- und Verbesserungsprozess, indem sie kontinuierlich Vorteile durch eine verbesserte Moral, Arbeit, Ideenfindung und Beibehaltung von Best-Practices liefert (Manos und Vincent 2012).

Die Methode des Coachings unterstützt dabei die Verbesserung des Arbeitsprozesses und ist im Zusammenhang mit weiteren Methoden zu nutzen. Analog zur Coaching- und Verbesserungskata von Rother wird erst im gemeinsamen Nutzen der beiden Methoden ein Problembewusstsein bei den Mitarbeitern geschult (Rother und Kinkel 2013). Dabei wurde die Erfahrung gemacht, dass ein konsequenter Einsatz dieser beiden Methoden die Effektivität und Effizienz in den Projekten und Teams steigert.

Deutliche Veränderungen konnten hinsichtlich der Geschwindigkeit und in der aktiven Gestaltung von Prozessen, statt der Verwaltung von Zuständen erreicht werden. Missverständnisse konnten frühzeitig geklärt werden, sodass keine späteren Fehlerfolgekosten entstanden sind. Die Kommunikation im gesamten Team verbesserte sich und auch die Zusammenarbeit mit anderen Abteilungen wurde durch eine effektive Kommunikation gestärkt. Als Folge sind die Risiken hinsichtlich des Termins, Budgets sowie geforderter Funktionalitäten durch Schnittstellen deutlich gesunken.

Eine wichtige Erkenntnis bei der Umsetzung der Coaching Routinen ist, dass nicht jede Führungskraft und jeder Mitarbeiter als Coach geeignet ist. Neben dem Methodenwissen sind Social Skills ebenso wichtig, um Mitarbeiter mit einem effektiven und effizienten Problembewusstsein weiterzuentwickeln. Diese Fähigkeiten macht die Suche nach einem effektiven Coach zur Herausforderung.

2.7 Null Fehler-Prinzip

Philipp Krenkel, Henrike Lendzian

2.7.1 Grundlagen

Das Gestaltungsprinzip Null-Fehler zielt in der Fertigung auf den hohen Qualitätsanspruch ab, mit dem die Produkte an die nachfolgenden Arbeitsstationen weitergegeben werden. Eine fehlerfreie Produktion ohne Nacharbeit oder Ausschuss ist dabei das zentrale Ziel. Um dieses zu verfolgen, beinhaltet das Gestaltungsprinzip mehrere Methoden und Werkzeuge zur systematischen Identifikation und Behebung von Fehlern. Statt durch Prüfungen und Nacharbeit die entsprechende Qualität sicherzustellen, sollen die Methoden und Werkzeuge die Prozessqualität in jedem Prozessschritt erhöhen. Treten einzelne Fehler trotzdem auf, werden diese als Chance gesehen, um Schwachstellen in Prozessen zu identifizieren und nachhaltig von ihnen durch Lessons Learned zu lernen. Ziel muss es dabei immer sein, ein Wiederauftreten zu vermeiden, um kein fehlerhaftes Produkt beim Kunden ankommen zu lassen (VDI 2870-1 2012). Für die Übertragung in die Produktentstehung ist das Gestaltungsprinzip für die Arbeit mit Informationen anzupassen. Der Grundsatz keine fehlerhaften oder unvollständigen Unterlagen weiterzugeben, ist in der Produktentstehung ebenso wichtig wie in der Fertigung, da andernfalls Planungsfehler oder Rekursionsschleifen entstehen. Im Ergebnis erhöhen sich die Durchlaufzeit und die

Entwicklungskosten (Romberg 2010). Dabei bedeutet das Null-Fehler-Prinzip allerdings nicht das reaktive Kontrollieren und Aussortieren fehlerhafter Dokumente, Prototypen oder Bauteile. Vielmehr gilt es, die Prozesse der Produktentwicklung kontinuierlich zu verbessern, um Fehler von Beginn an zu vermeiden (Imai 1997). Firmen, die Qualität von Anfang an realisieren, besitzen strukturierte, standardisierte Planungsprozesse sowie ein Vorgehen für eine schnelle und nachhaltige Problemlösung (Linsenmaier und Wilhelm 1997). Unterstützt wird dies im Besonderen durch Methoden, die dem Null-Fehler-Prinzip zugeordnet sind und in Abschn. 2.7.2 beschrieben werden.

Damit die Dokumente, Prototypen oder Bauteile in der richtigen Qualität und zur richtigen Zeit weitergegeben werden, bieten sich Methoden zur Anforderungsbeschreibung oder auch Quality Gates an. Die Anforderungen der nachfolgenden Prozesse müssen klar definiert und in Quality Gates in Form von Übergabeprotokollen oder Checklisten transparent überprüft werden (Zahn 2013).

Soll Qualität von Anfang an erreicht werden, gilt es reaktive Maßnahmen in den späteren Auftragsabwicklungs- bzw. Produktherstellungsphasen durch entsprechende Vorgehensweisen im Produktentstehungsprozess zu vermeiden. Hierzu bieten sich bspw. Prototypen der herzustellenden Produkte aber auch ein realitätsnaher Aufbau der Arbeitsplätze an. Mit Hilfe der Methoden Rapid Prototyping bzw. Cardboard Engineering werden bereits im Produktentstehungsprozess potenzielle Fehler oder Risiken am Produkt bzw. deren Herstellung erkannt, sodass diese frühzeitig verhindert werden können. Durch Verbesserungsmaßnahmen können dann Arbeitsabläufe und Arbeitsplätze angepasst werden, um eine qualitativ hochwertige Produktherstellung sicherzustellen. Diese und weitere Methoden zur Fehlervermeidung werden im Folgenden näher vorgestellt.

2.7.2 Methoden

Requirements Engineering

Eine Möglichkeit zur verstärkten Orientierung des Entwicklungsprozesses an den Kundenanforderungen ist das Anforderungsmanagement (engl.: Requirements Engineering). Um einen strukturierten Produktentwicklungsprozess zu erreichen, müssen die Anforderungen von sowohl internen als auch externen Kunden hinsichtlich des zu entwickelnden Produktes möglichst vollständig aufgenommen werden, um deren Umsetzung über den gesamten Entwicklungszeitraum sicherstellen zu können. Wie in Abb. 2.29 dargestellt, sind dazu zunächst Kundenanforderungen zu ermitteln, deren Umsetzung zu analysieren und anschließend bindend zu vereinbaren. Zur Spezifikation und Validierung sind diese meist noch informellen und unformatierten Anforderungen strukturiert darzustellen und anschließend entsprechend zu dokumentieren. Um diese Anforderungen eindeutig, nachvollziehbar und auf dem neuesten Stand zu halten, ist zusätzlich eine Verfolgung der Änderungen sowie ein Änderungsmanagement notwendig (Schuh 2012). Aufgabe des Anforderungsmanagements ist es damit, über den gesamten Entwicklungsprozess relevante Informationen über das zu entwickelnde Produkt zu sammeln, abzustimmen und zu doku-

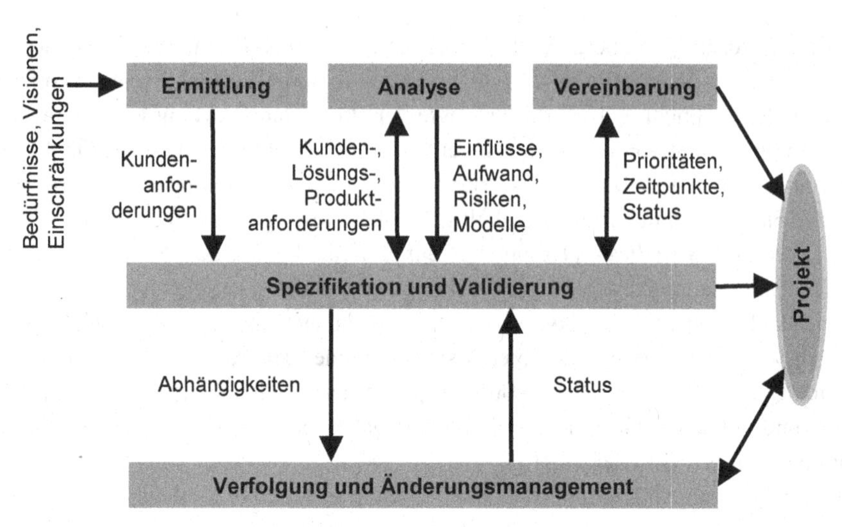

Abb. 2.29 Abläufe im Anforderungsmanagement. (Schuh 2012)

mentieren. Da viele Anforderungen erst spät im Entwicklungsprozess vollständig ableitbar sind, gilt es diese immer unmittelbar zu berücksichtigen, um verspätete Änderungen und die sich daraus ergebenden Mehrkosten zu vermeiden (Dombrowski und Zahn 2011; Haque und James-Moore 2004; Zahn 2013; Schuh 2012; Eversheim und Schuh 2005).

Quality Function Deployment

Das Quality Function Deployment (QFD) ist eine kundenorientierte Vorgehensweise für die Produktentstehung. Dabei handelt es sich um eine Methode, die dabei unterstützt, Kundenwünsche und -bedürfnisse systematisch zu identifizieren und in Produktanforderungen und Produktspezifikationen zu übertragen. Mit Hilfe des QFD ist es möglich, Produktanforderungen anhand ihres Kundenutzens zu bewerten und somit die Bedürfnisse herauszufiltern, die kundenseitig am stärksten honoriert werden würden. Dabei geht es nicht allein darum, explizit geforderte Kundenanforderungen zu erfüllen. Vielmehr gilt es entsprechende Merkmale, die den Kunden begeistern, zu berücksichtigen. Den sich daraus ergebenden Produktanforderungen ist vermehrt Aufmerksamkeit im Entwicklungsprozess zu schenken. Durch die Vorgabe eines strukturierten Informationsaustausches zwischen den am Produktentstehungsprozess beteiligten Bereichen werden Informationen bzw. Wissen einzelner Personen der gesamten am Prozess beteiligten Gruppe zugänglich gemacht. Das QFD ist demgemäß eine ergänzende Methode zum Anforderungsmanagement, um die Kundenanforderungen in Produkt- und Prozessspezifikationen zu überführen (Govers 1996; Bicheno 2004; Locher 2008; Fiore 2005; Schuh 2012; Haque und James-Moore 2004).

Quality Gates

Im Rahmen von Entwicklungsprojekten ist eine hundertprozentige Planbarkeit aufgrund eines häufigen Neuheitscharakters nicht möglich. Allerdings kann eine Grobstrukturierung an notwendigen Prozessschritten und deren Arbeitsabfolgen auf Basis des Anforderungsmanagements frühzeitig definiert werden. Um eine zu späte Abstimmung, fehlende Daten oder Unzulänglichkeiten und damit einen zeitlichen Verzug im Projekt zu vermeiden, sind zu bestimmten Zeitpunkten im Projektablauf entsprechende Zielvereinbarungen zu setzen. An diesen Zeitpunkten, den sogenannten Quality Gates (Zahn 2013), können dann die Zwischenergebnisse anhand definierter Kriterien auf deren Zielerreichung geprüft werden (Schuh 2012). Kriterien können dabei in Checklisten oder Fragebögen festgehalten werden, wobei an definierten Zeitpunkten die Identifikation von Fehlern, Verbesserungspotentialen oder weitergehenden Aufgaben und eine rechtzeitige Reaktion auf diese möglich sein muss. Die Quality Gates dienen dementsprechend als „Übergabepunkte“, an denen zum Projektbeginn Ziele vereinbart und während der Projektdurchführung deren Erreichung überprüft werden kann (Eversheim und Schuh 2005). Allerdings ist dabei grundsätzlich auf ausreichende Freiräume für kreative Prozesse zu achten (Schuh 2012; Locher 2008; Schipper und Swets 2010; Pfeiffer und Canales 2005).

Eskalationsvorgaben/Andon

Andon (japanisch sinngemäß „Leuchtlaterne“) ist im Allgemeinen eine Methode zur Visualisierung eines Status bzw. Zielerreichungsgrads oder von Störungen innerhalb von Prozessabläufen. Die Darstellung eines aktuellen Status oder von Störungen erfolgt, für alle Mitarbeiter deutlich sichtbar, auf einem sogenannten Andon-Board. Bei der Visualisierung der Informationen wird häufig auf die bekannten Ampelfarben zurückgegriffen. Der Normalbetrieb wird auf dem Andon-Board durch ein grünes Licht dargestellt. Handlungsbedarf wird durch die Farben gelb und rot erkennbar. Die gelbe Farbe kann als „Leitplanke“ verstanden werden, die rote Farbe zeigt eine Abweichung vom Zielerreichungsgrad oder andere Probleme auf (Ohno 2013; VDI 2870-1 2012; Bicheno 2004; Liker 2013).

Rapid Prototyping

Eine Methode zur Verkürzung des Prozesses der Erprobung ist das Rapid Prototyping. Wichtig dabei ist, dass diese Methode bereits möglichst früh im Entwicklungsprozess zum Einsatz kommt, um kostenintensive Doppelarbeit oder Rückschritte durch nachträglich erforderliche konstruktive Änderungen zu vermeiden. Die Entwicklungsphase lässt sich als den chaotischen Teil eines Neuproduktstarts bezeichnen, da eine Vielzahl von Informationen zu Beginn noch unklar ist (Schipper und Swets 2010). Das Rapid Prototyping hilft dabei, Informationen zu Funktionen, Maßen, Gewicht oder ästhetischen und anderen Kundenanforderungen zu generieren. Dabei geht es vorrangig darum, offene Fragen frühzeitig beantworten zu können. Prototypen einzelner Bauteile oder Zwischenversionen sollten so früh wie möglich, beispielweise anhand von Computermodellen, Zeichnungen aber auch durch den Modellbau mit Metallen, Kunststoffen oder Holz, getestet werden. Hierdurch lassen sich Verbesserungspotentiale oder Fehler frühzeitig identifizieren, sodass Anpassungen rechtzeitig vorgenommen werden können (Romberg 2010; Schipper und Swets 2010; Ward 2007).

Cardboard Engineering

Mit Hilfe der Methode des Cardboard Engineering werden Arbeitsplätze aus einfachen, leicht verfügbaren und günstigen Materialen, wie beispielsweise Pappe (engl.: cardboard), Schaumstoff, Holz, Kunststoff oder Rohr-Verbinder-Systeme, nachgebaut und die Abläufe, Tätigkeiten oder Anordnungen der Maschinen, Werkzeuge und Materialien physisch simuliert (Ward 2007). Hierdurch werden effiziente Prozesse bereits in den frühen Phasen des Produktentstehungsprozesses abgesichert, womit Fehler in den Fertigungsprozessen und deren kostenintensive Behebung vermieden werden können. Durch den Einsatz flexibler Materialien ist es bereits früh im Planungsprozess möglich, Abläufe mit den Mitarbeitern zu überprüfen, anzupassen und einzuüben. Eine Integration von Wissen und Erfahrung der beteiligten Mitarbeiter in den Planungsprozess ist damit durch das Cardboard Engineering einfach möglich. Zudem können auch Gestaltungsalternativen oder neue Ideen zügig und mit relativ geringem Aufwand getestet, ggf. wieder verworfen und miteinander verglichen werden (VDI 2870-1 2012; Zahn 2013; Ward 2007).

Systematische Fehlerbehebung

Exponentiell steigende Kosten zur Fehlerbehebung in späten Phasen des Lebenszyklus machen deutlich, dass bereits in der Produktentstehung Fehler vermieden und nicht weitergegeben werden sollten. Auch im Produktentstehungsprozess erfolgende ungeplante Änderungen führen zu einem Kostenanstieg und sind somit zu vermeiden. Für den erfolgreichen Durchlauf des Produktentstehungsprozesses ist eine hohe Problemlösungskompetenz unabdingbar, damit auftretende Fehler langfristig und von Grund auf gemeinsam beseitigt werden können. Dazu ist eine Vorgehensweisen notwendig, die dazu dient, die Ursachen für Fehler systematisch zu identifizieren und zu dokumentieren. Unter Zuhilfenahme weiterer Methoden wie beispielsweise des Plan-Do-Check-Act (PDCA)-Zyklus, der 5W-Fragetechnik oder des Ishikawa-Diagramms sollen Planungsfehler identifiziert werden. Durch die Dokumentation behobener Fehler kann verhindert werden, dass andere oder neue Mitarbeiter denselben Fehler erneut machen (Zahn 2013; Romberg 2010; Morgan und Liker 2006; Mascitelli 2007).

Im nachfolgenden Abschnitt wird der Fokus auf die Cardboard Engineering Methode gelegt und deren praktische Anwendung bei der Firma Sennheiser GmbH & Co. KG beschrieben.

2.7.3 Praxisbeispiel Cardboard Engineering

Die Sennheiser-Gruppe mit Sitz in der Wedemark (Region Hannover) ist einer der weltweit führenden Hersteller von Mikrofonen, Kopfhörern und drahtlosen Übertragungssystemen. 2013 erzielte das 1945 gegründete Familienunternehmen einen Umsatz von rund 628 Mio. €. Die Firma Sennheiser GmbH & Co. KG (nachfolgend Sennheiser) arbeitet seit 2007 nach den Prinzipien Ganzheitlicher Produktionssysteme. Kerninhalte sind hierbei die vier Elemente

- der lernenden Organisation,
- eine Kultur der kleinen Schritte,
- Fokussierung auf das Nötigste sowie
- Synchronisation aller Prozesse.

Diese Prinzipien finden bei Sennheiser seit 2011 in der Produktentstehung Anwendung und werden auch bei der Cardboard Engineering Methode berücksichtigt. Seit 2010 wird bei der Planung von Arbeitstischen für neu anlaufende Produkte die Cardboard Engineering Methode herangezogen. Ziel der Methode bei Sennheiser ist es, eine bessere Synchronisation zwischen Produktentwicklung, Prozessentwicklung, Betriebsmittelbau und Produktion zu erreichen. Außerdem sollen durch die Modularisierung der Bauelemente, auf Basis der im Cardboard Engineering erzielten Erkenntnisse, und der Verbesserung der Wiederverwendbarkeit, die Kosten für die Erstellung der Betriebsmittel mittel- bis langfristig reduziert werden. Die Arbeitstische und -prozesse werden im Team mit allen am Produkt beteiligten Mitarbeitern entwickelt, sodass eine hohe Akzeptanz erzielt wird. Weiterhin kann durch die individuelle Gestaltung der Tische die Ergonomie der Arbeitsplätze, beispielsweise durch die Höhenverstellbarkeit, erheblich verbessert werden. Durch die Simulation von Abläufen und Bewegungen werden nicht nur Betriebsmittel entwickelt und optimal gestaltet, auch die besten Arbeitsmethoden werden definiert und in Standardarbeitsblättern (Fertigungs- und Prüfanweisungen, Abtaktungsdiagramme, Layout) beschrieben. Anstelle von Entwicklungen am PC und dem Einsatz von Standardarbeitstischen werden so Betriebsmittel und Prozesse optimal am Produkt ausgelegt. Gegebenenfalls werden auch Änderungswünsche direkt an die Entwicklung zurückgespiegelt. Das Vorgehen beim Cardboard Engineering unterteilt sich hierbei in drei Phasen:

1. Vorbereitung
2. Durchführung
3. Nachbereitung.

Im Folgenden werden die drei Phasen des Cardboard Engineering detailliert vorgestellt.

Die Vorbereitungsphase

Zu Beginn des Cardboard Engineering, welches der Prozessentwickler zusammen mit dem Produktionsmanager in Auftrag gibt, wird das Team zusammengestellt und ein neutraler Moderator bestimmt. Bei Sennheiser übernimmt diese Rolle der Prozessoptimierer oder ein Lean Management Engineer. Mögliche Teammitglieder sind zwei bis drei Mitarbeiter aus dem Produktionsbereich, ein Prozessentwickler, der Produktentwickler, ein Prozessoptimierer, der Produktionsabteilungsleiter, ein Produktionsplaner sowie ein Vertreter aus dem Einkauf. Anschließend erfolgen eine generelle Rollenklärung und die Einladung der Teilnehmer. Je nach Umfang der Produkte wird ein Workshopzeitraum von drei bis fünf Tagen veranschlagt. Wichtig ist, dass ausreichend Platz und Material zur Durchführung des Cardboards vorhanden ist. Vorteilhaft ist, wenn dauerhaft eine Fläche

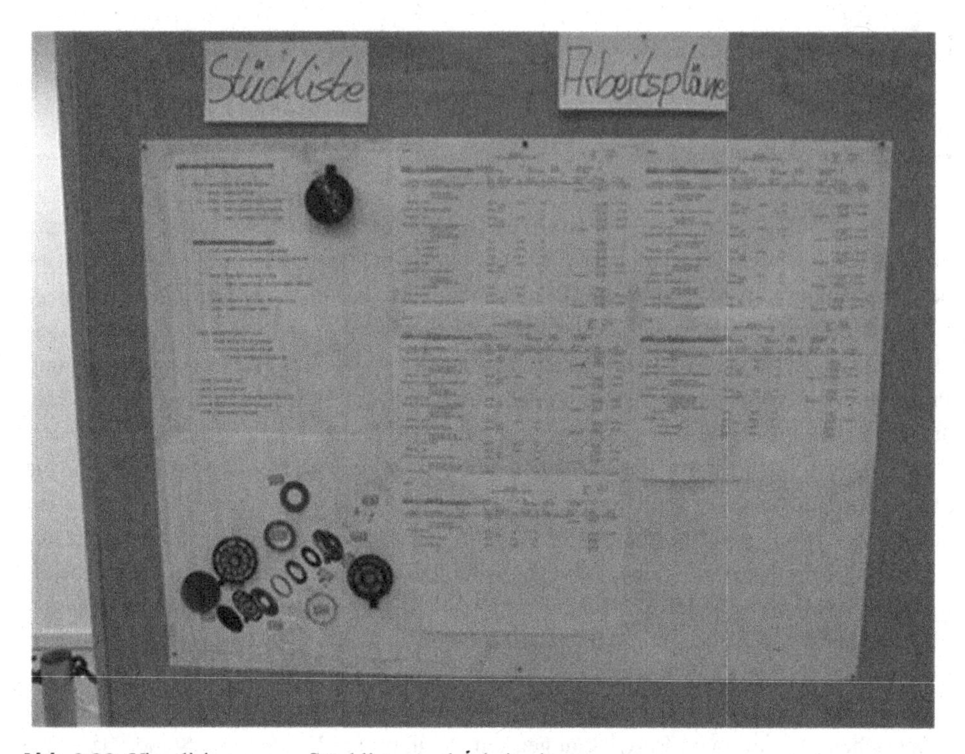

Abb. 2.30 Visualisierung von Stücklisten und Arbeitsplänen

für derartige Workshops zur Verfügung gestellt wird. Als permanentes Equipment werden bei Sennheiser Kartons, Klebebänder, Cutter, gehobelte Dachlatten, Kartoneckleisten, Klebepistolen und Patronen, eine Stichsäge, Schrauber, selbstschneidene Schrauben, ein Moderationskoffer, ein Flipchart, Metaplantafeln, Schreibbretter, eine (Video-)Kamera und ein Beamer eingesetzt. Dieses Material wird in der Vorbereitungsphase überprüft und ggf. aufgefüllt. Behälter, Mustervarianten und Bauteile werden je nach Produkt bereitgestellt. Ein Layout in mehreren Größen visualisiert die Örtlichkeiten. Hilfreich ist es auch, den entsprechenden Bereich auf dem Fußboden abzukleben.

Vorab findet eine Vorbesprechung statt. Hierbei werden die Agenda des Workshops und die notwendigen Vorbereitungen besprochen. Folgende Informationen sollten zu Beginn des Workshops zur Verfügung stehen:

- Zukünftiges Mengengerüst je Produkt pro Jahr (auf Fertigteil- und Einzelteilebene),
- Varianten-Baugruppenmatrix,
- Produkt-Arbeitsschrittfolgematrix (evtl. auch Produkt-Maschinenmatrix),
- Arbeitsinhalte und Zeiten je Produkt, ggf. Abtaktung,
- Materialien für das Produkt (Stücklisten und Arbeitspläne, siehe Abb. 2.30) und Vorrichtungen
- Anlieferzustände der Materialien (Verpackung, Losgrößen)

- Wertstromdesign mit Beständen und Durchlaufzeiten,
- Losgrößen und Rüstzeiten (entlang aller Fertigungsstufen),
- Übersicht über die Anzahl der Mitarbeiter (Qualifikations-Matrix), Schichtmodell,
- Externe Maschinenkapazitäten oder verlängerte Werkbänke,
- Darstellung der Hauptmaterialflüsse (schematisch und auf Layout).

Ferner wird das Kommunikationskonzept, in welcher Art und Umfang über das Cardboard informiert werden muss, festgelegt und die Ziele des Workshops definiert. Je nach Größe des Workshops werden eine Zwischenpräsentation und/oder eine Abschlusspräsentation organisiert und die Teilnehmer eingeladen. Weiterhin werden Mitarbeiterkapazitäten wie bspw. von dem Betriebsmittelbau, der Instandhaltung oder der Lehrwerkstatt abgestimmt und bereitgestellt.

Die Durchführungsphase
Die Durchführung unterteilt sich je nach Umfang des Cardboard Engineering in drei große Themenblöcke: Die Einleitung und Analyse, der eigentliche Aufbau des Cardboards und das Simulieren der Arbeitsinhalte sowie die Abschlusspräsentation mit Feedback und weiterem Vorgehen. Zu Beginn geben die Auftraggeber des Cardboards eine kurze Einführung und stellen die Ziele und Randbedingungen des Cardboards dar. Hierfür hat Sennheiser die zehn Regeln der Arbeitsplatzgestaltung für sich definiert.

1. Einstückfluss in eine Richtung
   - Schnelleres Erkennen von Qualitätsproblemen
   - Weniger Bestände im Produktionsbereich
   - Schnelleres Weiterbearbeiten von Produkten, Verkürzung der Lieferzeiten
   - Höhere Flexibilität (Umrüsten)
2. Lieber gehen als stehen und sitzen
   - Unterschiedliche Belastungen sind gesünder
   - Bauteile können in einem größeren Korridor angeordnet werden
3. Bestände zwischen den Operationen müssen definiert sein
   - Genau definierte Mengen an Material im System
   - Kein Warten für den Mitarbeiter
   - Keine Stauungen oder Leerlaufen des Materials
4. Doppeltes und dreifaches Handling der Materialien sind zu reduzieren
   - Unnötige (Greif-)Wege sollen vermieden und somit Zeit gespart werden
   - Unnötige Belastungen des Körpers sollen vermieden werden
   - Umpacken soll vermieden werden
5. Alle Teile, Vorrichtungen und Werkzeuge sind leicht zu greifen bzw. befinden sich nahe an dem Ort, an dem sie benutzt werden
   - Vertikale Lagerung der Materialien wird der horizontalen Lagerung vorgezogen
   - Einseitige Belastung vermeiden
   - Unnötige Wege vermeiden und so Bearbeitungszeiten reduzieren

6. Alle Wartezeiten des Mitarbeiters sollen eliminiert sein
   - Grundsätzlich sollte die Maschine auf den Mitarbeiter warten und nicht umgekehrt
   - Warten ist nicht wertschöpfend und verringert die Ausbringung
7. Die Auslastung der Linie ist zu optimieren (Kapazitätsbetrachtung)
   - Möglichst viele Produkte sollten auf einer Linie gebaut werden, damit die Flächenproduktivität erhöht wird
   - Eine Kapazitätsbetrachtung gibt die Übersicht
8. Der Standardkatalog für Sennheiser-Arbeitsplätze dient als Basis
   - Standards reduzieren den Erstellungsaufwand und ermöglichen Rabatte bei Zulieferern
   - Best-Practices werden verbreitet
9. Die Standardarbeitsfolge und ggf. Arbeitsteilung ist zu definieren
   - Standards sichern eine gleichbleibende Qualität
   - Standards schaffen einen klaren Ablauf und störungsfreie Prozesse und machen den Prozess planbarer
   - Standards machen es möglich, Probleme aufzudecken
10. Die Tische werden von hinten befüllt
   - Trennung von Montage und Logistik
   - Voraussetzung für die Einführung eines Milkruns
   - Reduzierung von Lagerstufen und Beständen

Im Anschluss erfolgt die Vorstellung der Produkte und Arbeitsinhalte. Der Betrachtungsumfang wird im Team konkretisiert und Spielregeln festgelegt. Weiterhin werden die in der Vorbereitung erstellen Analysen vorgestellt. In mehreren Teams werden nun Soll-Konzepte bezüglich des Arbeitsablaufs und des Layouts erarbeitet. Als Grundlage dient der Kundentakt. Hilfsmittel sind Tätigkeitsanalysen, Kapazitätsbetrachtungen und Ablaufdiagramme. Nach der so ermittelten Arbeitsverteilung werden nun Materialien und Vorrichtungen angeordnet (siehe Abb. 2.31).

Im nächsten Schritt werden Arbeitstische mit Hilfe von Kartons und Profilen gebaut und die Arbeitsmittel darauf angeordnet. Nun erfolgen mehrere Iterationsschleifen, um die Arbeitsabläufe zu optimieren. Die beste Methode wird zum Standard erhoben (siehe Abb. 2.32 und 2.33). Im Anschluss werden die Workshopergebnisse mit Hilfe von Fotos mit Bemaßungen und Ablaufbeschreibungen dokumentiert. Gegebenenfalls werden Videos vom Ablauf gedreht.

Nach dem Aufbau wird ein Maßnahmen- und Zeitplan zur Umsetzung des Cardboard-Modells entwickelt und die Präsentation für das Management und alle am Prozess beteiligten Mitarbeiter vorbereitet. Hierbei werden ausschließlich Metaplanwände und Flipcharts genutzt und der Prozess an dem Cardboard-Modell vorgeführt. Am Ende der Präsentation erfolgt ein Feedback an die Teilnehmer.

Abb. 2.31 Visualisierung Materialien und Arbeitsinhalte

Die Nachbereitungsphase

In der letzten Phase des Cardboard Engineering erfolgt die Nachbereitung. Während die Arbeitstische aus Aluminiumprofilen erstellt werden, kann die Cardboard-Fläche wieder in ihren ursprünglichen Zustand zurück überführt werden. Das Cardboard-Material wie Kartons, Pappen und Profile wird wieder aufgefüllt und die Fläche gereinigt. Die Pappmodelle werden jedoch erst nach vollständigem Aufbau der Aluminiumprofile demontiert und wiederverwendet, um gegebenenfalls Abläufe genauer zu betrachten oder Maße zu überprüfen. Zur Verbesserung der Methoden wird in regelmäßigen Abständen ein Lessons Learned unter den Teilnehmern durchgeführt.

Zusammenfassend bietet die Cardboard Engineering Methode für Sennheiser die Möglichkeit, Betriebsmittel und Arbeitsabläufe gezielt und schnell zu entwickeln, wodurch Entwicklungszeit reduziert und Kosten gespart werden. Außerdem wirken Produktionsmitarbeiter aktiv an der Gestaltung ihrer Arbeitsplätze und -prozesse mit. Hierdurch identifizieren sie sich mehr mit der Aufgabe. Diese Möglichkeiten bieten Arbeitsplätze, die am Schreibtisch entwickelt wurden, nicht.

Abb. 2.32 Anhand des Cardboard-Modells können Abläufe simuliert werden

Abb. 2.33 Die fertige Linie

2.8 Visuelles Management

David Ebentreich, Rolf Judas

2.8.1 Grundlagen

Für die Analyse und Verbesserung eines Systems, ist es zunächst notwendig die Zusammenhänge zu verstehen. Je komplexer das System, desto schwieriger ist es, die Zusammenhänge zu verstehen und damit auch die richtigen Maßnahmen zu ergreifen, um das System zu verbessern. Ausgangspunkt für die Ableitung von Maßnahmen zur Verbesserung stellt mit hohem Maße das Verständnis für das System dar. Dieses Verständnis kann insbesondere durch Transparenz der Zusammenhänge im System gesteigert werden. Ist die Transparenz durch die Visualisierung hergestellt, können Entscheidungen bzgl. Verbesserungsmaßnahmen mit einer höheren Qualität getroffen werden (VDI-Richtlinie 2870-1 2012).

In der Produktion sind mit der Einführung von GPS Bestände abgebaut worden, um die Zusammenhänge der Arbeitsstationen zu erkennen und somit Transparenz zu schaffen, welche Arbeitsstationen Probleme im Wertstrom erzeugen. Durch diese Transparenz können Maßnahmen ergriffen werden, um den Wertstrom zu einer fließenden Produktion zu verbessern. Methoden und Werkzeuge des Visuellen Managements tragen speziell dazu bei, die Transparenz zu steigern und Abweichungen vom Soll-Zustand schnell erkennen zu können (Dombrowski et al. 2011a). Dabei können Prozesse, Ergebnisse und auch Leistungen visuell aufbereitet werden, sodass die Inhalte von Führungskräften und Mitarbeitern schneller erfasst werden.

Auf der einen Seite werden Kennzeichnungen und Markierungen genutzt, um z. B. in der Produktion Maximalbestände bzw. Sicherheitsbestände auszuweisen, Abstell- und Lagerflächen eindeutig zu markieren sowie auf Probleme hinzuweisen bspw. gesperrte Produkte durch Magnetschilder zu kennzeichnen. Auf der anderen Seite werden Leistungsparameter visualisiert. Mittels Andon Boards werden z. B. Soll-Produktionszahlen und Ist-Produktionszahlen ausgewiesen, um eine schnelle Bewertung der aktuellen Situation möglich zu machen. Über diese meist elektronischen Bildschirme können auch Arbeitsstationen mit Problemen direkt angezeigt werden, um die Probleme möglichst schnell zu lösen (Liker 2013).

Nach Spath lässt sich der Nutzen des visuellen Managements im Allgemeinen in vier Kategorien einteilen:

- Übersicht auf einen Blick: Durch Visualisierung kann zum einen die Prozessüberwachung und zum anderen die Identifikation auftretender Probleme unterstützt werden. Informationen sollten dazu simpel, übersichtlich und schnell vermittelt werden.
- Hilfe zur Selbsthilfe: Mit Hilfe von Visualisierungen können Expertenwissen und Informationen aus produktionsfremden Bereichen auf dem Shopfloor verfügbar gemacht

werden. Mit dem Ziel der Steigerung der Prozessfähigkeit soll die Transparenz aller internen Prozesse gesteigert werden und einen kundenorientierteren Informationsfluss ermöglichen. Des Weiteren sollen Visualisierungen die Eigenverantwortlichkeit, sowie die Identifikation der Mitarbeiter mit ihrem Arbeitsbereich fördern.

- Den besten Weg darstellen: Visualisierungen sollen als Teil der Arbeitsfunktion verstanden werden und kontinuierlich einen Anreiz zur Analyse und Verbesserung von Arbeitsabläufen darstellen. Dazu ist es notwendig, dass alle Mitarbeiter die notwendigen Informationen über Produktionsabläufe, geltende Standards, Ziele und Bedingungen zur Verfügung gestellt werden.
- Soll-Ist-Abweichungen sichtbar machen: Visualisierte Informationen und Regeln sollen Mitarbeiter durch ein direktes, zeitnahes, sowie prozess- und erfolgsbezogenes Feedback unterstützen. Somit kann durch Informationen, Kennzahlen und Steuerungsgrößen ein kontinuierlicher Abgleich des Ist- mit dem Sollzustand erfolgen (Spath 2003).

Der PEP beinhaltet im Vergleich zur Produktion viele nicht sichtbare Wissens- und Informationsflüsse (Morgan und Liker 2006), weswegen die Transparenz des Informationsflusses nur erschwert verbessert werden kann. Im Rahmen von Entwicklungsprojekten wird daher auf die Visualisierung von Projektfortschritten zurückgegriffen, die z. B. in Projekträumen sogenannten Obeya transparent aufbereitet werden. Im Obeya werden Soll-Ist-Abweichungen visualisiert und besprochen. Mit dieser Transparenz wird gleichzeitig der Nutzen Soll-Ist-Abweichungen sichtbar machen und Hilfe zur Selbsthilfe verfolgt (Liker 2013).

Werden mehrere Projekte gleichzeitig durchgeführt, unterstützt die Methode Projekt-Portfolio-Monitoring dabei den Überblick zu behalten, gemäß dem Nutzen Übersicht auf einen Blick. Neben der Visualisierung werden auch die Methoden 5S und Go-to-Gemba diesem Gestaltungsprinzip zugeordnet (Zahn 2013). 5S kann sowohl für Versuchsanlagen und Werkstätten genutzt werden, wie auch im Büro für die Arbeitsplätze oder auch IT-Systemstrukturen. Go-to-Gemba beabsichtigt die direkte Besichtigung des Problems, z. B. bei Prototypen oder auch durch Visualisierung von 3D-Entwicklungsmodellen u. a. zur Absicherung der Herstellbarkeit und Kollisionsbetrachtungen zwischen Bauteilen.

Für die Visualisierung der Wertströme (Informationsflüsse und Materialflüsse) innerhalb der Produktentstehung kann die Wertstrommethode von der ursprünglich in der Produktion angewandten Methode angepasst werden. Mit der Entwicklung eines Soll-Wertstroms wird der beste mögliche Weg beschrieben. Jede dieser Methode wird in der Folge kurz beschrieben.

2.8.2 Methoden der Visualisierung

Visualisierung von Projektinhalten/Obeya

Obeya ist japanisch und bedeutet „großer Raum“ oder „war room“. In der Produkt- und Prozessentwicklung kommen alle an der Planung beteiligten Personen in dem Obeya zusammen. Somit werden schnellste Kommunikation und kürzeste Entscheidungswege erreicht. Barrieren durch „Abteilungsdenken" können so verhindert werden. In gewisser Weise kann sogar von einer Erweiterung des Teamgeistes auf administrativer Ebene gesprochen werden. Das Konzept des Obeya entstand als eine neue Organisationsstruktur bei Toyota für Projekte während der Entwicklungsphase des Prius. Aus der Not heraus als Testingenieur nicht auf die Stelle des Chief Engineers des Projekts vorbereitet zu sein, stellte Takeshi Uchiyamada, ein interdisziplinäres Expertenteam zu seiner Unterstützung zusammen. Dieses Team traf sich zur Zusammenarbeit regelmäßig in dem Obeya, der die Projektschaltzentrale darstellte. Im Gegensatz zu dem vorherigen System, bei dem sich der Chief Engineer je nach Bedarf mit den entsprechenden Leuten zusammensetze, konnte der Entwicklungsprozess signifikant verkürzt werden (Liker 2013). Diese Verbesserung resultiert vor allem aus der Optimierung des Informationsmanagements sowie der unmittelbaren Entscheidungsfindung, durch die ständige Einbeziehung aller Experten. Seit dem Prius-Projekt hat sich der Obeya weiterentwickelt und ist als Best-Practice zu einer Standardmethode des Kommunikations- und Programmmanagements von Toyota geworden. Im Obeya können alle Experten des Entwicklungsteam gemeinsam Ideen formulieren und direkt Probleme ansprechen, wodurch der Input im Entscheidungsprozess erhöht wird und kurzzyklisch Entscheidungen getroffen werden können (Morgan und Liker 2006). Zusätzlich nutzt Toyota die Vorteile des Simultaneous Engineering in Verbindung mit dem Obeya, um den hohen Grad an Innovations- und Entwicklungsarbeit im gegebenen Zeitrahmen bewältigen zu können (Morgan und Liker 2006). Gestützt auf innovative Computertechnologie konnte Toyota den Entwicklungsprozess eines Automobils somit standardmäßig auf zwölf Monate verkürzen (Liker 2013).

Nach Morgan und Liker wird der Obeya durch die folgenden Eigenschaften charakterisiert:

- Die Ingenieure sind weiterhin in ihrem eigentlichen Arbeitsumfeld zugeordnet. Im Obeya treffen sich lediglich die Leiter jeder funktionalen Gruppe mit dem Chief Engineer zu den zeitintensiven Arbeitseinheiten zur Zusammenarbeit. Ihre eigentlichen Arbeitsplätze befinden sich allerdings weiterhin in den funktionalen Abteilungen.
- Visuelles Management führt zu einer effektiven Kommunikation. Die verfügbaren Flächen, wie Wände oder Stellwände im Obeya werden von den Ingenieuren zur Darstellung von Informationen genutzt, sodass sich jeder über den Projektstatus informieren kann. Dabei ist der jeweilige Leiter aus der Funktionsabteilung verantwortlich für die Aktualisierung der Informationen.
- Der Obeya entwickelt sich entlang des Entwicklungsprozesses bis hin zum start of production weiter. Daher wird der Raum gemäß dem Entwicklungsprozess verlegt und entwickelte sich zum „traveling obeya" im Fortschritt des Entwicklungsprozesses mit dem Produkt zusammen immer weiter hin zum Shopfloor (Morgan und Liker 2006)

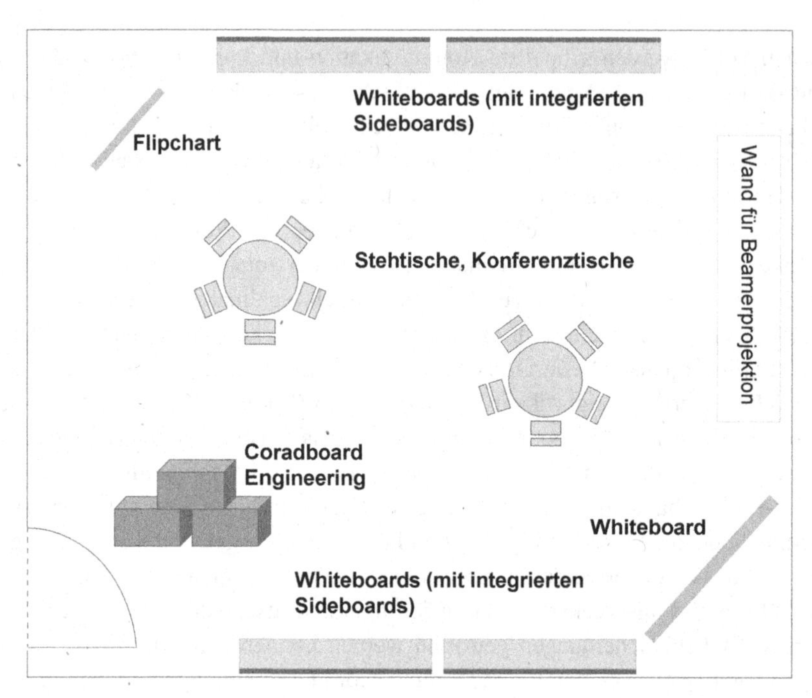

Abb. 2.34 Obeya

Der Obeya kann als Programm- und Kommunikationswerkzeug gesehen werden, das dazu dient, Informationen so zu visualisieren, dass sie auf einen Blick abgerufen werden können (vgl. Abb. 2.34). So können beispielsweise Arbeitstakte, Terminierungen, Projektinhalte zu jeder Zeit sowohl von Führungskräften, als auch von Mitarbeitern schnell und einfach überblickt werden. Dies fördert ebenfalls die gewünschten interdisziplinären Projektbesprechungen über verschiedenste Hierarchieebenen hinweg. Im Zeitablauf kann der Obeya des Weiteren den Umständen entsprechend angepasst werden. So dienen insbesondere in der Anfangsphase eines Projekts Whiteboards, Flipcharts und Skizzen als Hilfsmittel, während in der Folgephase beispielsweise ein Bereich für das Cardboard-Engineering und gegebenenfalls ein Bereich für Sitzplätze zur gemeinsamen Arbeit in einem Raum eingerichtet werden können. Die Einrichtung des Raumes sowie die Nutzungsdauer (stunden-, tage-, wochenweise) hängen sowohl von der Art und dem Umfangs eines Projekts als auch von dem Unternehmen selbst ab (Romberg 2010; Haug 2013; Ballé und Ballé 2005).

Visualisierung innerhalb der Funktionsbereiche

Durch eine Visualisierung innerhalb der Funktionsbereiche können z. B. Termine, Ziele, Kapazitäten und Projektstatus in einem Unternehmen verfolgt werden. Für ein umfassendes visuelles Management sollten neben den Projekten ebenfalls Informationen in den einzelnen Abteilungen/Bereichen visualisiert werden. Zur Besprechung der aktuellen Projekte in den jeweiligen Funktionsbereichen bietet sich das Shopfloor Management an, welches in Abschn. 2.4 näher beschrieben wird (Liker 2013; Dombrowski und Zahn 2011).

Go-to-Gemba

Go-to-Gemba ist eine Methode, bei der alle Mitarbeiter dazu angehalten sind an den Ort des Geschehens (Gemba) bzw. des Problems zu gehen und sich ein eigenes Bild von der Situation zu verschaffen. Diese Methode beruht auf dem Prinzip genchi genbutsu, das inhaltlich das gleiche meint und eins der Grundprinzipien von Toyota ist (Liker 2013). Durch die Informationsbeschaffung am Ort des Geschehens soll die Ursache des Problems vollständig verstanden werden, um dieses schnell und umfassend zu lösen (Brunner 2008; Liker 2013). Nur so können Verschwendung und wertschöpfende Tätigkeiten unmittelbar im Prozess beobachtet werden. Ein wesentlicher Bestandteil der Methode ist es den operativen Mitarbeiter, mit seinem Expertenwissen, bei der Problemlösung mit einzubeziehen (VDI 2870-2 2012).

Beispielhafte Anwendung von genchi genbutsu bei Toyota:

- Demontage von Konkurrenzprodukten:
  Durch die Demontage bestimmter Produkte von Mitbewerbern können diese bis auf ihre Einzelteile hin analysiert werden. Dabei erfolgt eine Bewertung hinsichtlich der Qualität, Leistungsfähigkeit und Produktionsaufwand. Anhand dessen kann eine beste Lösung für jedes Produkt und Einzelteil definiert werden. Die neu gewonnen Informationen fließen direkt in den Entwicklungsprozess ein. Hierzu werden den funktionellen Gruppen die Analyseberichte zur Verfügung gestellt.
- Verwendung von Prototypen:
  Das Miteinbeziehen von virtuellen und physikalischen Prototypen hilft dabei schon früh im Produktentstehungsprozess ein Verständnis für das Produkt zu bekommen und direkt am Produkt zu lernen. Notwendige Änderungen können in dieser Phase oft noch in kürzester Zeit umgesetzt werden.
- Tägliche Abschlussbesprechung:
  Ein weiteres Werkzeug zur Problemlösung stellt die tägliche Abschlussbesprechung, an der alle wichtigen Teammitglieder teilnehmen und aktuelle Probleme besprechen, dar. Dieses findet am Ort des Geschehens statt, damit sich jeder unmittelbar ein Bild von Qualitäts-, Kosten-, Produktivitäts- oder Ergonomie-Problemen machen kann. Der Fortschritt bei Problemen und Gegenmaßnahmen werden dabei kontinuierlich kontrolliert, um eine schnelle Entscheidungsfindung zu unterstützen (Morgan und Liker 2006).

5S

Die 5S Systematik kommt ursprünglich aus der Produktion und dient mit Hilfe der 5S (*S*ortieren, *S*etzen, *S*äubern, *S*tandardisieren und *S*elbstdisziplin) zur Verschwendungsvermeidung durch die Ordnung und Strukturierung des eigenen Arbeitsplatzes. Die klare Visualisierung aller Hilfsmittel und Arbeitsweisen resultiert in schnelleren und effizienteren Arbeitsprozessen, da beispielsweise Verschwendung in Form von Suchzeiten eliminiert wird. Gleichzeitig werden Probleme, die zu Ineffizienzen im Prozess führen, schneller

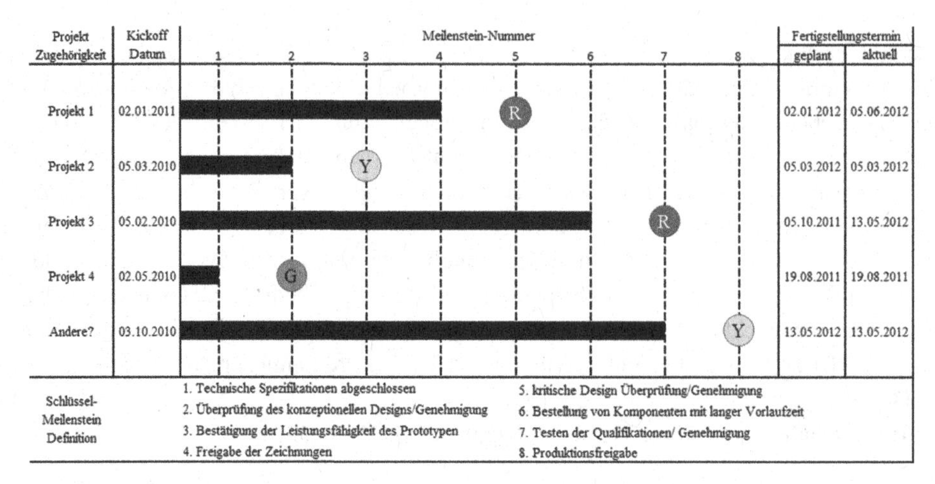

Abb. 2.35 Projekt Kadenz Board. (Mascitelli 2011)

sichtbar gemacht. Die Vorteile von 5S sind die Steigerung von Produktivität, Qualität und Arbeitssicherheit.

Darüber hinaus kann 5S einen Beitrag zum Wandel der Denkweise der Mitarbeiter leisten, indem diese fortwährend dazu angehalten werden ihren Arbeitsplatz sauber zu halten, Ordnung zu schaffen und nur mit dem absolut Notwendigsten zu arbeiten (Spath 2003). Übertragen auf die Produktentstehung stellt beispielsweise die IT, aufgrund ihrer Wichtigkeit über den gesamten Produktentstehungsprozess hinweg, einen möglichen Anwendungsbereich dar. Dabei kann 5S zur Strukturierung und Säuberung von IT- und EDV-Strukturen verwendet werden, um Verschwendungen wie z. B. Suchzeiten zu reduzieren (Liker 2013; Romberg 2010).

Projekt-Portfolio Monitoring

Mit Hilfe des Projekt-Portfolio-Monitoring können mehrere Projekt-Portfolios graphisch dargestellt werden. Ziel ist es, mehrere parallel zu bearbeitende Projekte im Hinblick auf verschiedene Kriterien oder Dimensionen aufzuzeigen. Ein sogenanntes Visual Board dient dabei der graphischen Darstellung. Um eine fortlaufende Aktualität zu gewährleisten, ist jeweils ein Mitarbeiter je Prozess für die Planung und Aktualisierung der Daten auf dem Portfolio verantwortlich. Die durch das Projektportfolio Mapping aufgezeigten Kapazitätsengpässe und Terminabweichungen dienen daraufhin als Informationsgrundlage für das Management zur weiteren Planung (Sehested und Sonnenberg 2011; Mascitelli 2011).

Ein Beispiel für ein Werkzeug im Projekt-Portfolio-Monitoring stellt das Projekt-Kadenz-Board in Abb. 2.35 dar. Dieses Werkzeug erlaubt es den Projektstatus mehrerer Projekte in einer Darstellung abzubilden und zu verfolgen. Der Fortschritt der Projekte wird dabei anhand von standardisierten Meilensteinen gemessen, deren geplantes und aktuelles Fertigstellungsdatum jeweils vermerkt ist. Weiterhin können Projekte durch farbige Punkte (rot, gelb, grün) priorisiert werden (Mascitelli 2011).

Wertstrommethode

Die Wertstrommethode wurde ebenfalls von Toyota entwickelt und beschreibt eine Analysemethode, mit der Produktionsprozesse verständlich und transparent sichtbar gemacht werden können. Sie dient der Identifikation von Verschwendungen und kann das Design eines zukünftigen Prozesses unterstützen (Rother und Shook 2004). Die Methode basiert auf der Erfassung der tatsächlichen Abläufe im Produktionsprozess und deren visueller Abbildung unter zu Hilfenahme einer einfachen Symbolik (Spath 2003).

Obwohl die Wertstrommethode im Umfeld der Produktion entwickelt wurde, kann sie mit einigen Anpassungen auch in der Produktentstehung angewandt werden. Die Anpassungen beziehen sich dabei auf die folgenden Punkte:

- Erhöhte Unsicherheit der Prozessresultate: Aufgrund des erhöhten Anteils an Unsicherheiten bezogen auf die Prozessergebnisse erfordert der Wertstrom in der Produktentstehung kurze Rückkopplungsschleifen. Die Rückkopplungsschleifen sind notwendig, um kurzfristig abzusichern, ob die Ergebnisse des Prozesses mit dem Kundenwunsch übereinstimmen. Im Zweifel können durch die kurzzyklischen Abstimmungen Änderungen vorgenommen werden, um näher am Kundenwunsch zu entwickeln. Diese werden durch die Einführung der Scrum Methode unterstützt. In Kombination mit einem Obeya werden die kurzzyklischen Abstimmungen genutzt, um die Unsicherheit bzgl. der Prozessresultate möglichst gering zu halten.
- Große Qualifikationsunterschiede der Beteiligten: Durch die hohe Variabilität der Qualifikationen der Mitarbeiter ist es notwendig, die Aufgabenverteilung entsprechend ihrer Qualifikation und Expertenwissen zu organisieren. So sollten hoch qualifizierte Mitarbeiter z. B. von Dokumentationsaufwand entlastet werden. So kann Überforderung und Unterforderung vermieden werden.
- Lange Prozesszeiten: Im Vergleich zur Produktion sind die Prozesszeiten in der Produktentwicklung relativ lang (Morgan und Liker 2006), wodurch eine Beobachtung der täglichen Aktivität schwierig ist. Aus diesem Grund ist zunächst eine übergeordnete und daraufhin eine detaillierte Wertstromanalyse anzufertigen. Während die übergeordnete Wertstromanalyse den gesamten Produktentstehungsprozess betrachtet und den Fokus auf die Schnittstellen legt, werden in der detaillierteren die Hauptaufgaben des Prozesses genauer betrachtet. Zur tieferen Analyse sollte letztendlich die detaillierte Wertstromanalyse in die übergeordnete integriert werden, um alle Interaktionen im Prozess darzustellen.
- Projektbasierte Organisationsstruktur: Aufgrund der Organisation in Projekten im Bereich der Produktentstehung sind Meilensteine und Fristen zur Messung des Projektfortschrittes essentiell. Diese können, wie in Abb. 2.36 dargestellt, in die Wertstromanalyse integriert werden. Pfeile in die entgegengesetzte Richtung visualisieren Iterationen im PEP.
- Erschwerte Sichtbarkeit des Wertstroms: Aufgrund der langen Prozesszeiten im PEP ist es zur Informationsgewinnung notwendig Interviews mit den Mitarbeitern zu führen, anstatt diese durch das Abgehen der Produktion zu erlangen. Zusätzlich kann die zeitweise Beobachtung dabei helfen die gewonnen Informationen zu überprüfen und zu ergänzen (Dombrowski et al. 2014).

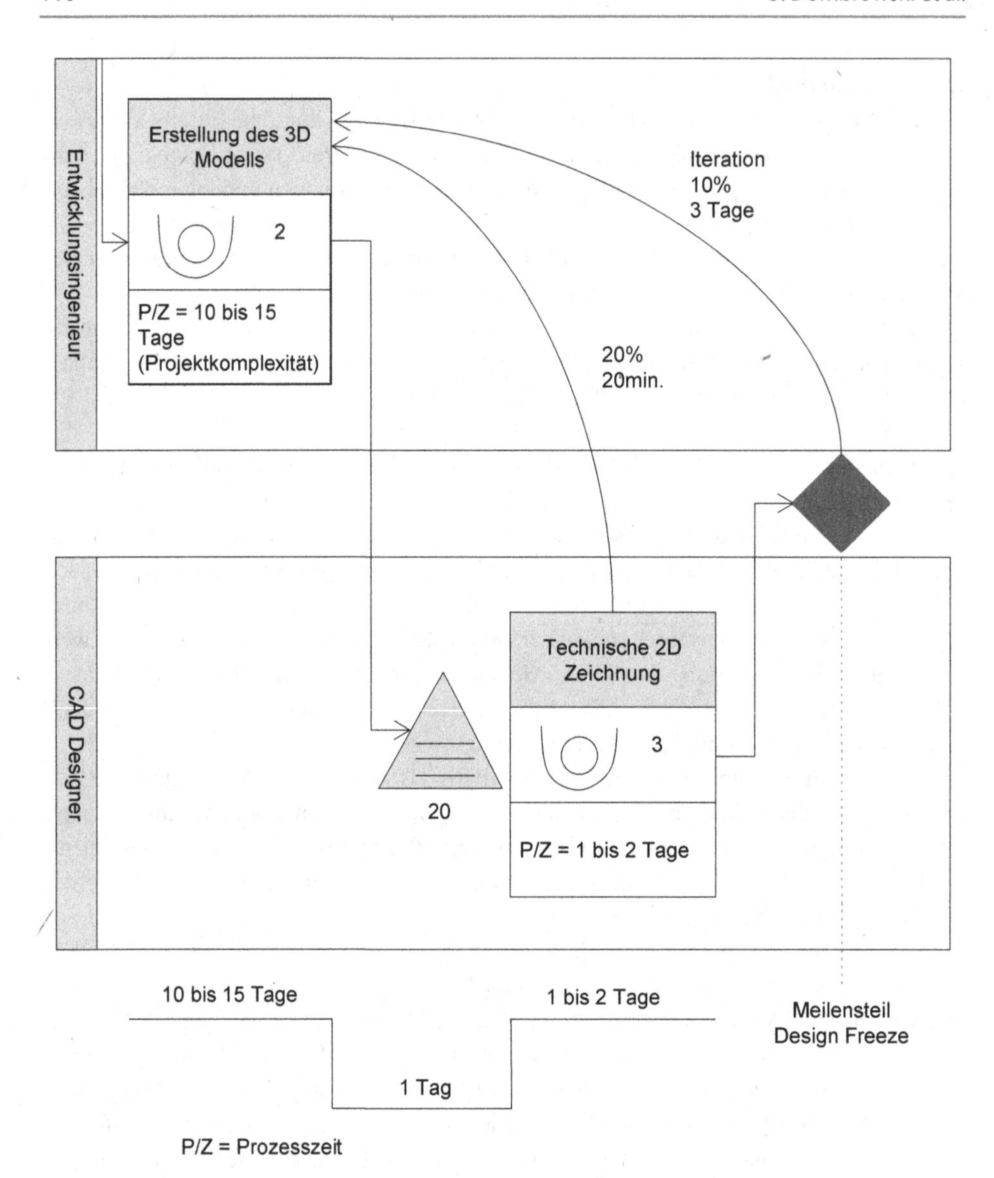

Abb. 2.36 Ausschnitt aus einer Wertstrommethode im Produktentstehungsprozess. (Dombrowski et al. 2014)

2.8.3 Praxisbeispiel Obeya

Mit einer Jahresproduktion von 45.113 Fahrzeugen und etwa 5100 Mitarbeitern ist die Schmitz Cargobull AG Europas führender Hersteller von Sattelaufliegern und Anhängern. Im Geschäftsjahr 2013/2014 stieg der Umsatz um 7,5 % auf 1,625 Mrd. €.

Als Vorreiter der Branche entwickelte das Unternehmen aus dem Münsterland frühzeitig eine umfassende Markenstrategie und setzte konsequent Qualitätsstandards auf allen Ebenen: von der Forschung und Entwicklung über die Produktion und bis hin zu den Ser-

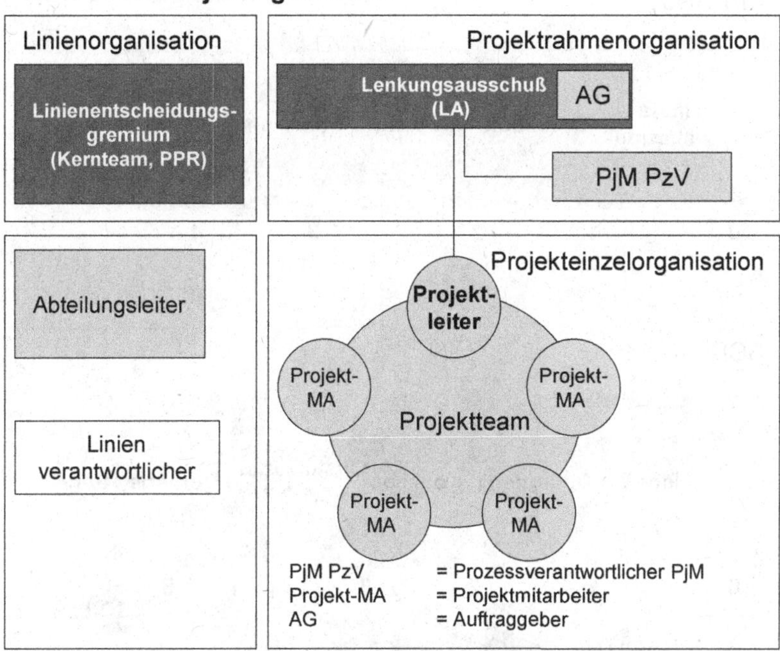

Abb. 2.37 Rollen in der Projektorganisation der Schmitz Cargobull AG

vice-Angeboten wie Trailer-Telematik, Finanzierung, Gebrauchtfahrzeughandel, Ersatzteile und Full-Service ein. In der Forschung und Entwicklung werden zur Erreichung der Qualitäts-, Kosten- und Zeitziele Methoden des LD eingesetzt. Insbesondere die Obeya Methode hat sich seit dem Jahr 2011 bewährt. Daher wird in der Folge die Anwendung der Obeya Methode bei Schmitz Cargobull AG beschrieben.

Projektstruktur

Ausgehend von einem internationaler werdenden Unternehmensumfeld klassifiziert die Schmitz Cargobull AG Entwicklungsprojekte nach Komplexität und Risiko von A bis C. Für die anspruchsvollen Projekte der Klassen A (und B) werden funktionsübergreifende Teams gebildet.

Typisch ist, dass die Teammitglieder nicht vollständig von ihrem Tagesgeschäft freigestellt werden. In einer Matrixorganisation teilen sich Linienleiter (Funktion) und Projekt die Mitarbeiter und müssen damit immer wieder um diese konkurrieren.

Jedes Projekt ist einem Lenkungsausschuss zugeordnet und ist diesem berichtspflichtig. Gleichzeitig hat das Projekt auch das Recht zur Eskalation, z. B. um kritische Entscheidungen vom Lenkungsausschuss treffen zu lassen. Die Berichtspflicht ergibt sich aus dem Phasenmodell der Entwicklung und speziell aus den zu den Gates erforderlichen Freigaben durch den Lenkungsausschuss.

Wie in Abb. 2.37 gezeigt, steht die Projektorganisation (Team) sehr selbstständig neben der Linienorganisation. Damit müssen die Projektmitglieder den Widerspruch zwischen

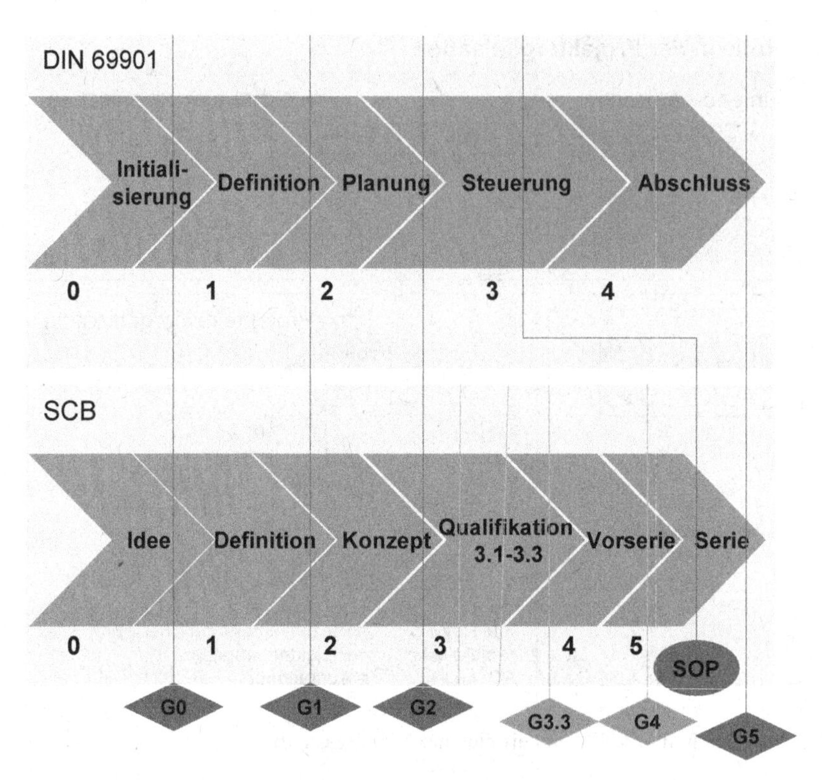

Abb. 2.38 Phasenmodell der Schmitz Cargobull AG in Anlehnung an DIN 69901

Fachverantwortung und den Projektzielen ständig auflösen. Der große Vorteil dieser Organisationform ist jedoch die Fachzugehörigkeit in der Linienorganisation, wodurch Fachwissen innerhalb der Abteilung ausgetauscht wird und damit ein kontinuierlicher Austausch und damit Lernprozess gegeben ist. Diese Organisation fördert starke Projektteams, bei denen Projektleiter auf Augenhöhe mit Abteilungsleitern handeln können. Für Projekte der Klasse A setzt Schmitz Cargobull vorwiegend freigestellte Projektleiter ein.

Für den Entwicklungsprozess wird nach dem Phasenmodell, welches in Abb. 2.38 gezeigt ist, vorgegangen. Wie in der Abbildung zu sehen, ist das Modell an die DIN 69901 angelehnt und in den für Schmitz Cargobull wichtigen Bereichen detailliert worden.

In der Entwicklung werden die Phasen von der Idee für ein neues Produkt über die Definition, ein Konzept, die Qualifikation sowie die Vorserie bis hin zum Start of Production (SOP) durchlaufen. Die Phasen werden jeweils mit einem quality gate abgeschlossen, in denen die Ergebnisse verabschiedet werden. Dieses Phasenmodell stellt den formalen Rahmen für Entwicklungsprojekte dar. Das Projektteam kann entlang der Gates geplant und bei Eskalationsvorgängen auch unmittelbar, den Lenkungsausschuss anrufen. Im Falle der Gatefreigabe kann der Projektleiter die Verantwortung an den Auftraggeber zurückgegeben oder im Eskalationsfall Unterstützung und Entscheidungen fordern. Die Mindestinhalte, die je Gate („G“) vorzulegen sind, um die Freigabe zu erhalten, sind konzernweit festgeschrieben. Für die Überprüfung der erreichten Ergebnisse und das gemeinsame Arbeiten in den Projektteams sind Obeya eingerichtet worden.

Obeya

Die Schmitz Cargobull AG setzt das Obeya-Prinzip ein, um den Projektteams eine gemeinsame „Heimat" zu geben. In diesem Raum sind die Mitarbeiter vom Tagesgeschäft getrennt. Sie finden den aktuellen Arbeitsstand des Teams vor und können Arbeitsstände jederzeit verlassen, ohne dass diese verloren gehen.

In einem Obeya werden gleichzeitig auch Aspekte der Scrum Methode zu der Meeting Organisation verwendet. Ein 15-minütiges Obeya Meeting findet täglich mit dem Projektteam statt. Der Projektleiter moderiert das Meeting und fragt jedes Projektmitglied, welche Arbeitsfortschritte am vorhergehenden Tag vollzogen werden konnten und welche sich heute vorgenommen wurden. Zusätzlich wird die Frage beantwortet, ob es Hindernisse bei der Bearbeitung der Aufgaben gibt.

Jedes Projektmitglied beantwortet somit die folgenden drei Fragen:
„Was habe ich gestern gemacht?",
„Was werde ich heute machen?" und
„Was sind meine Hindernisse?".

Dabei ist wichtig, dass die geplanten Aktivitäten idealerweise nur einen Tag dauern und somit am nächsten Projektmeeting bereits erreicht worden sind. Mit der Besprechung der Aktivitäten wird die Kommunikation und Transparenz im Team gestärkt. Insbesondere bei Hindernissen werden diese schnell aufgedeckt und Maßnahmen zur Beseitigung der Hindernisse können ergriffen werden.

Layout

Obeyas sind bei Schmitz Cargobull in der Regel in verschiedene Zonen aufgeteilt. Wie in Abb. 2.39 zu sehen sind:

- Arbeitsbereich mit Einzelarbeitsplätzen,
- Besprechungsbereich mit einem Besprechungstisch,
- und ein Jour Fix-Bereich mit einem Stehtisch.

Wichtiges Element im Obeya ist die Visualisierung des aktuellen Standes, der nächsten Schritte und der aktuell zu lösenden Problemstellungen. Hierzu werden neben den Stellwänden auch die Wände und Fenster des Obeya genutzt. Werkzeuge die im Obeya unterstützen sind z. B.:

- Terminplan (vgl. Abb. 2.40)
- Organisation (Abwesenheit, nächste Meilensteine, …)
- Maßnahmenplan (vgl. Abb. 2.41)
- Zielstatus (Termin, Kosten,..)
- Aktuelle Probleme (Zeichnungen, Skizzen, Modelle, …)

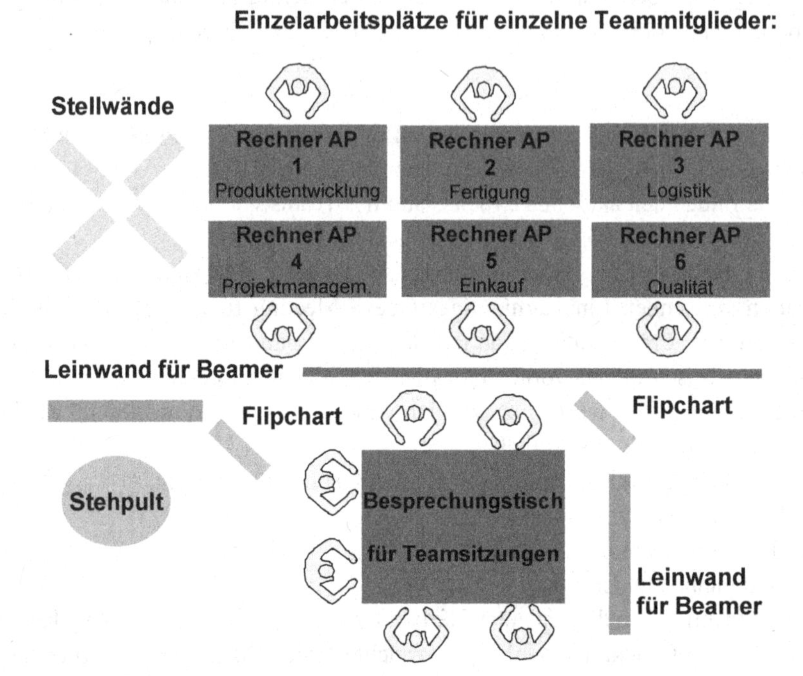

Abb. 2.39 Beispiel Layout eines Obeya

Phase	Tätigkeiten	Verantwortlich	Name	Offen / In Arbeit / Erledigt
Phase 0	Start			
	Eintrag in die PUS-2 und in die Actionlist-Kernteam	MV/PL		
	Projektauftrag unterschreiben	MV/PL		
	Gate 0: Projektauftrag erteilen	KT		
Phase 1	Projektstatusblatt erstellen	MV/PL		
	Maßnahmenplan anlegen	MV/PL		
	Lastenheft erarbeiten	MV/PL		
	Terminplanung	MV/PL		
	Lastenheft unterschreiben	MV/PL		
	Gate 1: Lastenheft verabschieden	KT		
Phase 2	Prüfung auf relevante Patente und Schutzrechte	F&E		
	Qualitätsanforderungen definieren	QW		
	Risikoanalyse für Entwürfe durchführen	MV/PL		
	Entscheidungsmatrix erstellen	F&E		
	Homologation einbinden	MV/PL		
	Pflichtenheft erarbeiten	MV/PL		
	Lieferantenlastenheft	F&E		

Abb. 2.40 Beispiel Terminplan

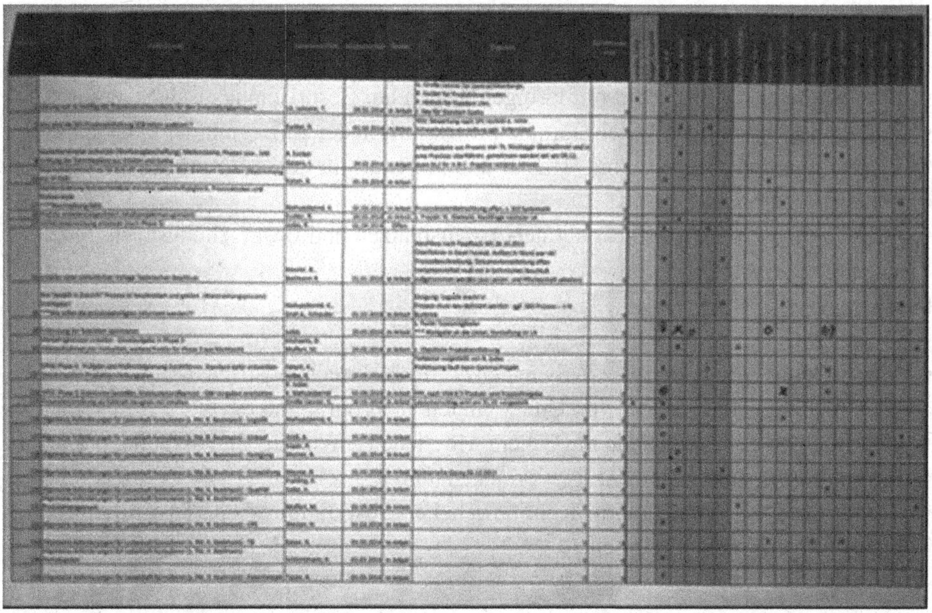

Abb. 2.41 Beispiel eines Maßnahmenplans

In der täglichen Arbeit werden die Dokumente handschriftlich angepasst, dadurch gehen keine, auch spontan vorgetragene Informationen verloren. Diese werden dann in der nächsten Aktualisierungsrunde in der entsprechenden Software nachgepflegt und wieder großformatig ausgedruckt.

Ablauf:
In einem allmorgendlichen Jour fix Meeting wird mit sämtlichen Projektmitgliedern 15–30 min die Tageseinzel-und Gruppenzielen abgestimmt.

Arbeit an den Einzelzielen können an den Rechner-Arbeitsplätzen, im Versuch, im Prototypbau oder bei Lieferanten durchgeführt werden. Für kurze Abstimmungen ist eine kleine Besprechungsecke eingerichtet worden, um unbeteiligte Kollegen nicht zu stören.

Große Besprechungen, Workshops
Neben den kurzen Abstimmungsterminen können sich noch größere Runden, z. B. für eine FMEA oder A3-Workshop ergeben. Soweit ein Großteil des Teams eingebunden ist, wird der Obeya entsprechend umgeräumt (z. B. Tische an die Wand, …). Für die gemeinsame Arbeit sammelt man sich dann in der Raummitte, bei Bedarf stehen die aktuellen Arbeitsergebnisse an der Peripherie zur Verfügung. Um den Obeya wirkungsvoll betreiben zu können, muss der Raum ständig in einem „arbeitsfähigen" Zustand gehalten werden, dies erfordert die Disziplin des Teams. Dazu einige Do und Don't:

Do

- Bereitstellung von Flipchart mit farbigen Stiften am Besprechungstisch/Stehpult
- Festlegung eindeutiger Regeln für alle Projektmitglieder zu Beginn der Obeyaphase
- Einrichtung einer Stehecke mit Beamer und Flipchart für kurze Gespräche mit wenigen Teilnehmern
- Halb-Trennwand zwischen Computer-Arbeitsplätzen und Besprechungstisch

Don't

- Vermischung von Computer-Arbeitsplatz mit Besprechungstisch (Rückzugsbereich nicht mehr gegeben; Stören von Unbeteiligten vorprogrammiert)
- Überfrachten der Stellwände mit „allem Möglichen". Wichtig sind aktuelle, prägnante Informationen zum gegenwärtigen Projektstatus
- Teamgrößen >6 Teilnehmern. Kontinuierlicher Abstimmungsbedarf ist relativ höher als effektive Projektarbeitszeit.

2.9 Frontloading

Carsten Hass, Rudolf Herden, Kai Schmidtchen, Sven Schumacher

2.9.1 Grundlagen

Das Frontloading gilt als eines der zentralen Gestaltungsprinzipien des LD. Durch die vorausschauende und umfangreiche Planung in einem sehr frühen Stadium zielt Frontloading auf die Vermeidung von Verschwendung. Insbesondere werden Fehler und Nacharbeit bzw. Änderungen durch das Frontloading vermieden. Dabei werden nicht ausschließlich die Prozesse in der Produktentstehung beeinflusst, sondern vielmehr der gesamte Produktlebenszyklus. Durch die Einbindung der nachgelagerten Prozesse werden frühzeitig die spezifischen Anforderungen der verschiedenen Interessensparteien (z. B. Fertigung oder Service) berücksichtigt und somit die Verschwendung in diesen Phasen vermieden. Durch das Frontloading werden die Voraussetzungen für einen robusten und störungsfreien Prozess geschaffen. Diese Störungsfreiheit bildet zugleich eine wesentliche Voraussetzung für die Umsetzung des Gestaltungsprinzips Fließ und Pull (Morgan und Liker 2006). Das Gestaltungsprinzip ist im LD neu entstanden und findet sich nicht im Ganzheitlichen Produktionssystem wieder.

Der Kerngedanke des Frontloadings beruht auf der Tatsache, dass in den frühen Phasen der Produktentstehung nahezu die gesamte Kostenfestlegung erfolgt. Neben der Festlegung der Kosten des Produktes werden auch die Kosten der späteren Phasen bestimmt. Zur Verdeutlichung des Gedankens vom Frontloading, zeigt Abb. 2.42 eine Übersicht über die Anzahl technischer Änderungen in der Produktentstehung.

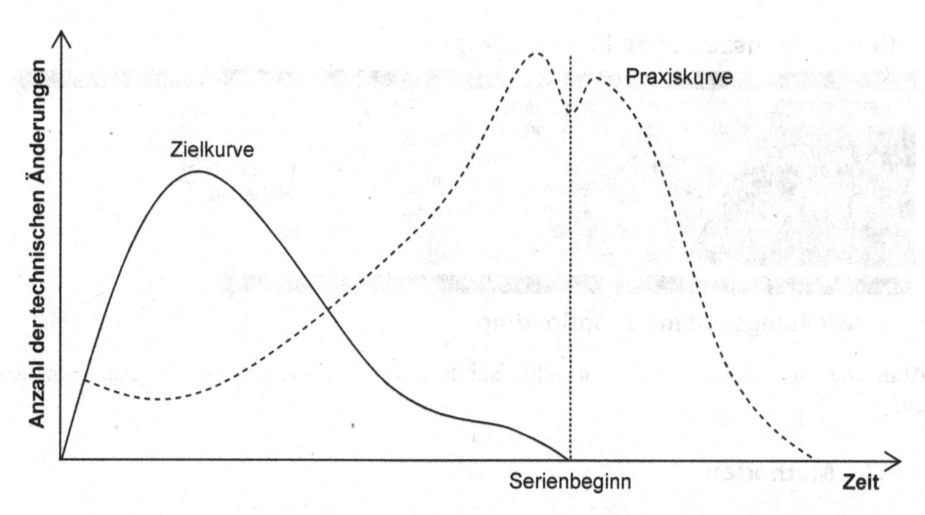

Abb. 2.42 Technische Änderungen während der Produktentstehung. (VDA 4 2008)

Deutlich zu erkennen ist der Unterschied zwischen der Zielkurve und dem häufig in der Praxis anzutreffenden Kurvenverlauf (Praxiskurve). Idealerweise werden Verbesserungen in den frühen Phasen der Produktentstehung identifiziert und Änderungen frühzeitig eingebracht. Dieser Zusammenhang kann auch mit der Zehnerregel der Fehlerkosten (engl. rule of ten) begründet werden. Sie beschreibt, dass je später ein Fehler bezogen auf seinen Entstehungszeitpunkt entdeckt und anschließend behoben wird, er eine immer höhere kostenverursachende Wirkung besitzt und die Kosten zur Beseitigung eines Fehlers um den Faktor 10 zunehmen (Ehrlenspiel et al. 2014). Daher ist das Ziel, bereits zum Serienbeginn sukzessive alle Änderungen umzusetzen. In der Praxis sieht dies jedoch oftmals anders aus, so werden Änderungsaufträge nur sehr spät erkannt und umgesetzt. Oft werden Änderungen erst kurz vor Serienbeginn erkannt, weshalb dort die höchste Anzahl an Änderungen vorzufinden ist. Kurz nach Serienanlauf ist ein weiterer Anstieg der Änderungen vorzufinden, da sich theoretische Konzepte als nicht praxistauglich erweisen. Infolge der zumeist unzureichenden Spezifikationen zu Beginn des Projektes, werden erforderliche Änderungen erst spät erkannt (VDA 4 2008). Diesem Dilemma begegnet das Frontloading indem zu Beginn des Projektes eine drastische Wissenserhöhung erfolgt. Durch schnelles Lernen in interdisziplinären Teams und das Teilen von Wissen sollen bereits in den frühen Phasen der Produktentstehung möglichst ausgereifte Produkte entstehen. Hierzu ist ein höherer Kapazitätsaufwand in der Planung bzw. Konzeptentwicklung erforderlich, wodurch der Aufwand in den nachgelagerten Phasen infolge von Änderungen reduziert werden kann. Abbildung 2.43 verdeutlicht, den in der Planung und Konzeptentwicklung geringeren Aufwand, aus dem in den sich anschließenden Phasen geringere Aufwendungen in Design, Neugestaltung, Nacharbeit und Produktionsvorbereitung führen (Sehested und Sonnenberg 2011).

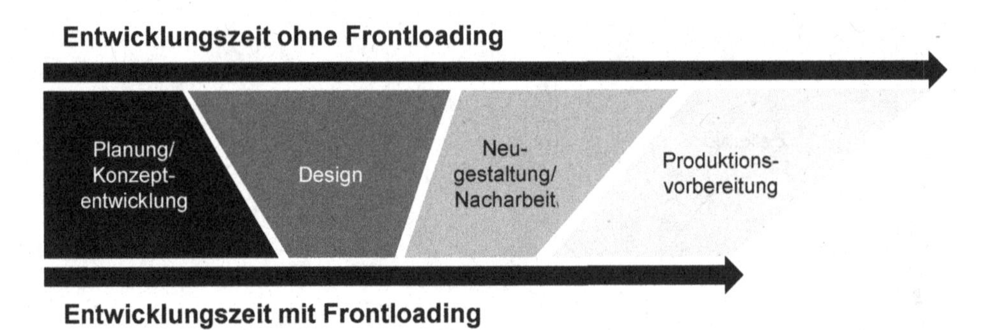

Abb. 2.43 Auswirkungen von Frontloading auf die Entwicklungszeit. (Sonnenberg und Sehested 2011)

2.9.2 Methoden

Dem Gestaltungsprinzip Frontloading sind die Methoden Set-Based Engineering, Sortimentsoptimierung, Target Costing, Lebenszyklusplanungen, Kentou sowie Quality Function Deployment (QFD) zugeordnet. Im Folgenden werden die einzelnen Methoden des Frontloading vorgestellt.

Set-Based Engineering
Erste Ansätze des Set-Based Engineering lassen sich bereits auf die Entwicklung motorgetriebener Flugzeuge von Samuel Langley und den Gebrüdern Wright aus dem Jahre 1903 zurückführen. Langley konstruierte zunächst einen vollständigen Prototyp und testete diesen, um so aus den gewonnenen Erkenntnissen eine neue, verbesserte Konstruktion zu entwickeln. Die Brüder Wright folgten dagegen einem anderen Ansatz. Sie konstruierten nicht wie Langley einen gesamten Prototypen, sondern entwickelten einzelne Sets für die verschiedenen Komponenten, welche sie anschließend testeten, um so die beste aus mehreren Lösungen für jedes Set zu finden. Dadurch waren sie in der Lage in kürzerer Zeit und zu geringeren Kosten einen Prototypen zu fertigen, der dem von Samuel Langley auch technisch überlegen war (Kennedy 2013).

Die Vorgehensweise der Gebrüder Wright entspricht dem heutigen Verständnis vom Set-Based Engineering. Dabei beschreibt das Set-Based Engineering den Umgang mit Entscheidungen innerhalb der Produktentstehung und steuert die Anzahl weiterzuverfolgender Lösungen (Al-Ashaab et al. 2009). Ziel ist es, einzelne Lösungsalternativen im Rahmen einer optimierten Lösungsraumsteuerung so lange wie möglich parallel weiterzuentwickeln, bis anhand objektiver Daten einzelne Lösungsalternativen ausgeschlossen werden können (Schuh et al. 2007).

In der Praxis wählen Unternehmen jedoch oftmals den Ansatz von Samuel Langley, das sog. Point-Based Engineering. Bei dem sehr früh im Produktentstehungsprozess eine Lösungsalternative ausgewählt wird, ohne jedoch auf belastbare Daten zurückgreifen zu können (Schuh et al. 2007). Diese Philosophie verfolgt das Ziel, nur wenige Lösungsalternativen im weiteren Entwicklungsverlauf zu konkretisieren. Dadurch sollen der Entwick-

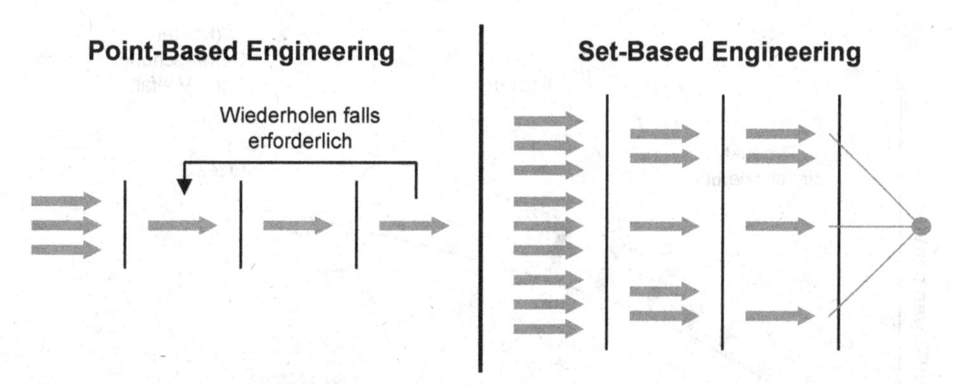

Abb. 2.44 Vergleich zwischen Point-Based Engineering und Set-Based Engineering. (Kennedy 2003)

lungsaufwand sowie die Entwicklungskosten gering gehalten werden. Dies führt häufig zu Änderungen an der ausgewählten Lösung in den späten Phasen des Produktentstehungsprozesses, da die Produktion nicht wie geplant durchführbar ist oder die Lösung die erforderlichen Spezifikationen nicht erfüllt (vgl. Abb. 2.44). Die fehlenden Alternativlösungen sowie die Tatsache, dass Änderungen in den späten Phasen der Produktentstehung deutlich höhere Kosten verursachen („10er-Regel"), führen zu einem erhöhten Kostenverlauf, der die vorherige Planung erheblich übersteigt (Ehrlenspiel et al. 2014).

Beim Set-Based Engineering hingegen wird in den frühen Phasen des Produktentstehungsprozess der erzeugte Lösungsraum möglichst lange offen gehalten. Lösungsalternativen werden nur dann ausgeschlossen, wenn objektive Daten zeigen, dass eine Lösung die geforderten Spezifikationen nicht erfüllt. Diese Daten werden durch Tests und von Kunden sowie durch den Input anderer Abteilungen erlangt. Während der Annäherung an das finale Konzept bleiben alle beteiligten Abteilungen zusammen, um eine ständige Kommunikation zu gewährleisten (Lenders 2009). Jedoch ist diese Entwicklungsphilosophie durch einen erheblichen Mehraufwand in den frühen Phasen des Produktentstehungsprozess gekennzeichnet. Der Aufwand nimmt im Vergleich zum „Point-Based Engineering" in den nachfolgenden Phasen des Produktentstehungsprozess kontinuierlich ab. Auf Grund der späteren, objektiven Entscheidung für bzw. gegen eine Lösungsalternative sind Änderungen am Produktentwurf nur noch in Ausnahmefällen nötig. Ein späterer Anstieg der Kosten sowie der Entwicklungsdauer kann somit vermieden werden. Insbesondere bei der Entwicklung neuartiger Produkte bietet sich die Anwendung des Set-Based Engineering an (Sobek II et al. 1999; Romberg 2010).

Sortimentsoptimierung

Insbesondere die in der Produktentstehung generierte Variantenvielfalt verursacht in den nachgelagerten Phasen erhebliche Verschwendung. Um dieser Verschwendung zu begegnen, strebt die Sortimentsoptimierung eine systematische Komplexitätsvermeidung an.

Sortimentsoptimierung stellt eine Methode dar, mit der sowohl die zukünftig produzierte Produktvielfalt eingedämmt als auch die dafür genutzten Prozesse optimiert werden

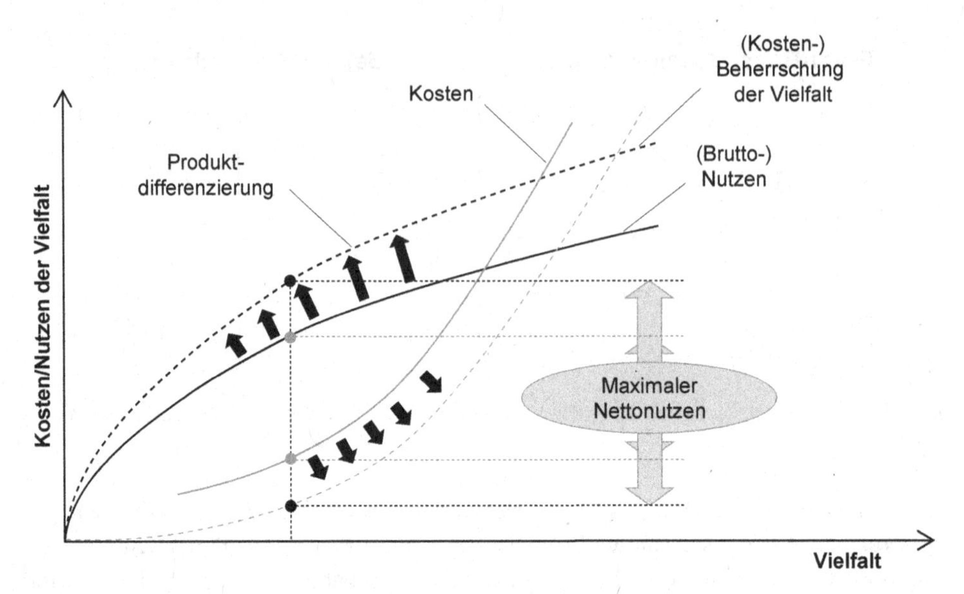

Abb. 2.45 Optimierung des Nettonutzens der Vielfalt als Hauptziel der Sortimentsoptimierung. (Schuh 2013)

(Zahn 2013). In vielen Unternehmen herrscht eine große Vielfalt an unterschiedlichen Produkten und Ausführungen vor, um die Wünsche möglichst vieler Kunden individuell bedienen zu können. Dies kann aufgrund von fehlender Übersichtlichkeit über Kosten und Kundennutzen zu Verschwendung führen. Zusätzlich ist in vielen Unternehmen zu beobachten, dass exotische und damit sehr teure Produktausführungen durch Standardvarianten des Produktes querfinanziert werden. Hierdurch wird der Preis des Standardproduktes unnötig in die Höhe getrieben, wodurch in vielen Fällen die Wettbewerbsfähigkeit deutlich reduziert wird (Schuh 2013).

Aufgrund immer neuer Kundenwünsche ist zu erwarten, dass regelmäßig zusätzliche Produktvarianten in das Produktportfolio eines Unternehmens aufgenommen werden. Um die Komplexität und die damit verbundenen Kosten im Rahmen und das Unternehmen wettbewerbsfähig zu halten, ist es daher ratsam, die angebotenen Produktvarianten regelmäßig auf ihre Wirtschaftlichkeit zu überprüfen. Mit Hilfe einer genauen Analyse aller (Komplexitäts-)Kosten und dem daraus resultierenden Kundennutzen kann mit verhältnismäßig geringem Aufwand entschieden werden, welche Produkte weiterhin produziert werden sollen. Damit kann Verschwendung in vielen Fällen eliminiert werden (Schuh 2013).

Abbildung 2.45 stellt die Kosten für eine Beherrschung der Vielfalt und den Nutzen gegenüber. Dabei wird deutlich, dass ein Optimum zwischen Variantenvielfalt und Nutzen existiert (maximaler Nettonutzen). Generell können mit der Erstellung von verschiedenen Varianten mehr Umsätze erwirtschaftet werden. Ab einer gewissen Anzahl an Varianten führt der Variantenreichtum zu einer starken Abnahme des Nutzens. Darüber hinaus kann eine zu hohe Variantenvielfallt zu einer Reduzierung des Kundennutzens führen. Dies geschieht, wenn aus der hohen Variantenanzahl zu hohe Erwartungen der Kunden resultieren, die nicht erfüllt werden können (Schuh 2013).

Ein Beispiel stellen die Lieferantenklausuren bei Volkswagen dar. Im Zuge dieser werden zunächst die technischen Anforderungen der untersuchten Bauteile analysiert und auf den tatsächlichen Kundennutzen hin überprüft. Gegebenenfalls werden diese Anforderungen dann modifiziert. Zusätzlich werden einzelne Bauteile mit denen von Fremdherstellern verglichen, um Optimierungspotenziale aufzudecken. Schlussendlich werden auch die Logistikprozesse der Fertigung betrachtet, um auch hier die Kosten für vorgelagerte Prozesse zu reduzieren. Alle Maßnahmen der Sortimentsoptimierung verfolgten eine Reduzierung der Herstellungskosten und der Erhöhung des tatsächlichen Kundennutzens (Faust 2009).

Target Costing

Nahezu 80 % der Selbstkosten, die im Produktlebenszyklus entstehen, werden in der Entwicklung festgelegt und beeinflusst. Dies macht sich das Target Costing (jap. Genka kikaku) zunutze, indem das Konzept bereits in frühen Phasen der Produktentwicklung den Mehrwert und die damit verbundenen Kosten einzelner Produktfunktionen hinterfragt. Das Konzept entstand in den 70er Jahren beim japanischen Automobilhersteller Toyota und wird seit Anfang der 90er auch bei westlichen Unternehmen angewendet. Eine Rezession in der Automobilindustrie führte damals zu einem Umdenken in den Bereichen Fertigung und Entwicklung. Japanische Unternehmen gelang es, Leistungsdefizite abzubauen und neue Qualitätsstandards zu einem akzeptablen Preis zu vermarkten (Schulte-Henke 2008; Ehrlenspiel et al. 2014; Ballé und Ballé 2005; Romberg 2010; Schuh 2013).

Der Grundgedanke vom Target Costing bezieht sich auf die Beeinflussung der Selbstkosten in der Entwicklungsphase durch die Vorgabe von Zielkosten. Damit richtet sich das Target Costing an der Frage aus, was ein Produkt kosten *darf* – anstatt nur die Selbstkosten eines Produktes zu betrachten. Ziel ist die Entwicklung eines Produktes, das sich an den Kundenwünschen – genauer an den Preisvorstellungen der Kunden – orientiert. Bei der Zielkostendefinition sind neben der Orientierung an Kundenwünschen verschiedene Ansätze möglich. So können neben den Kundenwünschen unternehmensinterne Betrachtungen wie auch Mitbewerber herangezogen werden (Schulte-Henke 2008).

In Abb. 2.46 sind die einzelnen Schritte vom Target Costing exemplarisch dargestellt. Durch die Ausgangsfrage, was ein Produkt kosten darf, ergibt sich der wettbewerbsfähige Preis (engl. Target Price). Ausgehend vom Target Price wird im nächsten Schritt der vorab festgelegte Gewinn (engl. Target Profit) abgezogen. Aus dieser Berechnung ergeben sich die maximal erlaubten Produktkosten (engl. Allowable Costs). Neben den erlaubten Kosten ergeben sich für Unternehmen auch die prognostizierten Standardkosten (engl. Drifiting Costs), die aus einer herkömmlichen Kalkulation (Zuschlagskalkulation) ermittelt werden. Im genannten Beispiel ergeben sich höhere prognostizierte Standardkosten, als die maximal erlaubten Produktkosten. Die sich ergebende Lücke, auch Target Gap genannt, spannt den Handlungsrahmen auf und legt damit die zu erzielenden Kosteneinsparungen fest. Der Gesamtpreis des Produktes ist teurer, als auf Basis des Allowable Costs kaluliert wurde. Für Unternehmen ergibt sich dadurch die Aufgabe, mithilfe von Kostenzwischenziele (Target Costs) die Lücke schrittweise zu schließen. Ziel ist es, die prognos-

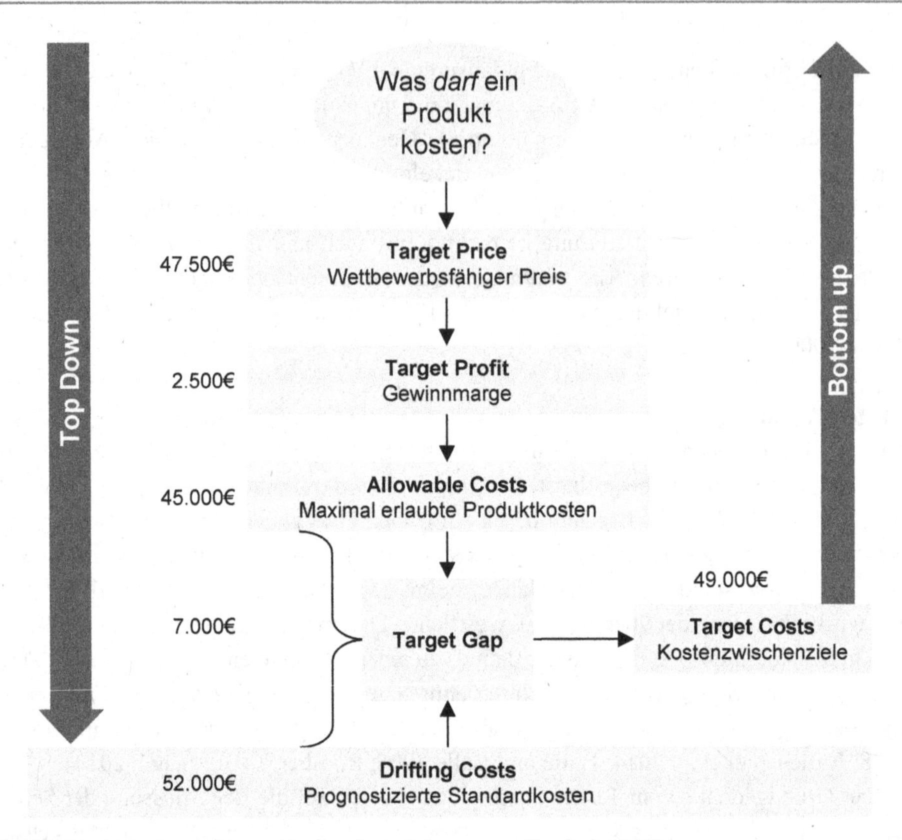

Abb. 2.46 Ablauf vom Target Costing in Anlehnung an. (Lachnit 2012)

tizierten Standardkosten an die maximal erlaubten Produktkosten anzugleichen oder das Target Gap vollständig zu schließen (Allowable Costs = Drifting Costs) (Lachnit 2012).

Lebenszyklusplanung

Heutzutage bestehen viele Produkte aus einer Vielzahl verschiedener Komponenten und Module. Diese Bauteile sind individuellen Produktlebenszyklen unterworfen und daher technisch unterschiedlich schnell überholt. Durch den Austausch einzelner Komponenten ist es möglich, den Lebenszyklus eines Produktes zu verlängern, ohne dass eine komplette Neuentwicklung erforderlich ist. Hierbei gilt es zu beachten, dass ein solcher Austausch systematisch und auf Basis einer gezielten Planung durchgeführt werden sollte, um mögliche Verschwendungen und Ineffizienzen zu vermeiden (Schuh 2013).

Um diesen Herausforderungen zu begegnen, werden bei der Lebenszyklusplanung die Absatzzahlen und Produktionsmengen über den gesamten Produktlebenszyklus geschätzt. Zusätzlich wird die Entwicklung verschiedener Derivate auf Basis der zu Verfügung stehenden Plattformen geplant (Zahn 2013). Die Lebenszyklusplanung ist dabei eine wichtige Methode, um eine langfristige, kontinuierliche Erneuerung der Produktpalette und die Gewinnung neuer Kunden zu realisieren (Morgan und Liker 2006)

Anwendung findet diese Methode unter anderem bei Toyota, wo neu entwickelte Fahrzeugplattformen so entwickelt werden, dass sie bis zu 15 Jahre im Einsatz sind und durchschnittlich in sieben unterschiedlichen Modellen verwendet werden. Dies ist möglich, da bereits bei der Konstruktion der Plattform auf eine größtmögliche Flexibilität geachtet wird (Morgan und Liker 2006).

Kentou

Bei der Durchführung entscheidet die Anfangsphase eines Projektes über Erfolg oder Scheitern. Je früher eventuelle Änderungen im Verlauf eines Projektes vorgenommen werden, desto weitreichender sind die verbleibenden Einflussmöglichkeiten und desto besser lassen sich Kosten und Erfolg des Projektes beeinflussen (Morgan und Liker 2006). Gleichzeitig verursachen Probleme und ungeplante Änderungen mit fortschreitendem Projektfortschritt immer größere Kosten. Es sollte daher das Ziel jedes Projektmanagements sein, potenzielle Probleme möglichst früh zu erkennen und zu vermeiden (Romberg 2010; Thomke und Fujimoto 2000).

Um dies zu erreichen, wird der eigentlichen Produktentwicklung die sogenannte Kentou-Phase vorangestellt. Es handelt sich hierbei um eine Konzept-Phase, in der das Projekt vorgeplant wird, um Verschwendung und Kosten durch ungeplante Änderungen und Probleme im späteren Projektverlauf zu vermeiden (Dombrowski und Zahn 2011). Hierzu wird zunächst eine Liste von Anforderungen erstellt, die das Produkt erfüllen muss, um sich von Konkurrenzprodukten abheben zu können. Im Anschluss folgt eine intensive Diskussion zwischen Vertretern aller beteiligten Abteilungen, in der zunächst die Entwicklung und Formulierung verschiedenster Ideen im Mittelpunkt stehen (Ballé und Ballé 2005; Morgan und Liker 2006; Sehested und Sonnenberg 2011).

Anschließend werden die festgehaltenen Ideen in regelmäßigen Meetings bewertet, wobei auch hier eine enge Zusammenarbeit zwischen den verschiedenen Abteilungen erforderlich ist (Morgan und Liker 2006). Zur weiteren Planung werden zusätzlich verschiedene Methoden, wie Target Costing, Lebenszyklusplanung oder Go-to-Gemba angewendet und im Sinne des Set-Based Engineering verschiedene denkbare Lösungen vorangetrieben. Das Ende der Kentou-Phase stellt die Entscheidung über die Durchführung eines Projektes dar (Locher 2008; Sehested und Sonnenberg 2011).

Quality Function Deployment

Das Quality Function Deployment (QFD) ist eine kundenorientierte Vorgehensweise für die Produktentstehung. Beim QFD werden Kundenwünsche und -bedürfnisse systematisch identifizieret und in Produktanforderungen und -spezifikationen übertragen. Mit Hilfe des QFD ist es möglich, Produktanforderungen anhand ihres Kundenutzens zu bewerten und somit die Bedürfnisse herauszufiltern, die kundenseitig am stärksten honoriert würden. Diesen Produktanforderungen ist folglich vermehrt Aufmerksamkeit im Produktentstehungsprozess zu widmen. Durch die Vorgabe eines strukturierten Informationsaustauschs zwischen den am Produktentstehungsprozess beteiligten Bereiche werden Informationen bzw. Wissen einzelner Personen der gesamten am Prozess beteiligten Gruppe zugänglich gemacht. Das QFD stellt somit eine Methode des Anforderungsmanagements dar, um Kundenanforderungen in Produkt- und Prozessspezifikationen zu überführen (Govers 1996; Bicheno 2004; Locher 2008; Fiore 2005; Schuh 2013; Haque und James-Moore 2004).

2.9.3 Praxisbeispiel Quality Function Development

Die Firma Miele & Cie. KG mit Sitz in Gütersloh ist weltweit führender Anbieter von Premium-Hausgeräten. Seit der Gründung im Jahr 1899 befindet sich der Betrieb zu 100 % in Besitz der beiden Gründerfamilien und beschäftigt heute weltweit rund 17.660 Menschen. Unter der Maxime „immer besser" laufen bei Miele umfassende Forschungs- und Entwicklungstätigkeiten für innovative Produkte. Eines der Verfahren, das im Rahmen der Produktentstehung zum Einsatz kommt, ist die Methode Quality Function Development (kurz QFD). QFD gehört bei Miele zu den erfolgreichsten Methoden zur Unterstützung der kundenorientierten Produktentwicklung. Sie ermittelt erfolgsrelevante Produktmerkmale bzw. technische Merkmale unter strikter Markt- und Kundenorientierung.

Die Methode QFD gelangte gegen Ende des letzten Jahrhunderts aus Japan über die USA nach Europa und wird heute in vielen Unternehmen erfolgreich angwendet (Saatweber 1997).

Sie wird in der Literatur als sehr nützlich und strukturiert beschrieben, aber in der Praxis mit dem Hinweis auf einen hohen Aufwand häufig abgelehnt. Seit dem Jahre 2000 hat Miele Erfahrungen mit der QFD gesammelt, die den Nutzen aber auch einige Vorurteile bestätigen. Durch eine maßvolle und der jeweiligen Aufgabe angepasste Anwendung sowie eine kompetente Moderation hat sich die QFD zu einem in vielen Entwicklungsvorhaben begehrten und erfolgreichen Instrument zur Kommunikation und Entscheidungsfindung etabliert.

Die Methode QFD

Die QFD bietet ein Planungsinstrumentarium zur durchgängigen Entwicklung attraktiver und kundenorientierter Leistungen (Saatweber 1997). Über allem steht das Bedürfnis des Kunden: „Was will der Kunde und wofür ist er bereit zu zahlen?" (vgl. Abb. 2.47). Das ist eine der schwierigsten Fragen in der Produktentwicklung.

Der Prozess beginnt mit der Erarbeitung und Abstimmung der Kundenanforderungen und deren Gewichtung. Darauf folgt die Formulierung der potenziellen technischen Merkmale (Lösungen, technische Ziele …) zur Erfüllung der Kundenanforderungen. Über die Einigung auf den Grad der Unterstützung (Korrelation) der technischen Merkmale für die Kundenanforderungen werden die wichtigen Merkmale ermittelt. Diese fließen dann in das Lastenheft der Produkte ein. Die „Sprache des Kunden" wird in die „Sprache der Technik" übersetzt.

Das in Abb. 2.48 dargestellte „House of Quality", kurz HoQ, hat sich als nachvollziehbare Dokumentation der Denk- und Planungsergebnisse etabliert. In der Literatur wird die

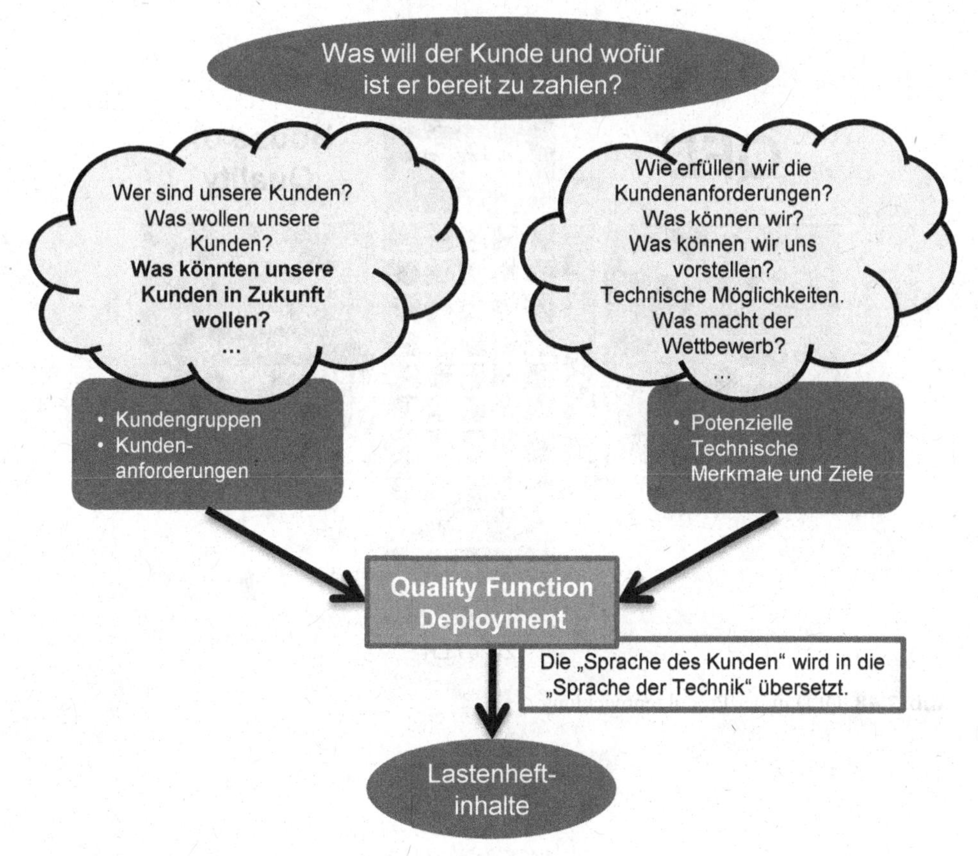

Abb. 2.47 Nutzen der QFD in der Produktentwicklung

Methode QFD zur Begleitung des gesamten Entwicklungsprozesses von der Produktplanung bis zur Produktionsplanung mit mehreren Häusern beschrieben. Da bei den Autoren bisher nur Erfahrungen mit dem 1. House of Quality vorliegen, wird sich im Folgenden darauf beschränkt.

Kundenanforderungen

Bei der Ermittlung der Kundenanforderungen (vgl. Abb. 2.49) stellen sich zuerst die Fragen:

- Wer ist der Kunde?
- Wo ist der Kunde?
- Was macht der Kunde, jetzt und in Zukunft?
- Welche Qualitätsansprüche hat er?

Im Rahmen der Vorentwicklung ist der Kunde wegen langer Entwicklungszeiten für Großserien häufig eine imaginäre Person in der Zukunft. Wie dieser Kunde lebt und welche Be-

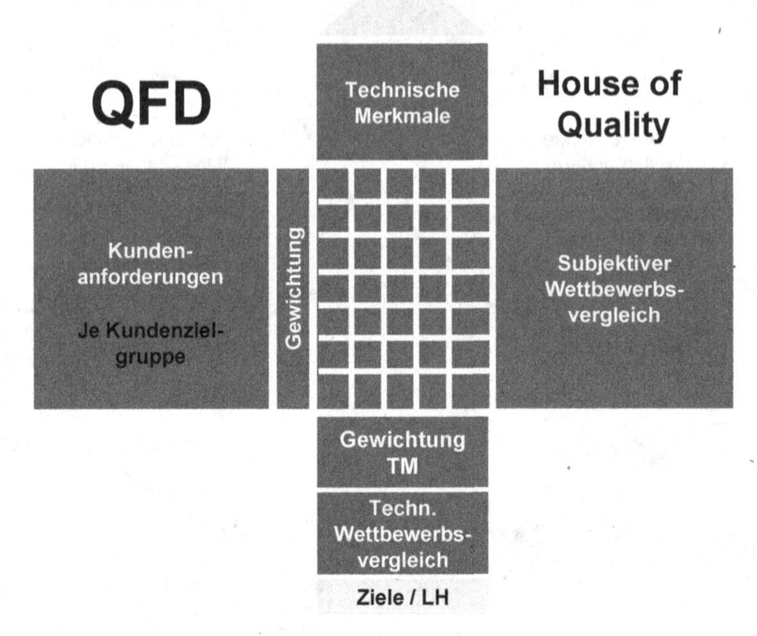

Abb. 2.48 QFD in der Produktentwicklung

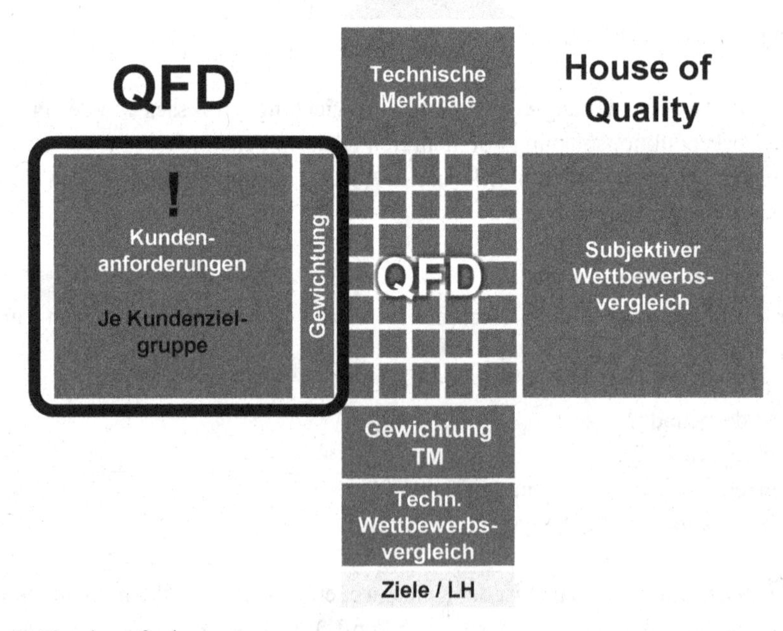

Abb. 2.49 Kundenanforderungen

dürfnisse er haben wird, muss vorausgesehen werden. Dazu gilt es, sich unabhängig von den laufenden Entwicklungsprojekten regelmäßig mit Zukunftstrends, Szenariotechnik, Personas und unterschiedlichen Zielgruppen zu beschäftigen.

Informationen aus der Marktforschung (Kundenbefragungen, Conjoint – Analysen, Studien etc.) fließen ein, um die Situation des Kunden zu verstehen.

Trends

Zunächst werden die für das Geschäftsfeld wichtigen Megatrends analysiert. In Workshops wird mit Beteiligung verschiedener Funktionen wie Markforschung, Marketing, Vertrieb und Entwicklung anschließend ermittelt, welchen Einfluss diese Trends z. B. auf die Wäschepflege der Zukunft haben könnten. Zum Beispiel führt der demografische Wandel dazu, dass Personen immer älter werden und immer länger selbstbestimmt allein und möglichst ohne Hilfe leben möchten. Daraus leiten sich Anforderungen an die Wäschepflegegeräte ab, die die möglichen Einschränkungen dieser Personen berücksichtigen. Die wachsende Urbanisierung führt in den Ballungszentren dazu, dass der Wohnraum deutlich teurer und verdichteter wird. Der Platzbedarf und der Ort für die Wäschepflege erfordern dann unter Umständen kleine und besonders emissionsarme Geräte, die im Wohnumfeld betrieben werden können.

Wenn eine hohe Zahl an Trends und Einflussfaktoren mit nicht voraussehbaren Entwicklungen diskutiert werden müssen, ergibt es Sinn, z. B. alle fünf Jahre, einen Szenarioprozess durchzuführen, mögliche Zukunftsszenarien zu beschreiben und deren Eintrittswahrscheinlichkeit abzuschätzen (Gausemeier et al. 2001).

Da dieser Prozess sehr aufwendig sein kann, ergibt es unter Umständen Sinn, ihn mit mehreren Partnern, die in ähnlichen Geschäftsfeldern aktiv sind, gemeinsam durchzuführen. So entstand im Verbund „Universal Home" der Film „Ein gutes Morgen" als Ergebnis eines Szenarioprojektes für die Situation der Haushalte im Jahre 2030 (www.universalhome.de).

Die Ausprägung der Trends und Einflussfaktoren und die Eintrittswahrscheinlichkeit der Szenarien sind möglichst jährlich mit begrenztem Aufwand zu überprüfen, um Abweichungen möglichst früh zu erkennen und Konsequenzen für die eigene Strategie abzuleiten.

Personas

Die Kundenanforderungen sind für verschiedene Kunden häufig sehr unterschiedlich. Deshalb hat es sich bewährt, mehrere mögliche Endkunden unter Berücksichtigung der erwarteten Trends und Szenarien als konkrete Personas (vgl. Abb. 2.50) zu beschreiben. Dazu wird neben der allgemeinen Beschreibung der Lebenssituation mit Einkommen, Wohnsituation und Einstellung z. B. auch der wiederkehrende Prozess der Wäschepflege beschrieben.

Hierbei ist es sinnvoll, die Probleme der Kunden möglichst genau zu formulieren. Beispiele sind: Angst vor Fehlbedienung (Einsatz ungeeigneter Waschmittel, falsche

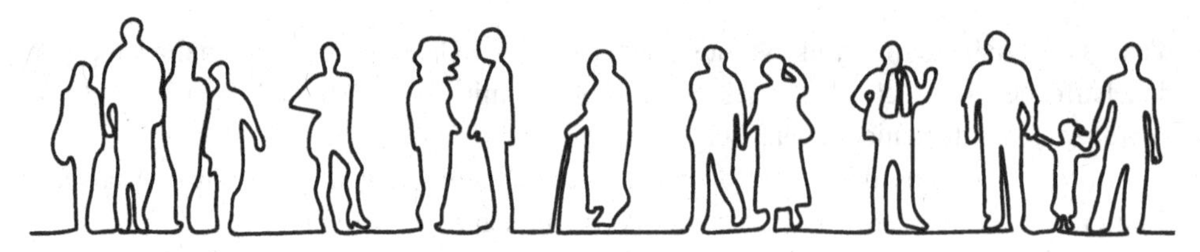

Abb. 2.50 Personas

Programmanwahl oder Angst vor Wasserschäden), aber auch das Thema keine Zeit und „Lust“ zum Waschen.

Durch die Beschreibung der Kundenanforderungen anhand von konkreten Personas wird die Diskussion der unterschiedlichen Kundenanforderungen vereinfacht und Bewertungen oder Priorisierungen der Kundenanforderungen fallen leichter.

Unterschiedliche Zielgruppen
Da unter Umständen in Projekten zahlreiche Personas als Kunden berücksichtigt werden, ergibt es Sinn, diese Personas in wenige Zielgruppen zu clustern (z. B. nach Haushaltsgröße). Der Aufwand, der durch den QFD-Prozess entsteht, lässt sich dadurch verringern. Neben den Endkunden werden auch andere Zielgruppen wie Händler oder unabhängige Verbrauchertestinstitute berücksichtigt.

Wenn sich die Kundenanforderungen oder deren Gewichtung deutlich zwischen den Zielgruppen unterscheiden, ist es sinnvoll, den QFD-Prozess getrennt für jede Zielgruppe durchzuführen. Hierin besteht eine Schwäche der Methode QFD, da es nicht möglich ist, mehrere unterschiedliche Kundenzielgruppen gleichzeitig zu berücksichtigen.

Formulierung und Gewichtung von Kundenanforderungen
Aus den Problemen, die für die betrachteten Zielgruppen formuliert sind, lassen sich die Kundenanforderungen an das neue Produkt ableiten. Die gute Formulierung und Abstimmung der Kundenanforderungen sind der Schlüssel zu einem guten Ergebnis der QFD. Deshalb muss dieser Prozess auch bei Differenzen im QFD-Team bis zu einem gemeinsam getragenen Ergebnis geführt werden. Die hierfür aufgewendete Zeit ist gut investiert, da hierdurch Diskussionen über Kundenanforderungen im weiteren Projektverlauf deutlich reduziert werden können.

Es ist darauf zu achten, dass die Anzahl der Anforderungen nicht zu groß wird, damit der Aufwand für die anschließenden QFD-Schritte angemessen bleibt.

In der Regel ist eine Gewichtung der Anforderungen sinnvoll. In der Diskussion treten hier unterschiedliche Vorstellungen der Beteiligten zu den Kundenanforderungen zu Tage. Bewährt hat sich dazu der klassische paarweise Vergleich. Häufig sind die Teilnehmer über das Ergebnis des paarweisen Vergleiches erstaunt. Fruchtbare Diskussionen entstehen hierdurch mit einer deutlich besseren Grundlage. Die Erfahrung zeigt, dass der weitaus schwierigste Teil der QFD erledigt ist, wenn sich die Teilnehmer aus den unterschiedlichen Bereichen auf eine Formulierung und Gewichtung der Kundenanforderungen geeinigt haben, deren Entstehung sie mit allen Argumenten erlebt haben und nachvollziehen

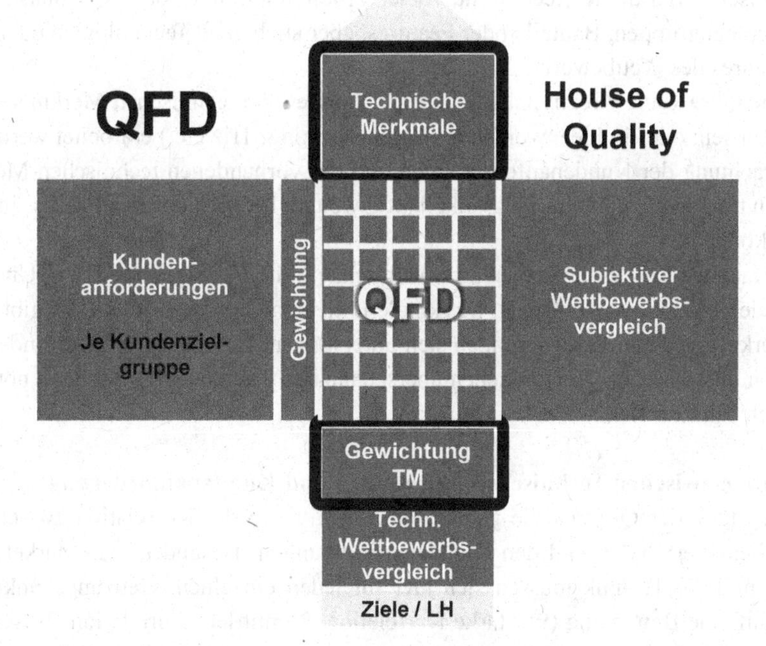

Abb. 2.51 Technische Merkmale

können. Auch spätere Diskussionen über neue Anforderungen oder deren Gewichtung können zielgerichteter geführt werden.

Eine typische Situation ist z. B. das spätere Erscheinen eines Wettbewerbsprodukts mit neuen oder geänderten Funktionen. Die Reflektion der neuen Funktionen an den erarbeiteten und gewichteten Kundenanforderungen der QFD kann so manche Diskussion im Projektteam abkürzen.

Subjektiver Wettbewerbsvergleich

Ist ein relevantes Wettbewerbsumfeld vorhanden, so wird ein subjektiver Wettbewerbsvergleich durchgeführt. Die Produkte der Wettbewerber werden anhand der aufgestellten Kundenanforderungen bewertet und dem eigenen Produkt gegenübergestellt. Hierdurch wird versucht, mit den Augen des Kunden auf die verschiedenen Wettbewerbsprodukte zu schauen. Dabei ergeben sich oft ganz andere Ergebnisse, als es der klassische technische Wettbewerbsvergleich liefern würde.

Sinnvoll ist es, neben den Hauptwettbewerbern auch Wettwerber aus anderen Markt- und Preissegmenten in den Vergleich mit aufzunehmen.

Produktmerkmale/Technische Merkmale

Produktmerkmale bzw. technischen Merkmale (vgl. Abb. 2.51), die zur Erfüllung der Kundenanforderungen beitragen, fließen in den oberen Teil der QFD-Matrix ein.

Technische Merkmale (technische Ziele, Produktmerkmale oder Qualitätsattribute) sind Hauptbaugruppen, Bauteile oder Features, aber auch neue Technologien oder besondere Features des Wettbewerbs.

Da die QFD keine Kreativitätsmethode ist, müssen die technischen Merkmale bereits vorhanden sein oder in Ideenworkshops (Brainstorming, Triz etc.) erarbeitet werden. Bei der Betrachtung der Kundenanforderungen und der vorhandenen technischen Merkmale entstehen trotzdem zu diesem Zeitpunkt häufig weitere Ideen, die in den Prozess integriert werden können.

Das Dach der QFD-Matrix bietet die Möglichkeit, die Verträglichkeit bzw. Unverträglichkeit der einzelnen technischen Merkmale untereinander darzustellen. Es gibt technische Merkmale, deren Realisierungen sich unterstützen, sich gegenseitig behindern oder sich sogar ausschließen. Bei einfachen überschaubaren Themen ist es oft nicht nötig, dieses „Dach" auszufüllen.

Korrelation zwischen Technischen Merkmalen und Kundenanforderungen

Das Kernstück der QFD ist die gemeinsame Ermittlung der Korrelation zwischen den technischen Merkmalen und den Kundenanforderungen. Besonders das Marketing, der Vertrieb und die Technik müssen sich hier für jeden einzelnen Kreuzungspunkt in der Matrix auf eine Bewertung (9 = starke Korrelation, 3 = mittlere Korrelation, 1– schwache Korrelation, 0 = keine Korrelation) einigen.

Hierbei treten nicht selten Missverständnisse über die Wirkung technischer Merkmale zu Tage!

Gewichtung der Technischen Merkmale

Auf Basis der Korrelation ergibt sich die Gewichtung der technischen Merkmale (Summe der Produkte der Korrelationen mit der Gewichtung der Kundenanforderungen). Hierbei handelt es sich um deren technische Bedeutung. Besonders ist, dass die technische Bedeutung aus den gewichten Kundenanforderungen abgeleitet wird. Genau hierin liegt der große Vorteil der Methode QFD.

Nutzung der QFD-Ergebnisse

Durch die intensive Auswertung der QFD werden die Früchte der QFD „geerntet". Folgendes Vorgehen hat sich in der Praxis bewährt:

Grundsätzlich sind technische Merkmale mit hoher Bedeutung besonders intensiv zu betrachten. Das heißt jedoch nicht, dass zwangsläufig besonders hohe Herstellkosten akzeptiert werden müssen.

Ausgehend von den technischen Merkmalen mit hoher Bedeutung werden im HoQ die Punkte mit hoher Korrelation (Eintrag 9 im HoQ) gesucht. Hierdurch wird die verknüpfte Kundenanforderung identifiziert.

Gemeinsam werden dann Anforderungen für das Lastenheft formuliert. Es ist auch sinnvoll, die Ergebnisse des subjektiven Wettbewerbsvergleichs heranzuziehen, um spezielle Anforderungen zu beschreiben, die einen Wettbewerbsvorteil erzielen. Auch hierbei ist es vorteilhaft, dass das Team gemeinsam die Anforderungen erarbeitet.

Spezifische Anpassungen der Methode

Bei der Anwendung der QFD in der Praxis zeigten sich folgende Erweiterungen der Methode als hilfreich:

- Nutzung negativer Korrelationen zwischen Kundenanforderungen und technischen Merkmalen.
- Berechnung eines Attraktivitätsindexes zur Bewertung verschiedener technischer Konzepte. Hierbei werden die Konzepte durch Einbeziehung unterschiedlicher technischer Merkmale dargestellt.
- Werden den technischen Merkmalen Herstellkosten zugeordnet, sind neben Aussagen zur Attraktivität eines Konzepts auch Aussagen zur Wirtschaftlichkeit möglich. Es können vergleichbare Aussagen wie beim Target Costing abgeleitet werden.
- Ermittlung der Gewichtung technischer Merkmale unter besonderer Berücksichtigung der relativen Bedeutung der technischen Merkmale zur Unterstützung der Kundenanforderung. Hierdurch wird z. B. die Bedeutung eines technischen Merkmals erhöht, das als einziges eine Kundenanforderung unterstützt!

Erfahrungen zum Einsatz von QFD bei Miele

Die Diskussionen bei der Gewichtung der Kundenanforderungen und die Korrelation der technischen Merkmale mit den Kundenanforderungen sind häufig sehr hitzig und engagiert. Sie bedürfen einer guten Moderation, da die Teilnehmer oft unterschiedliche Vorstellungen von den Kundenanforderungen haben. Oft werden von den Beteiligten diese hitzigen Debatten im Nachhinein als wertvollster Teil der QFD genannt. Wichtig ist, dass die starken Meinungsbildner am Entwicklungsprozess beteiligt sind und die Ergebnisse gemeinsam getragen werden.

Die Anwendung der QFD eignet sich sowohl für kleine Entwicklungsprojekte (z. B. Entwicklung einer Teilfunktion) als auch für komplette Produktneuentwicklungen.

Im Jahr 2000 wurde bei Miele eine QFD zum Thema „Komfortable Wachmittelhandhabung“ unter angemessener Beteiligung des Managements durchgeführt. Die QFD-Ergebnisse haben später dazu beigetragen, dass das neue Geschäftsfeld Miele-Waschmittel im Direktvertrieb (Miele Care Collection) realisiert wurde und die automatischen Waschmitteldosierungen als wesentliche Innovationen der letzten 10 Jahre umgesetzt werden konnten.

Von großem Wert ist auch die Dokumentation der Ergebnisse. Der Projektleiter der Produktentwicklung hat damit eine hervorragende Grundlage für wichtige Entscheidungen im Projekt. Bei späteren Änderungen der Anforderungen aufgrund neuer Markterkenntnisse oder Trends lässt sich leicht eine neue Bewertung erstellen, die zu transparenten und fundierten Entscheidungsvorschlägen führt. Diese muss sich jedoch immer an den Kundenanforderungen ausrichten!

Moderatoren, die im ganzen Konzern eingesetzt werden, sorgen für Synergie-Effekte, indem Vorlagen, Beschreibungen und Know-how mehrfach genutzt werden können.

Ein interessanter Nebeneffekt ist, dass die Moderatoren, die in den verschiedenen Produktbereichen des Unternehmens tätig sind, bei Fragen passende Ansprechpartner zu allen Themen vermitteln und Problemlösungen aus anderen Unternehmensbereichen nennen können („Open Innovation").

Zusammenfassung
Die Erfahrungen bei Miele haben gezeigt, dass durch Anwendung der Methode wichtige Ziele hinsichtlich kundenorientierter Entwicklung unterstützt werden:

- Ausrichtung der Entwicklung (und Produktion) auf Kundenwünsche, d. h. starke Ausrichtung aller Tätigkeiten auf Kundenanforderungen
  - Engere Verzahnung der Marketing- und Produktentwicklungsstrategie
  - Besseres und einheitliches Kundenverständnis
  - Vermeidung von Overengineering
- Verbesserung der Kommunikation der beteiligten Bereiche
- Dokumentierte Entscheidungsgrundlage und Erhöhung der Entscheidungskonstanz.
- Gemeinsames Verständnis für ein Produkt/die Kunden/die Zielmärkte über Abteilungsgrenzen hinweg.
- Die Anwendung der QFD ist ein wesentlicher Beitrag zur schlanken Entwicklung.

Fundierte Kenntnisse über Kundenanforderungen als Eingangsgröße in die QFD sind der wichtigste Erfolgsfaktor. Die Methode selbst liefert diese Kundenanforderungen jedoch nicht, sondern fordert diese lediglich ein.

Häufig liefert eine QFD einen wichtigen Input für die Durchführung von Marktforschungsaktivitäten um Kundenanforderungen zu identifizieren bzw. zu bestätigen.

Die Nutzung von konkreten Persona-Beschreibungen und die Transparenz über die Herleitungen der zukünftigen Kundenanforderungen aus Trends und Szenarien erleichtert die Diskussion erheblich und steigert die Motivation aller Beteiligten.

Grenzen der Methode
Schwierig ist die Anwendung der Methode bei heterogenen Kundenzielgruppen. Da die Methode nur für Verarbeitung einer Kundenzielgruppe ausgelegt ist, müssen parallel mehrere QFD's ausgearbeitet werden. Ob dies sinnvoll ist, muss im Einzelfall genauer abgewogen werden. Die QFD ist keine Innovationsmethode. Sie zeigt jedoch Lücken bei der Erfüllung von wichtigen Kundenanforderungen auf. Hierdurch können aber Impulse für Innovationen entstehen.

Wie in der Literatur häufig beschrieben, wird die QFD als eine Kommunikationsmethode erlebt, die dazu führt, dass die verschiedenen am Entwicklungsprozess beteiligten Bereiche eines Unternehmens frühzeitig ins Gespräch kommen und gemeinsam formulierte Anforderungen gemeinsam in einem erfolgreichen Produkt umsetzen.

Schon allein der erste Schritt der QFD, das gemeinsame Formulieren und Gewichten der Kundenanforderungen, wird als wertvolle Grundlage für das Projekt gesehen und kann zu stabileren Zielen in Projekt beitragen.

Die Ergebnisse einer QFD (gewichtete Kundenanforderungen, technische Bedeutung von Produktmerkmalen) stellen eine wichtige Grundlage für die Anwendung weiterer Methoden dar (FMEA, Target Costing, Wertanalysen, Kostenanalysen, …).

Literatur

Al-Ashaab A, Howell S, Usowicz K, Hernando AP, Gorka A (2009) Set-based concurrent engineering model for automotive electronic/software systems development. Proceedings of the 19th CIRP Design Conference, S 464–469

Allen D (2001) Getting things done – the art of stress-free productivity. Penguin Books, New York

Ballé F, Ballé M (2005) Lean Development. Bus Strat Rev 16(3):17–22

Becker H (2006) Phänomen Toyota – Erfolgsfaktor Ethik. Springer, Heidelberg

Benson J, DeMaria BT, Mertsch M (2013) Personal Kanban – Visualisierung und Planung von Aufgaben, Projekten und Terminen mit dem Kanban-Board. dpunkt.verlag, Heidelberg

Bicheno J (2004) The new lean toolbox – towards fast flexible flow. PICSIE, Buckingham.

Binner HF (2008) Handbuch der prozessorientierten Arbeitsorganisation – Methoden und Werkzeuge zur Umsetzung. Hanser, München

Brandstäter J (2013) Agile IT-Projekte erfolgreich gestalten – Risikomanagement als Ergänzung zu Scrum. Springer, Wiesbaden

Brunner FJ (2008) Japanische Erfolgskonzepte – KAIZEN, KVP, Lean Production Management, Total Productive Maintenance, Shopfloor Management, Toyota Production Management. Hanser, München

Buck H, Witzgall E (2012) Mitarbeiterqualifizierung in der Montage. In: Wiendahl L (Hrsg) Montage in der industriellen Produktion – Ein Handbuch für die Praxis. Springer, Berlin, S 397–418

Bullinger HJ (Hrsg) (2009) Handbuch Unternehmensorganisation – Strategien, Planung, Umsetzung. Springer, Berlin

Cusumano MA, Nobeoka K (1998) Thinking beyond lean – how multi-project management is transforming product development at Toyota and other companies. Free Press, New York

Daniel K (2008) Managementprozesse und Performance – Ein Konzept zur reifegradbezogenen Verbesserung des Managementhandelns. Gabler, Wiesbaden

Dombrowski U, Mielke T (Hrsg) (2015) Ganzheitliche Produktionssysteme – Grundlagen, Einführung und Weiterentwicklung Aktueller Stand und zukünftige Entwicklungen. Springer, Heidelberg

Dombrowski U, Schmidt S (2013) Integration of design for X approaches in the concept of lean design to enable a holistic product design. IEEM, S 1515–1519. doi:10.1109/IEEM.2013.6962663

Dombrowski U, Zahn T (2011) Design of a lean development framework. Proceedings of the 2011 IEEM, S 1917–1921

Dombrowski U, Schulze S, Vollrath H (2006) Logistikgerechte Produktentwicklung als Grundlage eines optimalen Logistikkonzepts. Zeitschrift für wirtschaftlichen Fabrikbetrieb 12:723–727

Dombrowski U, Schmidt S, Tomala D (2007) Analyse und Optimierung des Ideenmanagements. Zeitschrift für wirtschaftlichen Fabrikbetrieb 102:461–465

Dombrowski U, Herrmann C, Lacker T, Sonnentag S (2009) Modernisierung kleiner und mittlerer Unternehmen – Ein ganzheitliches Konzept. Springer, Berlin

Dombrowski U, Schmidtchen K, Mielke T (2010) Ansätze zur Verbesserung des betrieblichen Vorschlagwesen. Zeitschrift für wirtschaftlichen Fabrikbetrieb 105:1006–1010

Dombrowski U, Schmidtchen K, Zahn T (2011a) Ganzheitliche Produktionssysteme in der Produktentstehung. Industrie Manage 27(5):72–76

Dombrowski U, Schmidtchen K, Mielke T (2011b) Nachhaltigkeit und Weiterentwicklung von Ganzheitlichen Produktionssystemen. 4. Braunschweiger Symposium für Ganzheitliche Produktionssysteme, Braunschweig

Dombrowski U, Zahn T, Schulze S (2011c) State of the art – lean development. 21th CIRP Design Conference, S 116–122

Dombrowski U, Ebentreich D, Schmidtchen K (2013) Ganzheitliche Produktentstehungssysteme – State of the Art. In: Friedewald A, Lödding H (Hrsg) Produzieren in Deutschland – Wettbewerbsfähigkeit im 21. Jahrhundert. Gito, Berlin, S 123–142

Dombrowski U, Ebentreich D, Schmidt S (2014) Value stream mapping along the product development process. Proceedings of the 24th FAIM, S 961–969

Dombrowski U, Grundei J, Melcher PR, Schmidtchen K (2015) Prozessorganisation in deutschen Unternehmen – Eine Studie zum aktuellen Stand der Umsetzung. Zeitschrift Führung + Organisation 84(1):63–69

Ehrlenspiel K, Meerkamm H (2013) Integrierte Produktentwicklung – Denkabläufe, Methodeneinsatz, Zusammenarbeit. Carl Hanser, München

Ehrlenspiel K, Kiewert A, Lindemann U, Mörtl M (2014) Kostengünstig Entwickeln und Konstruieren – Kostenmanagement bei der integrierten Produktentwicklung Springer, Berlin

Eversheim W (Hrsg) (1995) Simultaneous Engineering – Erfahrungen aus der Industrie für die Industrie. Springer, Berlin

Eversheim W, Schuh G (Hrsg) (2005) Integrierte Produkt- und Prozessgestaltung. Springer, Berlin

Faust P (2009) Lean durch Frontloading. Zeitschrift für wirtschaftlichen Fabrikbetrieb 104(5):366–370

Fiore C (2005) Accelerated product development – combining lean and six sigma for peak performance. Productivity Press, New York

Floresa M, Diaza D, Tuccia C, AI-Ashaabb A, Sorlic M, Sopelanac A, Parisc A (Hrsg) (2010) The wheel of change framework – towards lean in product development. Advances in Production Management Systems (APMS), Como (Italy), S 356ff

Ford H, Crowther S (1923) My life and work. BN Publishing, New York

Gausemeier J, Ebbesmeyer P, Kallmeyer F (2001) Produktinnovation – Strategische Planung und Entwicklung der Produkte von morgen. Hanser, München

Glantschnig E (1994) Merkmalsgestützte Lieferantenbewertung, Bd 11, Förderges. Produkt-Marketing, Köln

Gloger B (2011) Scrum – Produkte zuverlässig und schnell entwickeln. Carl Hanser, München

Govers CPM (1996) What and how about quality function deployment. Int J Prod Econ 1:575/585. doi:10.1016/0925-5273(95)00113-1

Haque B, James-Moore M (2004) Applying lean thinking to new product introduction. J Eng Design 15(1):1–31

Hartmann H, Pahl HJ, Spohrer H (1997) Lieferantenbewertung – aber wie? Lösungsansätze und erprobte Verfahren. Dt. Betriebswirte, Gernsbach

Haug J (2013) Projektvisualisierung als Basis effizienter Projektsteuerung. Präsentation der Staufen AG. Köngen. http://www.fondirigentiveneto.it/public/wordpress/wp-content/uploads/2011/07/VisualPlanning.pdf. Zugegriffen: 11. April 2015

Herstatt C, Lettl C (2006) Marktorientierte Erfolgsfaktoren technologiegetriebener Entwicklungsprojekte. In: Gassmann O, Kobe C (Hrsg) Management von Innovation und Risiko – Quantensprünge in der Entwicklung erfolgreich managen. Springer, Berlin, S 145–170

Hinterhuber H (1975) Normung, Typung und Standardisierung. Handwörterbuch der Betriebswirtschaft, Stuttgart

Hofbauer G, Mashhour T, Fischer M (2012) Lieferantenmanagement – Die wertorientierte Gestaltung der Lieferbeziehung. Oldenbourg, München

Hoppmann J (2009) The lean innovation roadmap – a systematic approach to introducing lean in product development processes and establishing a learning organization. MIT, Boston. http://lean.mit.edu/downloads/view-document-details/2341-the-lean-innovation-roadmap-a-systematic-approach-to-introducing-lean-in-product-development-processes-and-establishing-a-learning-organization.html. Zugegriffen: 13. Feb. 2012

Hoppmann J, Rebentisch E, Dombrowski U, Zahn T (2011) A framework for organizing lean product development. Eng Manage J 23(1):3–7. http://www.sustec.ethz.ch/content/dam/ethz/special-interest/mtec/sustainability-and-technology/PDFs/Hoppmann%20et%20al.%20-%20A%20Framework%20for%20Organizing%20Lean%20PD%20-%202011.pdf. Zugegriffen: 11. April 2015

Horváth P, Fleig G (1998) Integrationsmanagement für neue Produkte. Schäffer-Poeschel, Stuttgart

Imai M (1992) Kaizen – Der Schlüssel zum Erfolg der Japaner im Wettbewerb. Langen Müller, München

Imai M (1997) Gemba-Kaizen – Permanente Qualitätsverbesserung, Zeitersparnis und Kostensenkung am Arbeitsplatz. Langen Müller, München

Janker C (2008) Multivariate Lieferantenbewertung – Empirische gestützte Konzeption eines anforderungsgerechten Bewertungssystems. Gabler, Wiesbaden

Jochum E (2002) Hoshin Kanri/Management by Policy (MbP) – Grundlagen eines effizienten Ziele-Management-Systems. In: Bungard W (Hrsg) Zielvereinbarungen erfolgreich umsetzen – Konzepte, Ideen und Praxisbeispiele auf Gruppen- und Organisationsebene. Gabler, Wiesbaden, S 71–93

Kamath RR, Liker JK (1994) A second look at Japanese product development. Harv Bus Rev (11–12):154–170

Kennedy M (2003) Product development for the Lean Enterprise – why Toyota's system is four times more productive and how you can implement it. Oaklea Press, Richmond

Kennedy M (2013) Set-based decision making – a foundational principle to achieve lean engineering. LPPDE 2013

Kern EM (2005) Verteilte Produktentwicklung – Rahmenkonzept und Vorgehensweise zur organisatorischen Gestaltung. Gito, Berlin

Koppelmann U (2004) Beschaffungsmarketing. Springer, Berlin

Kudernatsch D (Hrsg) (2013) Hoshin Kanri – Unternehmensweite Strategieumsetzung mit Lean-Management-Tools.: Schäffer-Poeschel, Stuttgart

Lachnit L (2012) Unternehmenscontrolling – Managementunterstützung bei Erfolgs-, Einanz-, Risiko- und Erfolgspotenzialsteuerung. Springer Gabler, Berlin. doi:10.1007/978-3-8349-3736-0_4

Lenders MJE (2009) Beschleunigung der Produktentwicklung durch Lösungsraum-Management. Apprimus Verlag, Aachen

Liker JK (2013) Der Toyota Weg – 14 Managementprinzipien des weltweit erfolgreichsten Automobilkonzerns, 8. Aufl. FinanzBuch-Verlag, München

Liker JK, Convis GL (2011) The Toyota way to lean leadership – achieving and sustaining excellence through leadership development. McGraw-Hill, New York

Linsenmaier T, Wilhelm S (1997) Von der Werkerselbstkontrolle zur Produzentenverantwortung. In: Reinhart G, Schnauber H (Hrsg) Qualität durch Kooperation – Interne und externe Kunden-Lieferanten-Beziehungen Springer, Berlin

Locher DA (2008) Value stream mapping for lean development – a how-to guide for streamlining time to market. CRC Press, Boca Raton

Manos A, Vincent C (2012) The lean handbook – a guide to the bronze certification body of knowledge. Amer Society for Quality, Milwaukee

Mascitelli R (2007) The lean product development guidebook – everything your design team needs to improve efficiency and slash time-to-market. Technology Perspectives, Northridge

Mascitelli R (2011) Mastering lean product development – a practical, event-driven process for maximizing speed, profits, and quality. Technology Perspectives, Northridge

McManus H (2005) Product Development Value Stream Mapping – (PDVSM) manual. Institute of Technology Product Development. http://www.metisdesign.com/docs/PDVSM_v1.pdf. Zugegriffen: 11. April 2015
Morgan JM, Liker JK (2006) The Toyota product development system – integrating people, process, and technology. Productivity Press, New York
Mörtenhummer M (Hrsg) (2009) Zitate im Management – Das Beste von Top-Performern und Genies aus 2000 Jahren Weltwirtschaft. Linde, Wien
Oehmen J, Rebentisch E (2010) Waste in lean product development. Lean advancement initiative. http://hdl.handle.net/1721.1/79838. Zugegriffen: 11. April 2015
Ohno T (2013) Das Toyota-Produktionssystem. Campus, Frankfurt a. M.
Oppenheim BW (2004) Lean product development flow. Syst Eng 7(4):352–378
Pfeiffer T, Canales C (2005) Integrative Qualitätssystematik. In: Eversheim W, Schuh G (Hrsg) Integrierte Produkt- und Prozessgestaltung. Springer, Berlin
Pohanka C (2014) Six Sigma vs. Kaizen – Eine vergleichende Gegenüberstellung. Europäischer Hochschulverlag, Bremen
Reitz A (2008) Lean TPM – In 12 Schritten zum schlanken Managementsystem. Mi, München
Rink C, Wagner SM (2007) Lieferantenmanagement – Strategien, Prozesse und systemtechnische Unterstützung. In: Brenner W, Wenger R (Hrsg) Elektronische Beschaffung – Stand und Entwicklungstendenzen. Springer, Berlin, S 39–62
Romberg A (2010) Schlank entwickeln, schnell am Markt – Wettbewerbsvorteile durch Lean Development. LOG_X, Ludwigsburg
Rother M, Kinkel S (2013) Die Kata des Weltmarktführers – Toyotas Erfolgsmethoden. Campus, Frankfurt a. M.
Rother M, Shook J (2004) Sehen lernen – Mit Wertstromdesign die Wertschöpfung erhöhen und Verschwendung beseitigen. LOG_X, Stuttgart
Rubin KS (2013) Essential scrum – a practical guide to the most popular agile process. Addison-Wesley, Upper Saddle River
Saatweber J (1997) Kundenorientierung durch Quality Function Deployment – Systematisches Entwickeln von Produkten und Dienstleistungen. Hanser, München
Schipper T, Swets M (2010) Innovative lean development – how to create, implement and maintain a learning culture using fast learning cycles. Productivity Press, New York
Schuh G (2012) Innovationsmanagement – Handbuch Produktion und Management 3. Springer, Berlin
Schuh G (2013) Lean innovation. Springer Vieweg, Berlin. doi:10.1007/978-3-540-76915-6.
Schuh G, Lenders M, Schöning S (2007) Mit Lean Innovation zu mehr Erfolg – Ergebnisse der Erhebung. WZL der RWTH Aachen, Aachen. http://www.lean-innovation.de/de/lean_innovation/studie_lean_innovation_2007_v02.pdf. Zugegriffen: 11. April 2015
Schulte-Henke C (2008) Kundenorientiertes Target Costing und Zuliefererintegration für komplexe Produkte. Entwicklung eines Konzepts für die Automobilindustrie. Gabler, Wiesbaden
Schulze S (2011) Logistikgerechte Produktentwicklung. Shaker, Aachen
Sehested C, Sonnenberg H (2011) Lean innovation – a fast path from knowledge to value. Springer, Berlin
Sobek II DK, Ward AC, Liker JK (1999) Toyota's principles of set-based concurrent engineering. Sloan Manage Rev 40(2):67–83
Spath D (2003) Ganzheitlich produzieren – Innovative Organisation und Führung. Logis, Stuttgart
Tapping D, Luyster T, Shuker T (2002) Value stream management – eight steps to planning, mapping, and sustaining lean improvements. Productivity, New York
Teufel P (2009) Der Prozeß der ständigen Verbesserung (KAIZEN) und dessen Einführung. In: Bullinger HJ (Hrsg) Handbuch Unternehmensorganisation – Strategien, Planung, Umsetzung. Springer, Berlin, S 676–695

Thomke S, Fujimoto T (2000) The effect of „Front-Loading“ problem-solving on product development performance. J Prod Innov Manage 17(2):128–142
Trepper T (2012) Agil-systemisches Softwareprojektmanagement. Springer Gabler, Wiesbaden
VDA 4 (2008) Qualitätsmanagement in der Automobilindustrie – Sicherung der Qualität in der Prozesslandschaft. Allgemeines, Risiko, Methoden, Vorgehensmodelle. VDA, Berlin
VDI 2235 (1987) Wirtschaftliche Entscheidungen beim Konstruieren – Methoden und Hilfen. Beuth, Berlin
VDI 2519-1 (2001) Vorgehensweise bei der Erstellung von Lasten/Pflichtenheften. Beuth, Berlin
VDI 2870-1 (2012) Ganzheitliche Produktionssysteme – Grundlagen, Einführung und Bewertung. Beuth, Berlin
VDI 2870-2 (2012) Ganzheitliche Produktionssysteme – Methodenkatalog. Beuth, Berlin
Wahren HKE, Bälder KH (1998) Erfolgsfaktor KVP – Mitarbeiter in Prozesse der kontinuierlichen Verbesserung integrieren. Beck, München
Ward AC (2007) Lean product and process development. The Lean Enterprise Institute, Cambridge
Ward AC, Liker JK, Christiano JJ, Sobek II DK (1995) The second Toyota paradox: how delaying decisions can make better cars faster. Sloan Manage Rev 36(3):43–61
Wölk M (2008) Partizipative Arbeitsgestaltung – Neue Perspektiven für das Wissensmanagement. Kassel University Press, Kassel
Womack JP, Jones DT (2013) Lean Thinking. Ballast abwerfen, Unternehmensgewinn steigern. Campus, Frankfurt a. M.
Womack JP, Jones DT, Roos D (1991) Die zweite Revolution in der Autoindustrie – Konsequenzen aus der weltweiten Studie aus dem Massachusetts Institute of Technology. Campus, Frankfurt a. M.
Zahn T (2013) Systematische Regelung der Lean Development Einführung. Shaker, Aachen

Univ.-Prof. Dr.-Ing. Uwe Dombrowski nach 12-jähriger Tätigkeit in leitenden Positionen der Medizintechnik- und Automobilbranche erfolgte 2000 die Berufung zum Universitätsprofessor an die Technische Universität Braunschweig und die Ernennung zum Geschäftsführenden Leiter des Instituts für Fabrikbetriebslehre und Unternehmensforschung (IFU).

David Ebentreich begann 2011 als wissenschaftlicher Mitarbeiter in der Arbeitsgruppe Ganzheitliche Produktionssysteme am Institut für Fabrikbetriebslehre und Unternehmensforschung (IFU) der TU Braunschweig. Im Jahr 2013 wurde er zum Leiter dieser Arbeitsgruppe ernannt.

Philipp Krenkel begann 2013 als wissenschaftlicher Mitarbeiter in der Arbeitsgruppe Ganzheitliche Produktionssysteme am Institut für Fabrikbetriebslehre und Unternehmensforschung (IFU) der TU Braunschweig. Im Jahr 2015 wurde er zum Leiter für Forschung und Industrie ernannt.

Dr. Dirk Meyer studierte und promovierte im Fach Physik an der TU Kaiserslautern. Nach verschiedenen Führungspositionen als Entwicklungsleiter ist er 2014 zur Becorit GmbH als Direktor für Friction Technology gewechselt.

Stefan Schmidt begann 2012 als wissenschaftlicher Mitarbeiter in der Arbeitsgruppe Ganzheitliche Produktionssysteme am Institut für Fabrikbetriebslehre und Unternehmensforschung (IFU) der TU Braunschweig.

Michelle Rico-Castillo nach einem Master of Science in International Economics and Business an der Universität Groningen (Niederlande) und vier Jahren in Marketing- und Vertriebstätigkeiten im Ausland, derzeit tätig als Trainerin zum Thema Lean in der Zentralen Entwicklung bei der Schaeffler AG in Herzogenaurach.

Thomas Richter begann 2014 als wissenschaftlicher Mitarbeiter in der Arbeitsgruppe Ganzheitliche Produktionssysteme am Institut für Fabrikbetriebslehre und Unternehmensforschung (IFU) der TU Braunschweig.

Frank Eickhorn 7 Jahre Entwickler in der Medizintechnik, anschließend 13 Jahre techn. Vertrieb und Produktmanagement für Brandschutzsysteme, teils in leitender Position. 2007 Wechsel zur Wagner Group GmbH, Langenhagen als Produktmanager Branderkennung. Seit 2013 Leiter der Entwicklung Elektrotechnik der Wagner Group GmbH.

Frank Schimmelpfennig ist Leiter der Elektronikentwicklung bei der GIRA Giersiepen GmbH & Co. KG in Radevormwald, einem führenden mittelständischen Unternehmen auf dem Gebiet der Gebäudeautomation. Sein Schwerpunkt ist die Optimierung des Elektronik-Entwicklungsprozesses.

Kai Schmidtchen begann 2009 als wissenschaftlicher Mitarbeiter in der Arbeitsgruppe Ganzheitliche Produktionssysteme am Institut für Fabrikbetriebslehre und Unternehmensforschung (IFU) der TU Braunschweig.

Ulrich Möhring ist leitender Angestellter bei der Firma Siemens AG im Bereich Mobility. Tätigkeiten und Erfahrungen in den Bereichen Produktionsmanagement, Entwicklung, Produktion und deren Wechselwirkungen zueinander.

Dr.-Ing. Henrike Lendzian studierte an der TU Dortmund und absolvierte anschließend das Bosch-Doktorandenprogramm. Seit 2010 ist sie für die Sennheiser electronic GmbH & Co. KG tätig. Dort arbeitete sie zunächst als Lean Management Engineer und ist seit 2014 Teamleader des Order Managements.

Dr.-Ing. Rolf Judas hat als promovierter Elektroingenieur zunächst bei einem namhaften Flurförderzeughersteller Führungspositionen im Qualitätsmanagement und der Entwicklung bekleidet. Mit dem Wechsel zur Schmitz Cargobull AG vertritt er auch hier das Thema Qualität und zusätzlich als Prozessverantwortlicher den Entwicklungsprozess des Konzerns.

Carsten Hass hat nach seiner Ausbildung zum Maschinenschlosser bei der Fa. FAG Kugelfischer an der Fachhochschule Bielefeld Maschinenbau und Betriebswirtschaftslehre studiert. Seit 1992 arbeitet er bei der Miele & Cie. KG im Bereich Konstruktion/Entwicklung. Er ist verantwortlich für das Technologiemanagement in der Wäschepflege und ist als Moderator und Methodenberater in der Produktentwicklung unternehmensweit tätig.

Rudolf Herden hat nach seiner Ausbildung zum Starkstromelektriker bei der Miele & Cie. KG an der FH Bielefeld und der TU Berlin Elektrotechnik studiert. Seit 1983 arbeitet er bei der Miele & Cie. KG an der Entwicklung der Wäschepflegeprodukte für den Haushalt. Er gestaltet den Entwicklungsprozess und die strategische Planung mit und ist seit 2001 verantwortlich für den Bereich Vorentwicklung Technologie.

Sven Schumacher studierte Maschinenbau mit der Fachrichtung Kraftfahrwesen an der RWTH Aachen und der Tsinghua University in Peking. Nach fünfjähriger Tätigkeit als wissenschaftlicher Mitarbeiter am Fraunhofer-Institut für Produktionstechnologie IPT, wurde er im Jahr 2013 als technischer Assistent der Werkleitung und des Geschäftsführers Technik bei der Miele & Cie. KG tätig, wo er seit 2014 den Bereich Arbeitsvorbereitung verantwortet.

Einführung Lean Development

3

Uwe Dombrowski, David Ebentreich, Tim Mielke, Thimo Zahn
und Thomas Richter

Unternehmen, die dem Beispiel von Toyota folgen wollen, stellen sich der Herausforderung ein unternehmensspezifisches Lean Development (LD)-Konzept zu entwickeln und passende Wege zur Einführung zu erarbeiten. Die Gestaltungsprinzipien, Methoden und Werkzeuge müssen im LD jedoch adaptiert und nicht kopiert werden, da Lean vor allem eine Denkweise ist, die dazu führt, dass Aufgaben anders durchgeführt werden. Daher wird in diesem Kapitel zunächst der generelle Ablaufplan zur Einführung beschrieben. Daraufhin werden die Veränderung hinsichtlich Führung und Kultur thematisiert. Im Anschluss werden Empfehlungen zur aufbauorganisatorischen Einführung gegeben. Ein Werkzeug zur Unterstützung der Einführung wird mit dem Reifegradmodell beschrieben. Für die Umsetzung von Lean Development werden im folgenden Kapitel mögliche Kennzahlen vorgestellt, welche bei der Zielverfolgung helfen. Aufgrund der zahlreichen Hindernisse und Schwierigkeiten bei der Einführung von LD werden abschließend Hin-

U. Dombrowski (✉) · D. Ebentreich · T. Mielke · T. Richter
Institut für Fabrikbetriebslehre und Unternehmensforschung (IFU), TU Braunschweig, Braunschweig, Deutschland
E-Mail: u.dombrowski@ifu.tu-bs.de

D. Ebentreich
E-Mail: d.ebentreich@ifu.tu-bs.de

T. Mielke
E-Mail: t.mielke@ifu.tu-bs.de

T. Zahn
MAN Truck & Bus AG, München, Deutschland
E-Mail: thimo.zahn@ifu.tu-bs.de

T. Richter
E-Mail: t.richter@ifu.tu-bs.de

U. Dombrowski (Hrsg.), *Lean Development*, DOI 10.1007/978-3-662-47421-1_3

dernisse präsentiert, die es bei der Einführung zu vermeiden gilt. Um ein LD-Konzept erfolgreich einführen zu können, müssen diese Rahmenbedingungen unbedingt berücksichtigt werden. Erst wenn die Herausforderungen richtig gehandhabt und eine passende Strategie zur Einführung entwickelt wird, kann das volle Potenzial vom Unternehmen ausgeschöpft werden.

3.1 Genereller Ablaufplan für die Einführung

Uwe Dombrowski, David Ebentreich

Für die Einführung von Lean Development (LD) sind mehrere Aspekte zu berücksichtigen, um die Nachhaltigkeit und den Nutzen der Methoden und Werkzeuge sicherzustellen. Zu Beginn muss meist die Erkenntnis reifen, dass die Einführung von LD den Produktentstehungsprozess verbessert. Diese Erkenntnis ist wichtig, da mit der Einführung eine grundlegend andere Art und Weise der Produktentstehung verfolgt wird, welche die Führungskräfte unterstützen müssen. Die meisten Unternehmen, die keine Erfahrung mit LD haben, werden nicht sofort ein vollständiges Lean Development System (LDS) konzipieren und einführen können. Für die meisten Unternehmen ist es daher hilfreicher, wenn sie erste Erfahrungen in Form von Vorprojekten erlangen, um die Wirkung und Erfolge einer LD-Einführung kennenzulernen bzw. sich Best-Practice anschauen. Es ist empfehlenswert hierbei problemorientiert zu arbeiten, um die identifizierten Probleme direkt angehen zu können und dadurch die passenden Methoden und Werkzeuge zu verwenden. Neben der schnellen Lösung von problematischen Angelegenheiten fördert der Prozess auf diese Weise das direkte Erkennen von positiven Veränderungen durch die Führungskräfte und Mitarbeiter. Für diese Vorprojekte sollten zunächst einfache Methoden und Werkzeuge zur Einführung ausgewählt werden, um die ersten Erfolge möglichst schnell sichtbar zu machen. Sobald sich das Unternehmen dazu entschieden hat ein LDS aufzubauen, ist es nach den Unternehmenszielen auszurichten.

Im Folgenden wird beschrieben, wie die Einführung eines LDS verfolgt werden kann. Dabei wird die VDI 2870 zur Einführung von Ganzheitlichen Produktionssystemen (GPS) als Orientierungshilfe verwendet, da die grundsätzliche Vorgehensweise der Einführung ähnlich ist. Dieses Vorgehen gliedert sich in die vier Phasen der Konzeption, Implementierung, Übergang und Betrieb, wie in Abb. 3.1 zu sehen (VDI 2870-1 2012).

3.1.1 Konzeptionsphase

In der **Konzeptionsphase** wird zunächst die Entscheidung für ein Lean Development System (LDS) von den Führungskräften getroffen. Diese Entscheidung ist über alle Hierarchiestufen zu kommunizieren. Zur Akzeptanz des LD sollten die Führungskräfte die Beweggründe für die Einführung verdeutlichen und die Veränderungen, die mit einer LD-Einführung einhergehen thematisieren. Neben den veränderten Vorgehensweisen und

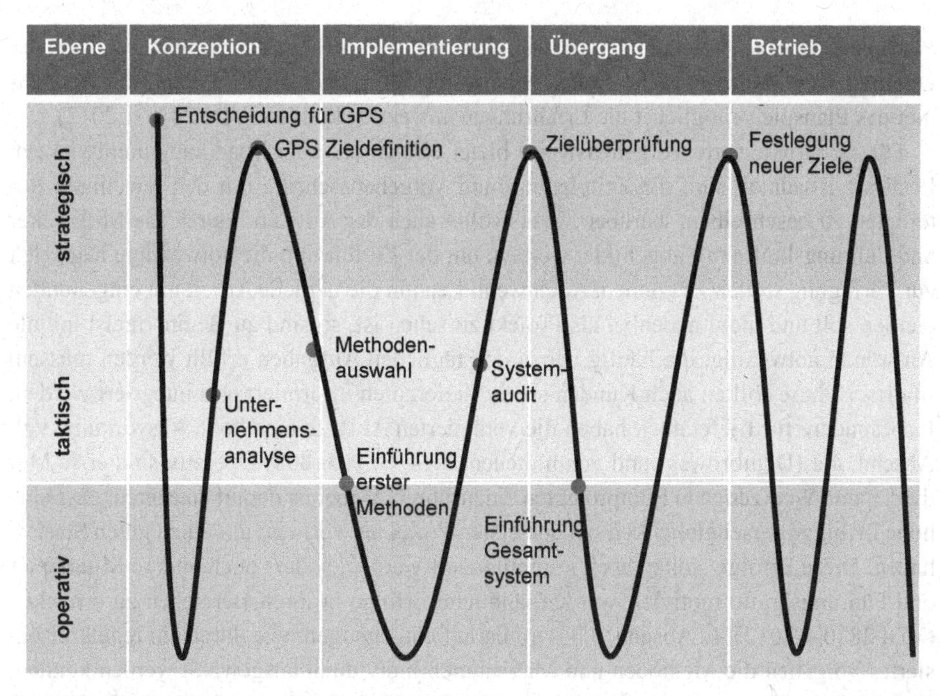

Abb. 3.1 Einführungsphasen nach VDI 2870. (VDI 2870-1 2012)

Denkmustern müssen auch die Führungskräfte ihre Verhaltensweisen und Führungsstile überdenken, vgl. Abschn. 3.2. Für eine fundierte Gestaltung des unternehmensspezifischen LDS sind auf der einen Seite eine Unternehmensanalyse durchzuführen und auf der anderen Seite die Ziele für das System, abgeleitet aus den Unternehmenszielen, zu identifizieren. Aus diesen Informationen kann das LDS konzipiert werden. Insbesondere die Analyse der aktuellen Ist-Situation hilft im späteren Verlauf bei dem Vergleich von wichtigen Zielgrößen und bei der Identifizierung der Schwachstellen im Produktentstehungsprozess. Für die Überwachung der Zielgrößen sollten Kennzahlen definiert werden. Welche Kennzahlen sich dafür eignen wird in Abschn. 3.5 thematisiert. Zur Analyse der Ist-Prozesse eignet sich die Wertstrommethode für die Produktentstehung (vgl. Abschn. 2.5). Abschließend wird in der Konzeptionsphase der Soll-Zustand definiert. Dieser beinhaltet bereits die von den Unternehmenszielen abgeleiteten Gestaltungsprinzipien, Methoden und Werkzeuge (VDI 2870-1 2012).

3.1.2 Implementierungsphase

In der folgenden **Implementierungsphase** wird mit Qualifizierungskonzepten und ersten Methodeneinführungen das konzipierte LDS begonnen einzuführen. Das Qualifizierungskonzept sollte neben theoretischen Schulungen auch praktische Trainings beinhalten. Praktische Trainings mittels Planspielen vermitteln spielerisch erste Erfahrungen mit der Methode, sodass die Lerninhalte besser verarbeitet werden können. Zusätzlich bieten sich

Planspiele für eine Akzeptanzbildung an. Wichtig ist in diesem Zusammenhang, dass der Übertrag vom Planspiel in die eigene Arbeitsumgebung bedacht wird, damit die Teilnehmer des Planspiels möglichst die Erfahrungen anwenden können (VDI 2870-1 2012).

Für die strukturierte Vorgehensweise bietet es sich an, eine Roadmap zu entwickeln. In dieser Roadmap sind die Zeitplanung und Vorgehensschritte mit den jeweiligen Beteiligten zu beschreiben. Darüber hinaus sollte auch der Aufwand durch die Mitarbeiter und Führungskräfte mit abgebildet werden, um der Einführung die notwendige Kapazität zur Verfügung stellen zu können. Auch wenn Lean in die tägliche Arbeit mit eingebunden werden soll und nicht nebenbei als Projekt zu sehen ist, so sind zu Beginn meist initiale Aufwände notwendig, die häufig neben den täglichen Aufgaben erfüllt werden müssen. In dieser Phase sollten auch Kunden sowie Lieferanten informiert und integriert werden. Insbesondere für Lieferanten haben die veränderten Abläufe eine hohe Auswirkung, vgl. Abschn. 4.2 (Dombrowski und Schmidtchen 2014, S. 805–808) Operativ sind erste Methoden und Werkzeuge in Pilotprojekten einzuführen. Dabei ist darauf zu achten, dass eine hohe Erfolgswahrscheinlichkeit bei den ersten Projekten vorliegt, um einen guten Start zu haben. Diese Erfolge sollten auch kommuniziert werden, sodass auch andere Mitarbeiter und Führungskräfte motiviert werden, ähnliche Erfolge in ihren Bereichen zu erreichen (VDI 2870-1 2012). In Abschn. 3.4 wird darauf eingegangen, wie durch ein regelkreisbasiertes Vorgehen die Methoden und Maßnahmen individuell ausgewählt werden können. Zusätzlich ist die Reichweite der Implementierung zu beachten. So kann die Einführung sukzessive in einer bestimmten Reihenfolge der Bereiche oder gleichzeitig in allen betroffenen Bereichen eingeführt werden. Je nach Gegebenheit, Zielsetzung und Kapazitäten der Organisation kann der eine oder der andere Ansatz zum Ablauf der Einführung passender sein und eine nachhaltige Struktur des LD-Konzepts fördern.

Abschließend wird in dieser Phase ein erster Zwischenstand aufgenommen, um die weitere Vorgehensweise abzustimmen. Dies kann in der Ausweitung der Umsetzungsbereiche oder des Umfangs des Methodenkatalogs bestehen (VDI 2870-1 2012).

3.1.3 Übergangsphase

An die Implementierungsphase schließt sich die **Übergangsphase** an. In dieser Phase ist es wichtig, die verfolgten Ziele zu überprüfen und die Einführung weiter auszurollen. Daher wird es auch häufig als Rollout-Phase bezeichnet. Die Methoden und Werkzeuge sollten in den Arbeitsalltag übergehen, sodass kein zusätzlicher Aufwand entsteht. Wurden vorher evtl. zusätzliche Experten für das Methodenwissen benötigt, sollten in dieser Phase die Mitarbeiter und Führungskräfte größtenteils selbstständig die LD-Methoden und Werkzeuge beherrschen. Zur Überprüfung der Umsetzung können Routine Review-Prozesse eingeführt werden (VDI 2870-1 2012). Diese Phase ist entscheidend für die Nachhaltigkeit der LD-Anwendung. Erst wenn durch ein Change Management die Methoden und Werkzeuge sowie die Maßnahmen in das alltägliche Arbeiten integriert werden können, verläuft die Einführung erfolgreich. Das Ziel ist es, lokal und dezentral eine kontinuierliche Verbesserung ohne weitere Impulse von außen zu stabilisieren (Dombrowski und Mielke 2015).

3.1.4 Betriebsphase

Die letzte Phase der Einführung ist die **Betriebsphase**. In dieser Phase ist dafür Sorge zu tragen, dass die LD-Methoden und Werkzeuge nachhaltig etabliert werden (VDI 2870-1 2012). Eine Nachhaltigkeit stellt sich ein, wenn die Mitarbeiter und Führungskräfte das Wissen (Fachkompetenz) und die Fähigkeit (Handlungskompetenz) haben, die LD-Methoden und Werkzeuge einzusetzen, um ihre Ziele zu erreichen. Bewährte Vorgehensweisen sollten als Standards allen Mitarbeitern zur Verfügung gestellt werden und einem kontinuierlichen Verbesserungsprozess unterliegen. LD ist damit Mittel zum Zweck geworden. Im Gegensatz dazu scheitert die Umsetzung, wenn LD neben den operativen Arbeitsaufgaben durchgeführt werden muss.

Für eine strukturierte Vorgehensweise bietet sich an die Verbesserungsmaßnahmen sowohl hinsichtlich des Maßnahmenidentifikation als auch hinsichtlich der Maßnahmenabarbeitung zu unterscheiden. Für die Maßnahmenidentifikation können die Bausteine KVP, Ideenmanagement sowie eine taktische Bewertung eingesetzt werden. Die Maßnahmenbearbeitung kann im Tagesgeschäft, in Workshops, in Projekten oder in Transformationswellen geschehen (Dombrowski und Mielke 2015).

Die Identifikation von Maßnahmen wird direkt bei der operativen Arbeit im KVP durch das Hinterfragen der Prozesse durch die Mitarbeiter durchgeführt, vgl. Abschn. 2.3. Kleine Verbesserungen können selbstständig umgesetzt werden. Je größer der Umfang der Verbesserungsmaßnahme wird, desto mehr müssen Führungskräfte mit einbezogen werden und Workshops bzw. Projekte initiiert werden (Dombrowski und Mielke 2015).

Weiterführende Ideen bzw. Ideen für Verbesserungen in anderen Unternehmensbereichen werden häufig durch ein Ideenmanagement unterstützt. Dieses bildet eine weitere wichtige Identifikationsmaßnahme. So können Mitarbeiter bei dem Erkennen von Verschwendung auch anderen Bereichen helfen. Darüber hinaus ist eine regelmäßige Bewertung des LD-Reifegrades sowie der Abgleich mit den Unternehmenszielen wichtig, um auf veränderte Rahmenbedingungen reagieren zu können. Ebenso können neue Impulse durch die Auditierung des Reifegrades gegeben werden (Schmidt 2011; Intra und Zahn 2014).

Für die Maßnahmenabarbeitung ist zu unterscheiden, ob die Veränderung im Tagesgeschäft umgesetzt werden kann. Sind die Maßnahmen umfangreicher, sollen Workshops mit allen Beteiligten durchgeführt werden oder Projekte initiiert werden, die sich dem Problem mit mehr Ressourcen widmen können (Zahn et al. 2013).

Wird die Einführung von LD in Entwicklungsabteilung nacheinander durchgeführt, kann ein weiteres Vorgehensmodell genutzt werden. Für die Umsetzung können sogenannte Transformationswellen definiert werden. Innerhalb dieser Wellen werden die Bereiche ca. 2–3 Monate durch Workshops und begleitende Projekte bestmöglich verbessert (Intra und Zahn 2014).

In Kombination bieten diese Elemente eine gute Unterstützung bei der Sicherstellung der Nachhaltigkeit. Die besondere Bedeutung der Führung und Kultur darf jedoch nicht unberücksichtigt bleiben. Dazu wird im nächsten Kapitel auf diesen Aspekt eingegangen werden.

3.2 Führung und Kultur

Uwe Dombrowski und Tim Mielke

Die Einführung von LD sollte nicht als isolierter Prozess und vor allem nicht als Rationalisierungsprojekt gesehen werden. Im Sinne des Lean Enterprise gilt es, mittels Querschnittsfunktionen und -prozessen die einzelnen Lean-Ansätze zu verzahnen. Hierbei haben sich die Themen Führung und Kultur als besonders wichtig erwiesen. Lösungsansätze liefert das sogenannte Lean Leadership, mit dem eine nachhaltige Einführung erreicht werden soll (Dombrowski und Mielke 2012). Lean Leadership ist als Querschnittsfunktion des Lean Enterprise zu sehen und gilt für alle Prozesse des Unternehmens. Bei der Lean-Einführung sollten Entwicklung, Produktion und Service gleichermaßen das Lean Leadership berücksichtigen.

Die Bedeutung der eher weichen, unsichtbaren Themen wie Führung und Kultur wird bei der Einführung häufig nicht erkannt. Meist stehen zunächst leicht greifbare Methoden wie Kanban oder 5S im Vordergrund, die darauf abzielen, Verschwendung zu eliminieren und so die Prozesse zu verbessern. Der alleinige Fokus auf Methoden und Werkzeuge bzw. den Prozess führt jedoch selten zu einer nachhaltigen Einführung. Es ist entscheidend, ob es gelingt, eine neue Philosophie mit veränderten Verhaltensweisen zu etablieren (Classen und Neuhaus 2013).

Die erforderlichen Betrachtungsebenen können bei der LD-Einführung, wie auch beim GPS, anhand des 4P-Modells nach Liker verdeutlicht werden (s. Abb. 3.2). Wie das 4P-Modell zeigt, ist der Prozess nur eine von vier Ebenen. Die Eliminierung von Verschwendung ist zwar sehr wichtig, reicht jedoch allein nicht aus. Es ist wichtig, dass die Unternehmen eine Philosophie des langfristigen Denkens entwickeln, in der kurzfristige Erlöse nicht auf Kosten von langfristigen Zielen erfolgen. Die Ebene der People und Partner drückt aus, dass die Mitarbeiter (intern und externe Partner) die wichtigste Ressource des Unternehmens und eine wertvolle Quelle für Ideen sind (Spear und Bowen 1999; VDI 2870-1 2012). Die vierte Ebene beschreibt die Problemlösung. Sie sollte kurzzyklisch und vor allem am Ort des Geschehens erfolgen, um eine kontinuierliche Verbesserung und ein kontinuierliches Lernen zu fördern (Liker 2013; Spear und Bowen 1999).

Das Lean Leadership bietet einen Ansatz, die neben der Prozessebene meist vernachlässigten Betrachtungsebenen zu berücksichtigen und die Nachhaltigkeit einer Lean-Einführung zu verbessern (Dombrowski und Mielke 2015). Dies gilt unabhängig vom Unternehmensprozess oder Bereich und ist daher auch für die Entwicklung relevant.

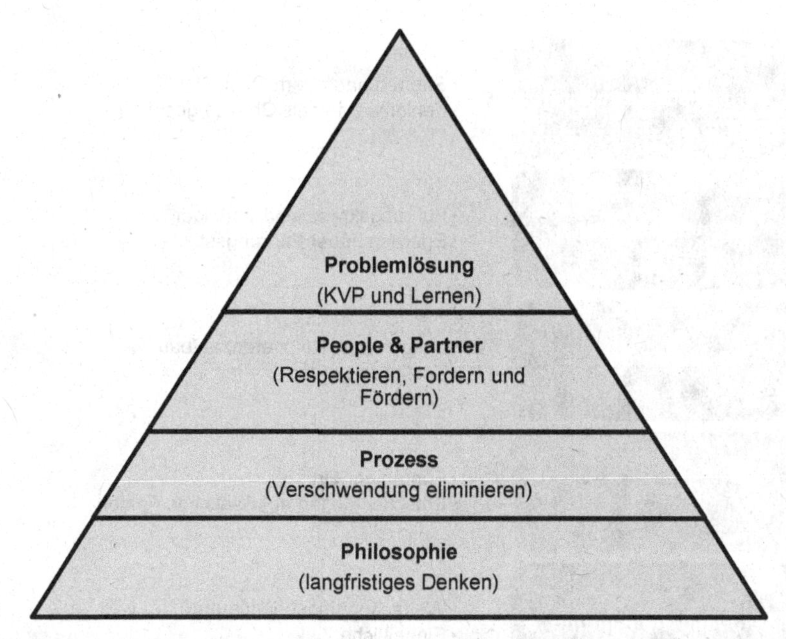

Abb. 3.2 4P-Modell nach (Liker 2013)

Das Lean Leadership ist ein methodisches Regelwerk zur nachhaltigen Implementierung und kontinuierlichen Weiterentwicklung von GPS. Es beschreibt das Zusammenwirken von Mitarbeitern und Führungskräften beim gemeinsamen Streben nach Perfektion. Hierbei werden sowohl die Ausrichtung aller Prozesse auf den Kundennutzen als auch die langfristige Weiterentwicklung der Mitarbeiter verfolgt (Dombrowski und Mielke 2012).

Lean Leadership umfasst die fünf Gestaltungsprinzipien Verbesserungskultur, Selbstentwicklung, Qualifizierung, Gemba und zielorientierte Führung (s. Abb. 3.3). Diese werden in Anlehnung an (Dombrowski und Mielke 2012, 2013, 2015) im Folgenden vorgestellt.

Die **Verbesserungskultur** ist ein elementares Gestaltungsprinzip des Lean Leadership und bildet die Basis für das synergetische Zusammenwirken der Gestaltungsprinzipien. Es umfasst die nicht sichtbaren Verhaltensweisen und Einstellungen, die ein kontinuierliches Streben nach Perfektion befördern. Perfektion bzw. der Idealzustand beschreibt einen Prozess ohne Verschwendung und fehlerhafte Produkte, der in der Praxis zwar selten in Vollkommenheit erreichbar ist, den Mitarbeitern und Führungskräften jedoch als Vision dienen soll. Das Streben nach Perfektion wird zwar häufig bereits im Rahmen des KVP auf Prozessebene für wichtig befunden, in der Praxis jedoch selten erreicht. Die erforderliche Veränderung der Unternehmenskultur hin zu einer Verbesserungskultur ist eine große Herausforderung für die Führungskräfte und kann nur langfristig erreicht werden (Schein 1995). Daher ist es für den Aufbau einer funktionierenden Verbesserungskultur besonders wichtig, Veränderungen und Ziele langfristig auszurichten.

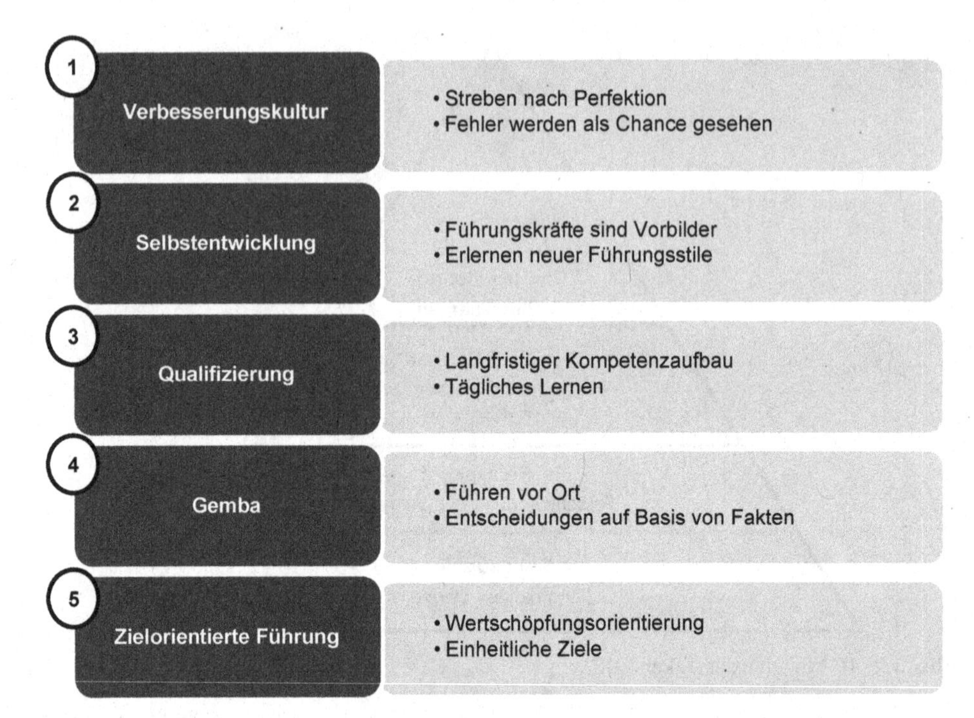

Abb. 3.3 Lean Leadership Gestaltungsprinzipien nach (Dombrowski und Mielke, 2015)

Eine besonders große Herausforderung ist die Entwicklung einer positiven Fehlerkultur, die mit einem veränderten Fehlerverständnis einhergeht. Fehler sollten als Chance zur Verbesserung und Möglichkeit zum Lernen gesehen werden. Wichtig ist es, nicht in erster Linie die oberflächlichen Symptome zu beheben und einen Schuldigen zu suchen, sondern die wahre Ursache des Problems zu finden. Fehler werden in einem soziotechnischen System immer auftreten, dürfen sich im Sinne der Verbesserungskultur jedoch nicht wiederholen. Die Fehlerkonsequenzen, wie fehlerhafte Bauteile, müssen aber sofort erkannt werden und dürfen weder zum externen noch zum internen Kunden weitergegeben werden. Führungskräfte müssen ihren Mitarbeitern die Verbesserungskultur vorleben und veränderte Verhaltensweisen belohnen. Nur so kann mit der Zeit eine Kulturveränderung stattfinden (Schein 2003).

Nicht nur Mitarbeiter, auch Führungskräfte müssen sich weiterentwickeln. Das Gestaltungsprinzip der Selbstentwicklung sagt aus, dass Führungskräfte sich zunächst selbst (weiter-)entwickeln müssen, bevor sie ihre Mitarbeiter entwickeln können. In der Praxis ist dies jedoch weniger sequenziell, sondern vielmehr als kontinuierlicher Lernprozess zu sehen. Die Führungskräfte agieren im Lean Leadership als Coach und müssen lernen, ihren Mitarbeitern nicht die Lösungen für Probleme vorschnell vorzugeben, sondern sie im Problemlösungsprozess zu unterstützen. Sie müssen die Stärken und Schwächen ihrer Mitarbeiter kennen, um diese individuell entwickeln zu können. Im Rahmen der Selbstentwicklung muss auch gelernt werden, sich als Vorbild zu verhalten, das eigene Verhalten stets zu reflektieren und ggf. anzupassen und die Verbesserungskultur vorzuleben.

Die Gestaltungsprinzipien Selbstentwicklung und Qualifizierung sind eng miteinander verknüpft. Während es bei der Selbstentwicklung jedoch um die Weiterentwicklung der Führungskraft selbst geht, ist die Qualifizierung eine Fremdentwicklung. Hier geht es um die gezielte Weiterentwicklung der Mitarbeiter durch die Führungskraft. Die Schwerpunkte liegen im Lean Leadership anders als in der konventionellen Weiterbildung. Beispielsweise spielen die fachlichen Kompetenzen eine eher untergeordnete Rolle. Im Fokus steht die Problemlösungskompetenz, die im Rahmen des KVP benötigt wird. Auch die Form der Qualifizierung ist anders. Ein Frontalunterricht in einem separaten Schulungsraum ist im Lean Leadership sehr selten. Die Qualifizierung erfolgt direkt am Arbeitsplatz anhand der tatsächlichen Probleme der Mitarbeiter. Die Führungskraft gibt dabei nicht die Lösung vor, sondern lässt den Mitarbeiter eine eigene Lösung finden.

Der Begriff Gemba beschreibt den Ort der Wertschöpfung oder den Ort des Geschehens. Dieses Gestaltungsprinzip verdeutlicht, dass Entscheidungen nicht auf Basis von Beschreibungen oder Präsentationen Dritter, sondern auf Basis von Fakten getroffen werden sollen, die vor Ort selbst beobachtet wurden. Daher ist es wichtig, dass Führungskräfte an den Arbeitsplätzen der Mitarbeiter präsent sind und sich stets ein eigenes Bild von den Problemen verschaffen. Die Präsenz vor Ort ist auch erforderlich, um eine Verbesserungskultur vorzuleben und die Mitarbeiter zu qualifizieren. Im LD ist der Ort des Geschehens nicht so klar definiert wie im GPS. Für einen Entwickler oder Konstrukteur kann der Ort des Geschehens sowohl der eigene Arbeitsplatz als auch ein Prüfstand, ein Labor oder die Fertigung sein. Die Führungskräfte müssen daher stets hinterfragen, ob das Problem und seine Ursache tatsächlich am jeweiligen Ort entstanden sind.

Das Lean Leadership fördert eine Problemlösung vor Ort, in der alle Mitarbeiter dezentral und kurzzyklisch Verbesserungen vornehmen. Um diese Vielzahl von Verbesserungen auf die gemeinsamen Ziele des Unternehmens abzustimmen, ist die Berücksichtigung des Gestaltungsprinzips der zielorientierten Führung erforderlich. Es hilft dabei, die Unternehmensziele horizontal und vertikal im Unternehmen abzustimmen. Auf diese Weise werden die Ziele für alle transparent und das Auftreten von Zielkonflikten kann vermieden werden. In einigen Unternehmen wird dieses Gestaltungprinzip in Form eines Zielmanagements oder als Hoshin Kanri umgesetzt.

3.3 Aufbauorganisatorische Einführung

Uwe Dombrowski, David Ebentreich

Für eine umfassende und erfolgreiche Einführung muss eine Strategie mit verschiedenen Merkmalen definiert werden, wie in der VDI 2870 beschrieben (VDI 2870-1 2012). Daraus wurden Kriterien abgeleitet, nach denen die Einführung erfolgen kann. Diese Kriterien werden nachfolgend beschrieben und anschließend eine Empfehlung gegeben.

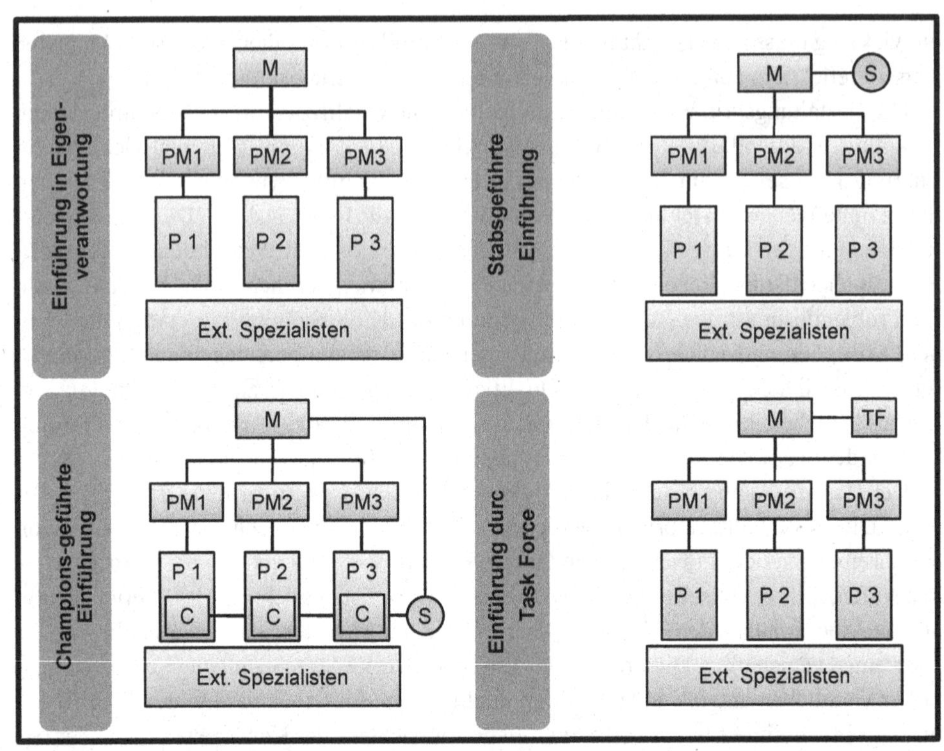

Abb. 3.4 Aufbauorganisation. (Dombrowski et al. 2011a)

Die Empfehlungen gliedern sich in organisatorische Aspekte der Einführung (Abschn. 3.3.1), das Change Management (Abschn. 3.3.2) sowie den Umsetzungsbereich (Abschn. 3.3.3). Die Vorgehensweise, welche Methoden und Maßnahmen zur Umsetzung ausgewählt werden, wird im Abschn. 3.4 anhand der regelkreisbasierten Einführungsmethodik beschrieben.

3.3.1 Aufbauorganisation der Einführung

Die Aufbauorganisation der Einführung bestimmt, welche Ebene im Unternehmen die LD-Einführung leitet und demonstriert so die Priorisierung innerhalb des Unternehmens. Gemäß Wildemann und Baumgärtner (2006) gibt es verschiedene Alternativen, die in Abb. 3.4 dargestellt und folgend beschrieben sind (Wildemann und Baumgärtner 2006).

Die erste Möglichkeit ist die Einführung mit direkter Verantwortlichkeit in den jeweiligen Abteilungen. Die Führungsebene muss hierbei zum einen das Alltagsgeschäft bewältigen und gleichzeitig eine erfolgreiche Einführung vorantreiben und verantworten. Die Führungsebene überwacht dabei den zeitlichen, finanziellen und qualitativen Fortschritt der Einführung. Vorteil dieser Variante ist, dass das Know-How direkt in der Abteilung aufgebaut wird und auch dort vorhanden bleibt. Ein Nachteil kann die Dauer und das fehlende Methodenwissen sein, welches sich die Mitarbeiter und Führungskräfte zu Beginn erarbeiten müssen. Unterstützt werden sollte daher eine Einführung in Eigenverantwortung durch externe Experten. Ziel ist es, dass die Abteilungen selbstständig LD nutzen und nachhaltig eigenverantwortlich einsetzen (Wildemann und Baumgärtner 2006; Dombrowski et al. 2011a).

Eine zweite Möglichkeit ist die stabsgeführte Einführung, welche die Einführung übernimmt. Diese Stabsstelle sollte organisatorisch auf einer hohen hierarchischen Position im Unternehmen angeordnet werden und überwacht Kostenziele, Zeit und den inhaltlichen Fortschritt der Einführung. Ein Leiter trägt dabei die Verantwortung für die Einführung und führt die Mitarbeiter. Die operative Umsetzung wird weiterhin durch die Abteilungen zusätzlich zum Tagesgeschäft durchgeführt. Vorteil bei dieser organisatorischen Form ist, dass das Top-Management eingebunden ist und dementsprechend der Einführung eine hohe Bedeutung zukommt. Nachteil ist, ebenso wie bei der Einführung in direkter Verantwortung, dass die Arbeitsbelastung neben dem täglichen Arbeitsaufgaben zu stemmen ist (Wildemann und Baumgärtner 2006; Dombrowski et al. 2011a).

In einer Matrixorganisation kann die Einführung mit einzelnen Mitarbeitern aus verschiedenen Abteilungen erfolgen. Diese Mitarbeiter teilen ihre Ressourcen zwischen ihrer funktionalen Fachabteilung und der Einführung auf. Jedes Teammitglied bringt so die Expertise aus einer anderen Abteilung mit, die für die Einführung benötigt wird. Ein Leiter führt die Mitarbeiter und koordiniert die Arbeit. Vorteilhaft ist hierbei, dass die Mitarbeiter bereits darüber unterrichtet werden, wie die Einführung in der einzelnen Fachabteilung umgesetzt wird und wie jeder Fachbereich dies unterstützen kann (Wildemann und Baumgärtner 2006; Dombrowski et al. 2011a).

Die letzte Möglichkeit bietet die Gründung einer unabhängigen LD-Abteilung mit der Besetzung durch eine spezielle Task Force für die Einführung. Ein Vorteil hierbei ist, dass keine Kompetenzen oder Ressourcen für andere Aufgaben verwendet werden, sondern die Mitarbeiter sich voll auf die Einführung konzentrieren können. Es handelt sich hierbei um eine reine Projektorganisation, wobei die Mitarbeiter dem Einführungsprojekt Vollzeit zugeordnet sind. Die LD-Einführung hat keinen tatsächlichen Abschluss, sondern ist eine laufende Entwicklung, weshalb sich die Task Force weiterhin in dieser Form im Unternehmen befindet (Wildemann und Baumgärtner 2006; Dombrowski et al. 2011a).

Je nach Unternehmen und Abteilungsgröße können die verschiedenen Alternativen einzeln oder in Kombination genutzt werden. Im Folgenden wird eine kombinierte Vorgehensweise beschrieben, welche insbesondere bei größeren Abteilungen empfehlenswert ist. Diese sieht vor einer Task Force die Aufgabe der Einführung zu übertragen (Cooper 2010). Dazu kann im ersten Schritt ein Kernteam bestimmt werden, welches nach einer Entscheidung für die LD-Einführung zu einer Task Force erweitert wird (Kennedy 2003; Fiore 2005). Das Kernteam sollte in den frühen Phasen zentral die LD-Konzeption leiten und hat die Verantwortung für die Durchführung der Einführung. Diese Mitarbeiter werden zu Experten ausgebildet (Haque und James-Moore 2004). Zudem soll es direkt der Unternehmensführung unterstehen und bei Bedarf durch externe Experten unterstützt werden (Morgan und Liker 2006). Durch das erweiterte Kernteam sollen anschließend Workshops, Prozessverbesserungen, Trainings und Schulungen durchgeführt werden. Beteiligt werden sollten auch die Führung wie auch die Kunden (Sehested und Sonnenberg 2011). Je weiter die LD-Einführung voranschreitet, desto mehr soll sich das erweiterte Kernteam in die ursprüngliche Organisationstruktur eingliedern, um zu vermeiden, dass die LD-Einführung als Projektaufgabe gesehen wird.

3.3.2 Change Management

Die LD-Einführung geht einher mit einer großen Veränderung der Arbeitsweise der Führungskräfte und Mitarbeiter. Eine offene Fehlerkultur ist beispielsweise häufig ungewohnt für Führungskräfte und Mitarbeiter. Ohne die Aufdeckung von Fehlern wird jedoch keine LD-Einführung erfolgreich sein. Denn die Fehler sind es, die erst identifiziert werden müssen, um sie dann bearbeiten zu können (vgl. Abschn. 2.8). Es ist daher wichtig, bei der Einführungsstrategie die Einbeziehung und Motivation der Mitarbeiter zu berücksichtigen sowie Vorgaben zum Führungsverhalten zu definieren (vgl. Abschn. 3.2).

In Bezug auf das Change Management ist die Einbeziehung und Motivation der Mitarbeiter und Führungskräfte notwendig. Bei der Einbeziehung und Motivation der Mitarbeiter kommt den Führungskräften die Aufgabe zu, diese Möglichkeiten zur Partizipation zu gewähren. Durch das Top-Management sind u. a. die Dringlichkeit des Wandels und der Stellenwert der LD-Einführung zu verdeutlichen (Kennedy 2003). Wesentlich dabei ist es, Vereinbarungen einzuhalten, den Stellenwert der LD-Einführung zu verdeutlichen sowie die Ideen der Mitarbeiter nachdrücklich zu berücksichtigen (Sehested und Sonnenberg 2011; Ward 2007). Eine wichtige Bedeutung kommt in diesem Zusammenhang der Kommunikation der LD-Einführung zu. Zu Beginn werden noch nicht alle Mitarbeiter gleichermaßen beteiligt sein. Positive Ergebnisse sind wichtig, um die Führungskräfte und Mitarbeiter von anderen Abteilungen mit auf den Weg der LD-Einführung zu nehmen. Wohl der stärkste Anreiz für Führungskräfte und Mitarbeiter sich in der LD-Einführung zu beteiligen, ist die Möglichkeit Probleme selbstständig lösen zu dürfen. Die Erfahrung, dass eigene Ideen zur Verbesserung der Arbeitsprozesse führen und diese auch schnell umgesetzt werden, ist meist der größte Motivator. Im Rahmen der Kommunikation sind Führungskräfte und Mitarbeiter für die entwickelten Lösungen auszuzeichnen, um so weitere zu motivieren.

3.3.3 Umsetzungsbereich

Der Umsetzungsbereich beschreibt im Rahmen einer Einführungsstrategie die Organisationseinheiten, in denen das LD-Konzept eingeführt werden soll. So kann z. B. das Konzept zeitgleich in den betroffenen Bereichen eingeführt werden. Demgegenüber steht

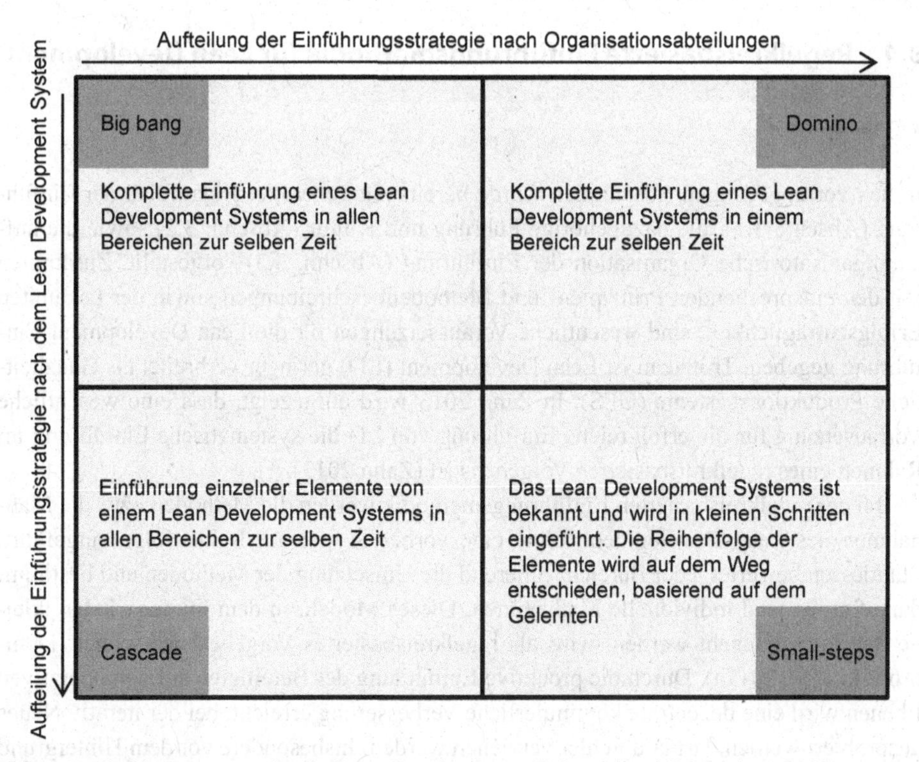

Abb. 3.5 Einführungsstrategien für Lean Development. (Sehested und Sonnenberg 2011)

eine sukzessive Einführung nach einer festgelegten Reihenfolge z. B. zunächst in Pilotbereichen.

Je nach Einführungselement und Umsetzungsbereich können vier verschiedene Einführungsstrategien (Big-bang, Domino, Cascade, Small-steps) unterschieden werden, siehe Abb. 3.5.

Bei der Big-bang- und der Cascade-Einführung wird LD in allen Unternehmensbereich gleichzeitig eingeführt. Bei der Cascade-Einführung werden jedoch einzelne Elemente eingeführt, während bei der Big-bang-Einführung alle Elemente gleichzeitig implementiert werden. Auch bei Domino-Einführung werden alle Elemente simultan eingeführt, jedoch nicht in allen Bereichen gleichzeitig. Die vierte Strategie ist die Small-steps-Einführung, bei der einzelne Elemente in einzelnen Bereichen eingeführt werden. In Abhängigkeit von Organisationsstruktur, Zweck, Zielzustand, Kompetenzen und Erfahrungen ist eine Vorgehensweise auszuwählen (Sehested und Sonnenberg 2011).

Häufig eignet es sich zunächst in einem Pilotbereich oder auch in einem Pilotprojekt die LD-Einführung zu beginnen. Anschließend kann ein unternehmensweites Rollout stattfinden (Kennedy 2003). Diese Vorgehensweise wird unterstützt durch die regelkreisbasierte Einführungsmethodik, die im nächsten Kapitel beschrieben wird.

3.4 Regelkreisbasierte Einführungsmethodik für Lean Development

Thimo Zahn

In den vorrangegangen Abschnitten wurde bereits ein genereller Ablaufplan der Einführung (Abschn. 3.1), die dazugehörige Führung und Kultur (Abschn. 3.2) sowie die aufbauorganisatorische Organisation der Einführung (Abschn. 3.3) vorgestellt. Zusammen mit den entsprechenden Prinzipien- und Methodenbeschreibungen sowie der bekannten Erfolgszuträglichkeit, sind wesentliche Voraussetzungen für die Lean Development-Einführung gegeben. Trotzdem ist Lean Development (LD) geringer verbreitet als Ganzheitliche Produktionssysteme (GPS). In Zahn 2013 wird aufgezeigt, dass eine wesentliche Vorrausetzung für die erfolgreiche Einführung von LD die systematische Einführung im Rahmen eines regelkreisbasierten Vorgehens ist (Zahn 2013).

Bei der regelkreisbasierten Einführungsmethodik werden die Methoden bzw. die Maßnahmen des Lean Development, ohne eine vorher festgelegte Reihenfolge eingeführt. Stattdessen bewertet jeder Bereich rollierend die Umsetzung der Methoden und bestimmt darauf aufbauend individuelle Maßnahmen. Dieses Modell, in dem immer wieder „kleine Schritte" gemacht werden, wird als regelkreisbasiertes Vorgehen bezeichnet (Dombrowski et al. 2011a). Durch die proaktive Einbindung der Beteiligten auf den operativen Ebenen wird eine dezentrale kontinuierliche Verbesserung erreicht, bei der iterativ Neues ausprobiert werden darf und Fehler verziehen werden. Insbesondere vor dem Hintergrund des langen Einführungszeitraums von Lean Development kann durch das regelkreisbasierte Verfahren eine Umsetzungsdynamik erreicht werden, die letztendlich aus sich selbst heraus stabil ist. Das regelkreisbasierte Einführungsvorgehen wird dabei in allen Phasen (Abschn. 3.1 und Abb. 3.1) der LD-Einführung benötigt, um als Basis der Ist-Analyse zu dienen, den Einführungsfortschritt im Rahmen des Einführungscontrollings zu messen und, entsprechend der Einführungsstrategie, Maßnahmen zur Erhöhung des Reifegrads festzulegen (Dombrowski et al. 2011c).

Ziel des vorliegenden Abschnittes ist es, den Regelkreis zur regelkreisbasierten Einführungsmethodik sowie die dazugehörigen Bausteine, Phasen und Werkzeuge vorzustellen. Mit der Entwicklung des Regelkreismodells wird eine wesentliche Voraussetzung geschaffen, Lean Development erfolgreich umzusetzen und den Verbreitungsgrad zu erhöhen. Das Ergebnis soll die systematische Regelung der Einführung ermöglichen und somit befähigen, die Effektivität und Effizienz des Produktentstehungsprozesses zu steigern.

Im Abschn. 3.4.1 wird dazu zunächst der Regelkreis, der der gesamten Methodik zugrunde liegt, erläutert und es werden die einzelnen Phasen des Regelkreises dargelegt. Aus den Regelkreisphasen leitet sich ab, welche Bausteine benötigt werden, um die Methodik in der Praxis anzuwenden. Die Bausteine der Methodik werden in den Abschn. 3.4.1.1 und 3.4.1.3 erörtert und es werden die Werkzeuge identifiziert, die zur Umsetzung der Bausteine benötigt werden. In den Abschn. 3.4.1.2 und 3.4.1.4 werden die benötigten Werkzeuge entwickelt. Dabei handelt es sich um ein Reifegradmodell und einen Maßnahmenkatalog. Abschließend wird der vorliegende Abschnitt zusammengefasst.

3.4.1 Regelkreis zur Einführung

Der Regelkreis ist ein Begriff aus dem Umfeld der Regelungstechnik. Die **DIN IEC 60050** definiert Regelung als den Vorgang, „bei dem fortlaufend eine Größe (Regelgröße) [...] erfasst, mit einer anderen Größe (Führungsgröße) verglichen und im Sinne der Führungsgröße beeinflusst wird." (DIN 60050-351 2009). Charakteristisch ist, dass diese Rückführung der Ergebnis- und Ausgangsgrößen sowie die Anpassung der Eingangsgrößen fortlaufend in einem geschlossenen Wirkungsablauf stattfinden. Das System, in dem die geschlossene Regelung stattfindet, wird als Regelkreis bezeichnet (DIN 60050-351 2009). Übertragen auf die Einführung von Lean Development, kann der Regelkreis zur Einführung als Vorgang bezeichnet werden, in dem fortlaufend der aktuelle Reifegrad bewertet und mit dem angestrebten Zielzustand verglichen wird. Zudem beinhaltet der Regelkreis die Festlegung und Umsetzung von Maßnahmen, die wiederum den Reifegrad beeinflussen. Es lassen sich vier Phasen des Regelkreises definieren (Abb. 3.6):

Phase 1 – Umsetzungsbewertung durchführen: Der Regelkreis beginnt mit der Umsetzungsbewertung. Um die Umsetzung von Lean Development bewerten zu können, muss zum einen festgelegt werden, welche Merkmale (Informationen) den Reifegrad (Sachverhalt) beschreiben und zum anderen sind Wertehaltungen zu den Merkmalen zu identifizieren. Mit Bezug auf die Umsetzungsbewertung von Regelwerken, wie Lean Production/ Ganzheitliche Produktionssysteme oder Lean Development, werden als Bewertungsverfahren zumeist Auditierungen genutzt (Wildemann und Baumgärtner 2006; Dombrowski et al. 2011c; Kortmann und Uygun 2007; Spath 2003). Es zeigt sich, dass Audits im vorliegenden Anwendungsfall Vorteile haben, da bei Auditierungen durch gezielte Befragungen der betroffenen Mitarbeiter, nicht nur das Prozessergebnis, sondern auch die dahinterstehenden Verfahrensweisen einbezogen werden. Bei einem Regelwerk wie Lean Development, das organisatorische, personelle und wirtschaftliche Aspekte sowie Aspekte der Unternehmenskultur umfasst, ist die Berücksichtigung der dahinterstehenden Verfahrensweisen von besonderer Relevanz.

Phase 2 – Abgleich von Umsetzungsbewertung und angestrebtem Zielzustand: Wurde eine Umsetzungsbewertung durchgeführt, erfolgt anschließend der Abgleich des Bewertungsergebnisses mit dem angestrebten Zielzustand bzw. dem angestrebten Zwischenzielzustand und die Ermittlung der bestehenden Abweichung. Der Zwischenzielzustand ist der Zielzustand, der beim letzten Regelkreiszyklus als Ziel bis zur nächsten Auditierung definiert wurde. Wird eine Auditierung auf Basis einer Bewertungsskala durchgeführt, ist die höchste Stufe der Skala so zu gestalten, dass sie den angestrebten Zielzustand abbildet. Dadurch wird der Abgleich von Umsetzungsbewertung und Zielzustand in die Auditierung integriert.

Phase 3 – Maßnahmen festlegen: Falls der angestrebte Zielzustand nicht erreicht ist, ergibt sich aus dem Abgleich (Phase 2) eine Abweichung. Um diese Abweichung zu eli-

Abb. 3.6 Regelkreis zur systematischen Einführung von Lean Development

minieren, sind in Phase 4 Maßnahmen umzusetzen. Vorab sind diese Maßnahmen im Rahmen einer Umsetzungsplanung festzulegen und zu planen.

Phase 4 – Maßnahmen umsetzen: Ausgehend von der Planung der Umsetzung (Phase 3) werden in Phase 4 des Regelkreises die Maßnahmen in der Praxis umgesetzt. Dabei wird die Umsetzung überwacht und gesteuert. Eine Prüfung der Wirksamkeit der Maßnahmen erfolgt bei der Regelung nur indirekt. Statt einer direkten Bewertung der Wirksamkeit je Maßnahme wird im nächsten Regelkreiszyklus eine neue Bewertung der Umsetzung durchgeführt. Dieses Vorgehen ist, aufgrund der Vielzahl von Maßnahmen die pro Zyklus umgesetzt werden und sich gegenseitig beeinflussen, sinnvoll. Anschließend beginnt der Regelkreis erneut mit der Durchführung der Umsetzungsbewertung (Phase 1).

Nachdem die vier Phasen des Regelkreises erläutert wurden, ist als Zwischenfazit festzuhalten, dass zwei Bausteine zur Anwendung der regelkreisbasierten Einführungsmethodik relevant sind. Zum einen werden Phase 1 und Phase 2 mit der Durchführung einer **Auditierung** (Baustein 1) abgearbeitet. Zum anderen werden Phase 3 und Phase 4 durch eine **Umsetzungsplanung und -steuerung** (Baustein 2) abgedeckt. Der Regelkreis ist in Abb. 3.6 dargestellt. In der Abbildung sind die Phasen des beschriebenen Regelkreises, der aus der DIN IEC 60050 abgeleitet wurde.

3.4.1.1 Baustein 1: Auditierung

Der Baustein Auditierung hat zum Ziel, die Umsetzungsbewertung von Lean Development (Phase 1) sowie den Abgleich der Bewertung mit dem angestrebten Zielzustand (Phase 2) durchzuführen. Für ein systematisches und zielorientiertes Auditierungsvorgehen werden im Folgenden in Anlehnung an (Gietl und Lobinger 2012; Loos 1998; Schmidt 2011; Winnes 2002) Angaben zum Ziel der Auditierung, zum Geltungsbereich, Zyklus, zu den ausführenden Auditoren, zum Ablauf, zu den Ergebnissen und zu den benötigten Werkzeugen gemacht.

Vorrangiges **Ziel der Auditierung** ist es, den aktuellen Reifegrad der LD-Methoden zu erfassen, um somit die Grundlage zur Maßnahmenfestlegung zu schaffen. Ein weiteres Ziel ist es, den aktuellen Stand der Umsetzung zu verdeutlichen und einen Vergleich zwischen einzelnen Bereichen im Unternehmen oder mit anderen Unternehmen, z. B. im Rahmen von Benchmarks, zu ermöglichen.

Zur Beschreibung des Bausteins Auditierung muss festgelegt werden, welche **Geltungsbereiche** überprüft werden sollen und wie granular die Auditierung stattfinden soll. Für die Festlegung des Geltungsbereichs der Auditierung wird der Geltungsbereich des Lean Development bestimmt (Gietl und Lobinger 2012). Es werden somit alle Bereiche, in denen das Lean Development Gültigkeit besitzt, also der Produktentstehungsprozess mit den Phasen Produktplanung, Entwicklung und Arbeitsvorbereitung sowie die Querschnittsfunktionen Projekt-, Wissens- und Lieferantenmanagement (vgl. Abschn. 1.4), in die Auditierung einbezogen. Unternehmensindividuell muss dagegen festgelegt werden, wie granular die Auditierung sein muss. Eine minimale Granularität wäre gegeben, wenn bei einer einzigen Auditierung der gesamte Produktentstehungsprozess auditiert werden würde. Eine maximale Granularität wäre gegeben, wenn jeder kleinste organisatorische Bereich im Unternehmen, z. B. Teams, auditiert werden würde. Generell gilt, je kleiner die Bereiche sind, desto genauer sind die Ergebnisse, aber desto größer ist auch der Aufwand für die Auditierung.

Der **Auditierungszyklus** wird häufig durch das zugrunde liegende Geschäftsjahr definiert (Gietl und Lobinger 2012). Im Bereich von GPS hat sich in der Praxis ein halbjährlicher bis jährlicher Auditierungszyklus etabliert (Schmidt 2011; Winnes 2002). Ein halbjährlicher bis jährlicher Zyklus wird auch bei der Auditierung im Rahmen der vorliegenden Methodik angestrebt, da er einerseits den auditierten Bereichen ausreichend Zeit zur Weiterentwicklung zwischen den Auditierungen gibt und andererseits sicherstellt, dass die Lean Development-Einführung kontinuierlich voranschreitet.

Die Festlegung der **ausführenden Auditoren** hängt maßgeblich von der Art der Auditierung ab. Da sich die Einführung des Lean Development aus dem unternehmenseigenen Interesse ergibt, ohne eine Zertifizierung anzustreben, stellt die Auditierung eine Umsetzungsbewertung für interne Zwecke dar und kann daher vom Unternehmen selbst durchgeführt werden. Die höhere Objektivität im Vergleich zu der Selbstauditierung, macht für die Auditierung eines Regelwerks eine Fremdauditierung sinnvoll. Um zudem auch das Vertrauen der auditierten Bereiche zu erhöhen, ist eine angekündigte Fremdauditierung sinnvoll (Schmidt 2011). Eine Möglichkeit ist es, bereichsfremde Führungskräfte (aus dem eigenen Unternehmen) aus dem Umfeld der Produktentstehung, die sich ebenfalls mit Lean Development beschäftigen, als Auditoren einzusetzen.

Der **Auditierungsablauf** gliedert sich grundsätzlich in die drei Abschnitte Veranlassung, Durchführung und Abschluss (DIN ISO 19011; Gietl und Lobinger 2012). Im Abschnitt Veranlassung werden das Auditteam und dessen Leiter berufen sowie ggf. Schulungen durchgeführt. Des Weiteren werden die Ziele, Granularität und Zeitpunkte der Audits im Geltungsbereich festgelegt und überprüft, ob alle Ressourcen zur Durchführung bereitstehen. Im zweiten Abschnitt findet die Durchführung in den einzelnen Bereichen statt. Die zentrale Tätigkeit in diesem Abschnitt ist es, Informationen bzw. Merkmale zu den Auditkriterien zu erfassen und zu verifizieren, indem angemessene Stichproben genommen werden. Das Erfassen kann durch Befragung, Beobachtung und Auswertung von Dokumenten geschehen (DIN ISO 19011). Unmittelbar nach der Begehung werden die unterschiedlichen Meinungen und Einschätzungen mit den betroffenen Bereichen diskutiert und ein Konsens angestrebt. Der Konsens für die Bewertung wird für jedes auditierte Merkmal in einer Bewertungsskala hinterlegt. Zum Abschluss jeder Auditierung bekommen die auditierten Bereiche ihre Ergebnisse in Form eines Auditberichts, in dem eine „umfassende, genaue, kurz gefasste und eindeutige Aufzeichnung des Audits" (DIN ISO 19011; VDA 2010) gegeben wird.

Die **Ergebnisse** der Auditierung sind zum Abschluss zu verteilen. Je nach Unternehmensebene sind die Ergebnisse des LD-Audits entsprechend zu aggregieren und angemessen zu visualisieren. Die auditierten Bereiche interessieren sich in erster Linie für ihre eigenen Ergebnisse sowie den Vergleich zu anderen Bereichen, während durch die übergeordneten Ebenen ein Gesamtüberblick über die Auditierungsergebnisse gefordert wird. Hilfreich ist es, die Ergebnisse so bereitzustellen, dass jeder Mitarbeiter, die für ihn interessanten Ergebnisse einfach ermitteln kann und die gesamten Ergebnisse frei zugänglich sind (Schmidt 2011; Winnes 2002).

Nicht jedes Unternehmen muss alle Lean Development-Methoden (vgl. Abschn. 2) in seinem individuellen Regelwerk einsetzen. Trotzdem entsteht eine erhebliche Komplexität, wenn zu jeder Methode des unternehmensspezifischen Regelwerks mehrere Merkmale ohne **Werkzeuge** oder andere Hilfsmittel auditiert werden müssten. Hinzu kommt, dass durch die wechselnden Auditoren und die unterschiedlichen Auditierungsbereiche die Subjektivität der Ergebnisse steigt. Um dem entgegenzuwirken, ist ein Reifegradmodell als Werkzeug notwendig. Ein Reifegradmodell beinhaltet eine standardisierte und

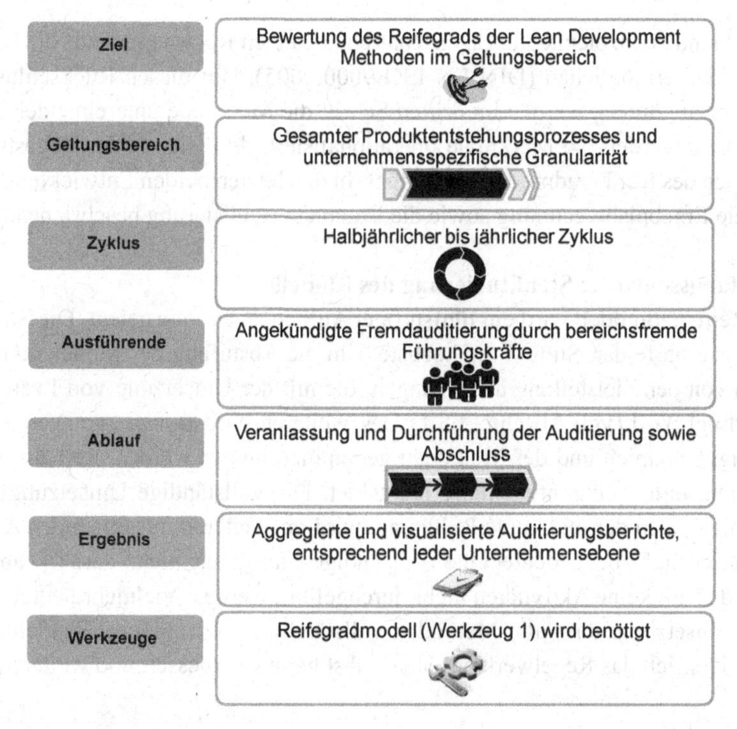

Abb. 3.7 Zusammenfassung der Erkenntnisse zur Auditierung

abgestufte Skala zur Bewertung jedes Merkmals, das einer Lean Development-Methode zugeordnet wird. Weitere Inhalte sind Ergebnisberechnung und -aggregation sowie Visualisierung, die durch ein Reifegradmodell abgedeckt werden. Ein Reifegradmodell stellt somit den Rahmen dar, in dem die Bewertung der Umsetzung und der Zielabgleich stattfindet, siehe Abb. 3.7.

3.4.1.2 Werkzeug 1: Reifegradmodell

Zielstellung ist es, durch das Reifegradmodell eine Bewertungssystematik für alle Methoden des LD zu schaffen und dadurch die Umsetzung der Methoden messbar zu machen. Das Reifegradmodell soll es ermöglichen, die Informationen (Merkmale der Methoden) zu einem Sachverhalt (Reifegrad) mit der Wertehaltung zu einer Bewertung zu verknüpfen. Durch die Bewertung ergibt sich eine Transparenz bzgl. des Umsetzungsstands und das Erkennen von Handlungsbedarf wird möglich (Winnes 2002).

Das Reifegradmodell wird in Anlehnung an (Aust 1990; Schmidt 2011) in sechs Schritten entwickelt. Zunächst ist es notwendig, das Modell zu strukturieren. Dazu wird ein Rahmen für das Reifegradmodell definiert und die Abstufungen vorgenommen. Anschließend werden charakteristische Merkmale für die Methoden des Lean Development identifiziert.

Merkmale sind kennzeichnende Eigenschaften, die einen Rückschluss auf die Umsetzung der Methoden ermöglichen (DIN EN ISO 9000:2005). Um diesen Rückschluss präzise ausdrücken zu können, werden im dritten Schritt die Merkmale untereinander gewichtet. Anschließend werden die Merkmale operationalisiert, d. h. sie werden abgestuft und in den Rahmen des Reifegradmodells eingefügt. In den letzten beiden Entwicklungsschritten werden die Ergebnisberechnung sowie die Ergebnisvisualisierung beschrieben.

Entwicklungsschritt 1: Strukturierung des Modells
Für das Reifegradmodell wird ein fünfstufiger Aufbau zu Grunde gelegt. Die Stufe 1 stellt die geringste Stufe dar, Stufe 5 die höchste. Um die Abstufung des Modells durchzuführen, wird von der Zielstellung ausgegangen, die mit der Umsetzung von Lean Development verfolgt wird (vgl. Abschn. 3.5.1) Des Weiteren wird Bezug zum Verständnis der Gestaltungsprinzipien und der Methoden genommen und es werden die Fähigkeiten zur Optimierung und Weiterentwicklung betrachtet. Die vollständige Umsetzung des Lean Development, also der maximale Reifegrad, wird im Weiteren mit folgenden Attributsätzen beschrieben. Dabei bedeutet eine vollständige Umsetzung nicht, dass LD abgeschlossen ist und somit keine Aktivitäten mehr durchgeführt werden. Vielmehr beutetet die vollständige Umsetzung, dass alle Methoden vollständig in das tägliche Handeln integriert sind und dass sich das Regelwerk aus sich selbst heraus verbessert und weiterentwickelt:

Stufe 5 – Vollständige Umsetzung

- Kundenwert und Verschwendung werden für alle Prozesse (im Geltungsbereich vgl. Abschn. 1.4) laufend überprüft und in allen Prozessen ständig systematisch maximiert/minimiert
- Alle Beteiligten haben die Gestaltungsprinzipien und Methoden des Lean Development verinnerlicht
- Das LD wird kontinuierlich von allen Beteiligten selbstständig verbessert und kontinuierlich weiterentwickelt

Die höchste Stufe im Modell (Stufe 5) wird mit den genannten Attributsätzen beschrieben. Alle Abstufungen (Stufen 1 bis 4), stellen die Beschreibung eines niedrigeren Reifegrades dar, der von Stufe 4 bis Stufe 1 abnimmt. Die Abstände zwischen den Stufen werden so gewählt, dass diese sich untereinander abgrenzen. Eine mögliche Attributkette ist beispielsweise „nie → manchmal → häufig → meistens → immer".

Entwicklungsschritt 2: Identifikation von Merkmalen je LD-Methode
Lean Development zielt darauf ab, Verhaltensweisen und Abläufe im Unternehmen zu beeinflussen. Um zu messen, inwieweit die LD-Methoden umgesetzt sind, muss daher

zunächst identifiziert werden, anhand welcher Informationen eine Umsetzung je Methode festzumachen ist. Es müssen daher für jede Methode die Merkmale identifiziert werden, die sich mit einer fortschreitenden Umsetzung verändern und somit Rückschlüsse auf den gesamten Reifegrad zulassen. Ein Merkmal einer LD-Methode stellt in Anlehnung an (DIN EN ISO 9000 2005) eine kennzeichnende Eigenschaft der Methode dar. Je stärker die Ausprägung des Merkmals ist, desto höher ist der Reifegrad der jeweiligen LD-Methode. Wären alle Merkmale einer LD-Methode in der maximalen Art und Weise umgesetzt, wird davon ausgegangen, dass die Methode vollständig umgesetzt ist.

Um diese Annahme zu untermauern, sind einige Anforderungen an die Merkmale beschrieben. So müssen die Merkmale verständlich und eindeutig beschrieben sein und es ist darauf zu achten, dass Merkmale ausgewählt werden, die eine hohe Relevanz für die jeweilige LD-Methode haben, sodass ein Rückschluss auf den Reifegrad der Methoden möglich ist. Des Weiteren sollten sich die Merkmale nicht gegenseitig beeinflussen, damit jedes Merkmal im Vergleich zu den anderen Merkmalen etwas anderes aussagt. Zudem sollte die Anzahl an Merkmalen je Methode auf eine übersichtliche Anzahl beschränkt werden, um die Praxistauglichkeit des Reifegradmodells aufgrund zu hoher Komplexität nicht zu gefährden. Je besser diese Anforderungen erfüllt werden, desto höher ist die Aussagekraft der identifizierten Merkmale in Bezug auf die gesamte Methode (Aust 1990).

Für die ausgewählten LD-Methoden sind Merkmale auf Basis der gegebenen Beschreibungen zu identifizieren. Beispielhaft werden die ermittelten Merkmale der Methode „Visualisierung von Projektinhalten" (vgl. Abschn. 2.8) vorgestellt. Die Merkmale sind so formuliert, dass sie den angestrebten Zielzustand (Stufe 5) widerspiegeln.

- Merkmal 1 (Projektraum): Für wichtige Projekte sind immer Projekträume eingerichtet, in denen laufend die Visualisierung der Projektplanung stattfindet
- Merkmal 2 (Besprechungen): Projekt-Kennzahlen, Informationen und Probleme werden zu jeder Besprechung visualisiert (Zeichnungen, Fotos, Prototypen etc.)
- Merkmal 3 (A3): Wesentliche Projektinhalte sind für alle Projekte in A3-Projektblättern ausgehängt

Entwicklungsschritt 3: Gewichtung der Merkmale je LD-Methode

Um jeweils eine Umsetzungsbewertung pro LD-Methode zu erhalten, ist es notwendig, die einzelnen Merkmale miteinander zusammenzurechnen. Die einfachste Variante ist es, alle Merkmale gleich zu gewichten und somit den arithmetischen Mittelwert zu ermitteln. Da in der Praxis jedoch nicht alle Merkmale gleichermaßen einen Rückschluss auf den gesamten Reifegrad der Methoden geben, werden Gewichtungen vergeben (Aust 1990). Für die Gewichtung der Merkmale der Beispielmethode „Visualisierung von Projektinhalten" aus Abschn. 2.8 könnte sich exemplarisch folgende Gewichtung ergeben:

- Gewichtung von Merkmal 1 (Projektraum): 50,0 %
- Gewichtung von Merkmal 2 (Besprechungen): 33,3 %
- Gewichtung von Merkmal 3 (A3): 16,7 %

Entwicklungsschritt 4: Operationalisierung der Merkmale je LD-Methode

Das Operationalisieren dient dazu, die gewichteten Merkmale so abzustufen, dass sie in die fünf Stufen des Reifegradmodells eingefügt werden können. Die Abstände zwischen den Stufen wurden individuell je Merkmal bestimmt. Bei der Formulierung der Abstufungen gelten prinzipiell die gleichen Grundsätze, die bereits bei der Beschreibung der Stufen vorgestellt wurden. Es wurde beachtet, die Abstufung möglichst an konkreten Ergebnissen statt an Verhaltensweisen auszurichten. Durch die Ergebnisorientierung wird nur die Umsetzung des Merkmals zum Zeitpunkt der Bewertung berücksichtigt und keine Aussage über die Verhaltensweise zwischen den Auditierungen gemacht. Da Verhaltensweisen jedoch schwer objektiv prüfbar sind, ist die Ergebnisorientierung sinnvoll, um die Aussagekraft der Bewertung zu verbessern (Schmidt 2011). Eine weitere Prämisse bei der Abstufung ist es, die Formulierung in erster Linie deskriptiv zu gestalten, damit Transparenz und Übersichtlichkeit bei der Anwendung in der Praxis gegeben sind. Eine konkrete Abfrage von absoluten Zahlenwerten oder Prozentwerten führt in der Praxis oftmals zu Diskussionen bezüglich der Erhebung und Berechnung, statt zu einer inhaltlichen Auseinandersetzung mit den Sachverhalten. Gerade die inhaltliche Auseinandersetzung mit der zu bewertenden Situation und den betroffenen Mitarbeitern stellt jedoch einen Erfolgsfaktor bei der regelkreisbasierten Einführungsmethodik dar. Zudem verringern komplexe Berechnungsvorschriften für absolute Zahlenwerte oder Prozentwerte die Praktikabilität. Die Prozentwerte dienen als Richtwerte (Winnes 2002). Zusätzlich werden den Formulierungen prozentuale Richtwerte angefügt. Die Richtwerte stellen keine strikten Grenzwerte dar, sondern sollen als Orientierungshilfe dienen (Schmidt 2011). Die Abstände sind je nach Anwendungsfall z. B. exponentiell oder konstant (Bortz und Döring 2002). Die Operationalisierung der Beispielmethode „Visualisierung von Projektinhalten" könnte folgendermaßen durchgeführt werden:

Stufe 5 – Vollständige Umsetzung

- Merkmal 1 (Projektraum): Für wichtige Projekte sind **immer** (>95 %) Projekträume eingerichtet, in denen **laufend** die Visualisierung der Projektplanung stattfinden
- Merkmal 2 (Besprechungen): Projekt-Kennzahlen, Informationen und Probleme werden **zu jeder Besprechung** (>95 %) visualisiert (Fotos, Prototypen etc.)
- Merkmal 3 (A3): Wesentliche Projektinhalte sind für **alle** (>95 %) Projekte in A3-Projektblättern ausgehängt

Stufe 4 – Überwiegende Umsetzung

- Merkmal 1 (Projektraum): Für wichtige Projekte sind **immer** (>95 %) Projekträume eingerichtet, in denen tendenziell **wöchentlich** die Visualisierung der Projektplanung stattfindet
- Merkmal 2 (Besprechungen): Projekt-Kennzahlen, Informationen und Probleme werden **zu fast jeder Besprechung** (~75 %) visualisiert (Fotos, Prototypen etc.)

- Merkmal 3 (A3): Wesentliche Projektinhalte sind für **die meisten** (~75 %) Projekte in A3-Projektblättern ausgehängt

Stufe 3 – Teilweise Umsetzung

- Merkmal 1 (Projektraum): Für wichtige Projekte sind **in der Regel** (~50 %) Projekträume eingerichtet, in denen tendenziell **monatlich** die Visualisierung der Projektplanung stattfindet
- Merkmal 2 (Besprechungen): Projekt-Kennzahlen, Informationen und Probleme werden **selten** (~50 %) visualisiert (Fotos, Prototypen etc.)
- Merkmal 3 (A3): Wesentliche Projektinhalte der Projekte sind **in der Regel** (~50 %) in A3-Projektblättern ausgehängt

Stufe 2 – Punktuelle Umsetzung

- Merkmal 1 (Projektraum): Für wichtige Projekte sind **vereinzelt** (~25 %) Projekträume eingerichtet, in denen **keine** Visualisierung der Projektplanung stattfindet
- Merkmal 2 (Besprechungen): Projekt-Kennzahlen, Informationen und Probleme werden **vereinzelt** (~25 %) visualisiert (Fotos, Prototypen etc.)
- Merkmal 3 (A3): Wesentliche Projektinhalte sind für **wenige** (~25 %) Projekte in A3-Projektblättern ausgehängt

Stufe 1 – Keine Umsetzung

- Merkmal 1 (Projektraum): Für wichtige Projekte sind **keine** Projekträume (<5 %) eingerichtet
- Merkmal 2 (Besprechungen): Projekt-Kennzahlen, Informationen und Probleme werden **nicht** (<5 %) visualisiert (Fotos, Prototypen etc.)
- Merkmal 3 (A3): A3-Projektblätter werden **nicht** (<5 %) erstellt

Durch das Operationalisieren können die abgestuften Merkmale in das Reifegradmodell eingefügt werden.

Entwicklungsschritt 5: Ergebnisberechnung
Durch die Verteilung der Gewichte und die Operationalisierung der Merkmale in die Struktur des Reifegradmodells ist es möglich, die Merkmale zu einer einzigen Bewertung je Lean Development-Methode zu aggregieren.

Ziel der regelkreisbasierten Methodik ist es, die Umsetzung der LD-Methoden zu bewerten. Eine Aggregation der Merkmalsbewertungen zu einer Bewertung je Methode ist dazu essentiell. Da die Gewichtungen in Entwicklungsschritt 3 festgelegt wurden, werden die Bewertungen der Merkmale mit diesen zusammengerechnet und somit ein gewichteter

Mittelwert gebildet. Für die Beispielmethode „Visualisierung von Projektinhalten" wird exemplarisch angenommen, dass die Auditierung folgende Bewertung ergeben hat:

- Merkmal 1 (Projektraum) = **Stufe 3**
- Merkmal 2 (Besprechungen) = **Stufe 2**
- Merkmal 3 (A3) = **Stufe 3**

Mit den in Schritt 4 ermittelten Gewichtungen ergibt sich ein Reifegrad von

$$RG_{\text{Visualisierung von Projektinhalten}} = 3 \times 50{,}0\,\% + 2 \times 33{,}3\,\% + 3 \times 16{,}7\,\% = 2{,}7.$$

Der Wert entspricht einer Umsetzungsbewertung zwischen den Stufen 2 – Punktuelle Umsetzung und Stufe 3 – Teilweise Umsetzung.

Neben der Aggregation der Merkmalsbewertungen zu einer Bewertung je Methode (1) sind weitere Aggregationen je nach Anwendungsfall sinnvoll. Beispielsweise sind eine aggregierte Bewertung pro Gestaltungsprinzip (2), pro Bereich in dem die Auditierung stattfand (3) oder eine Aggregation aller Ergebnisse zu einer Gesamtbewertung der Umsetzung für den gesamten Geltungsbereich von LD möglich (vgl. Abb. 3.8).

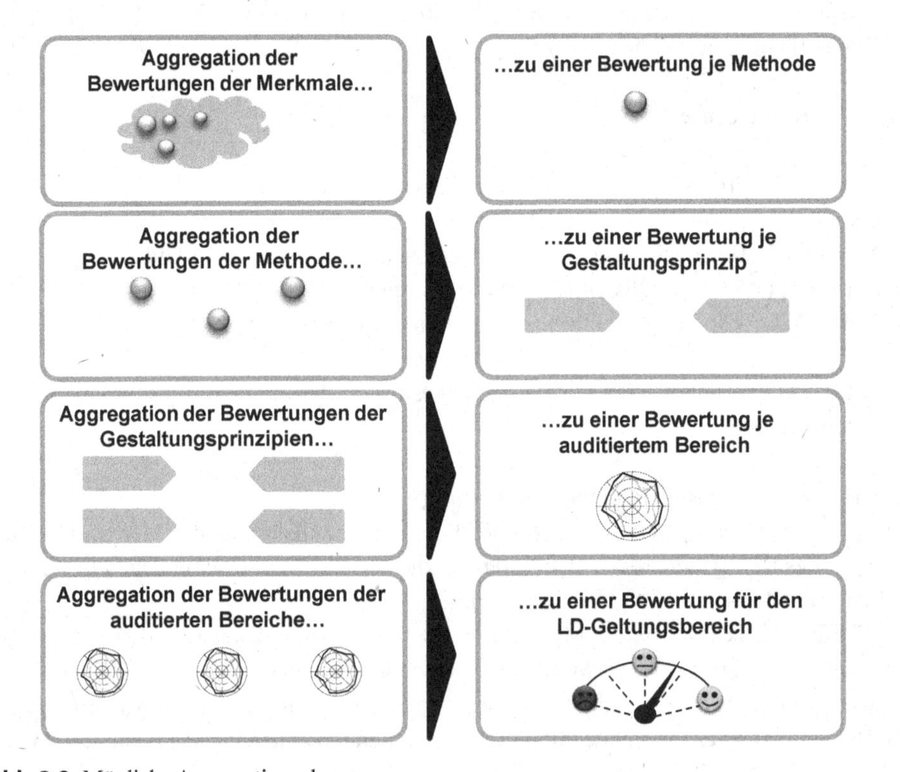

Abb. 3.8 Mögliche Aggregationsebene

Entwicklungsschritt 6: Visualisierung der Ergebnisse
Um die Auditierungsergebnisse der vier verschiedenen Aggregationsebenen für die anschließende Maßnahmenfestlegung innerhalb eines Workshops verwendbar zu machen, müssen die Ergebnisse übersichtlich und intuitiv verständlich aufbereitet sein. Durch eine geschickte Visualisierung kann dies erreicht werden (Bange 2004; Lipp und Will 2008).

Im Rahmen der Umsetzungsplanung und -steuerung ist es von Interesse, neben dem aktuellen Reifegrad (RG_t), den angestrebten Zielzustand (Z) sowie den Zwischenzielzustand (ZZ_{t+1}) zu betrachten. Hinzu kommen die Vergangenheitswerte der vorangegangen Auditierung. Um diese Komplexität zu visualisieren, bieten sich zahlreiche Darstellungsformen an. Häufig wird hierzu ein Radar Chart verwendet („Spinnennetz").

Mit dem Abschluss des sechsten Schritts ist die Entwicklung des Reifegradmodells abgeschlossen.

3.4.1.3 Baustein 2: Umsetzungsplanung und -steuerung

Aufbauend auf den Ergebnissen der Auditierung (Baustein 1) werden Maßnahmen festgelegt (DIN ISO 19011; VDI 2870-1 2012). Damit werden Phase 3 und Phase 4 des Regelkreises durch den Baustein 2 Umsetzungsplanung und -steuerung abgedeckt (vgl. Abb. 3.6). In Anlehnung an die Inhalte der Auditierung wird im Folgenden auf das Ziel der Umsetzungsplanung und steuerung sowie auf Geltungsbereich, Zyklus, Ausführende, Ablauf, Ergebnisse und die benötigten Werkzeuge eingegangen.

Ziel der Umsetzungsplanung und -steuerung ist die Planung und Steuerung der Maßnahmen zur Erhöhung des Reifegrads der LD-Methoden, die letztlich die Erhöhung des Reifegrads für das gesamte Lean Development bewirken.

Geltungsbereich und Granularität der Auditierung haben bei der Umsetzungsplanung und -steuerung weiterhin Bestand. Allerdings kommt hierbei zum Tragen, dass nicht alle Maßnahmen, die festgelegt und umgesetzt werden, nur den Bereich betreffen, durch den sie initiiert werden. So kann es dazu kommen, dass Maßnahmen festgelegt werden, deren Auswirkungen in mehreren Bereichen spürbar sind (Gietl und Lobinger 2012). Es ist daher notwendig, die Maßnahmen der einzelnen Bereiche aufeinander abzustimmen. Bereichsübergreifende Maßnahmen sind häufig komplex.

Der **Zyklus** der Umsetzungsplanung und -steuerung hängt vom Auswirkungsbereich der Maßnahmen und vom Auditierungszyklus ab. Bereichsübergreifende Maßnahmen, die in einem eigenständigen Projekt umgesetzt werden und deren vollständige Umsetzung den Auditierungszyklus übersteigt, sollten sich trotzdem am Zyklus der Auditierung orientieren, um den aktuellen Stand der Umsetzung zu erfassen. Bereichsinterne Maßnahmen, die nur den jeweiligen Bereich betreffen vom dem sie auch umgesetzt werden, sollten in möglichst kurzen Zyklen überprüft werden (Gietl und Lobinger 2012).

Um zu erläutern welche Organisationeinheiten als **Ausführende** der Umsetzungsplanung und -steuerung gelten, wird auf die organisatorische Gestaltung der Lean Development-Einführung Bezug genommen (Abschn. 3.3.1). Grundsätzlich erhalten die auditierten Bereiche zum Abschluss der Auditierung den Auditbericht und sind dann selbst für die Festlegung von Maßnahmen sowie die Umsetzungsplanung und -steuerung verantwortlich (Gietl und Lobinger 2012). Werden durch die Bereiche bereichsübergreifende Maßnahmen bestimmt, ist die Umsetzung mit anderen betroffenen Bereichen zu koordinieren. Die Koordinationsfunktion übernimmt in diesem Fall ein LD-Einführungsteam. In Abhängigkeit von Umfang und Auswirkung der Maßnahme sind eigenständige Projekte zu definieren.

Der **Ablauf** der Umsetzungsplanung und -steuerung teilt sich in drei Abschnitte. Zum einen in die Planung, die sich in die **Ableitung eines Zwischenzielzustands** und die **Maßnahmenfestlegung** unterteilt und zum anderen in die **Umsetzungssteuerung** (Kaschny und Hürth 2010). Die Ableitung eines Zwischenzielzustands und die Maßnahmenfestlegung findet aufgrund der Komplexität der Abschnitte im Rahmen eines Workshops statt (Gietl und Lobinger 2012; Winnes 2002). Teilnehmer sind die auditierten Bereiche sowie Führungskräfte der übergeordneten Hierarchieebene. Aufgabe der übergeordneten Hierarchieebene ist es, zum einen die Akzeptanz der Workshopergebnisse zu untermauern und zum anderen, die zur nächsten Auditierung angestrebten Zwischenzielzustände zu definieren. Des Weiteren ist eine Unterstützung durch die Auditoren und durch das Team, das zur Einführung von Lean Development zusammengestellt wurde sinnvoll.

- Im Rahmen der **Ableitung des Zwischenzielzustands** werden die Ergebnisse der Auditierung untersucht. Dazu wird der Reifegrad der Methoden (RG_t), mit dem angestrebten Zielzustand (Z) verglichen. Ist es nicht realistisch, den Zielzustand bis zur nächsten Auditierung zu erreichen, ist es sinnvoll, einen Zwischenzielzustand (ZZ_{t+1}) zu bestimmen. Der Zwischenzielzustand stellt somit den angestrebten Zielzustand bis zur nächsten Auditierung dar. Wichtig ist, dass der Zwischenzielzustand allen SMART-Kriterien nach (Doran 1981; Felkai und Beiderwieden 2011) entspricht:
  - Spezifisch: Das Ziel muss eindeutig präzise definiert sein.
  - Messbar: Das Ziel muss messbar sein.
  - Akzeptiert: Das Ziel muss von den Empfängern akzeptiert sein.
  - Realistisch: Das Ziel muss im Bezugszeitraum erreichbar sein.
  - Terminiert: Das Ziel muss zeitlich fixiert sein.
- Neben der Berücksichtigung der SMART-Kriterien ist es sinnvoll, den aktuellen Reifegrad (RGt) mit den vergangenen Auditierungsergebnissen (RGt-1, RGt-2, …) zu vergleichen, um zu ermitteln, welche Veränderungen in der Vergangenheit umgesetzt wurden. Zudem sollten auch die vergangenen Zwischenzielzustände (ZZt, ZZt-1, ZZt-2, …) berücksichtigt werden, um einen „smarten" Zwischenzielzustand abzuleiten. In Abb. 3.9 ist dargestellt, auf Basis welcher Werte ein Zwischenzielzustand abgeleitet werden kann. Bei der Analyse der Werte sollten sowohl die Ursachen für negative Abweichungen als auch die Gründe für positive Entwicklungen diskutiert werden (Gietl und Lobinger 2012; Schmidt 2011).
- Anschließend erfolgt auf Basis des abgeleiteten Zwischenzielzustands die **Maßnahmenfestlegung**. Unterstützung kann bei der Identifikation der Maßnahmen ein Me-

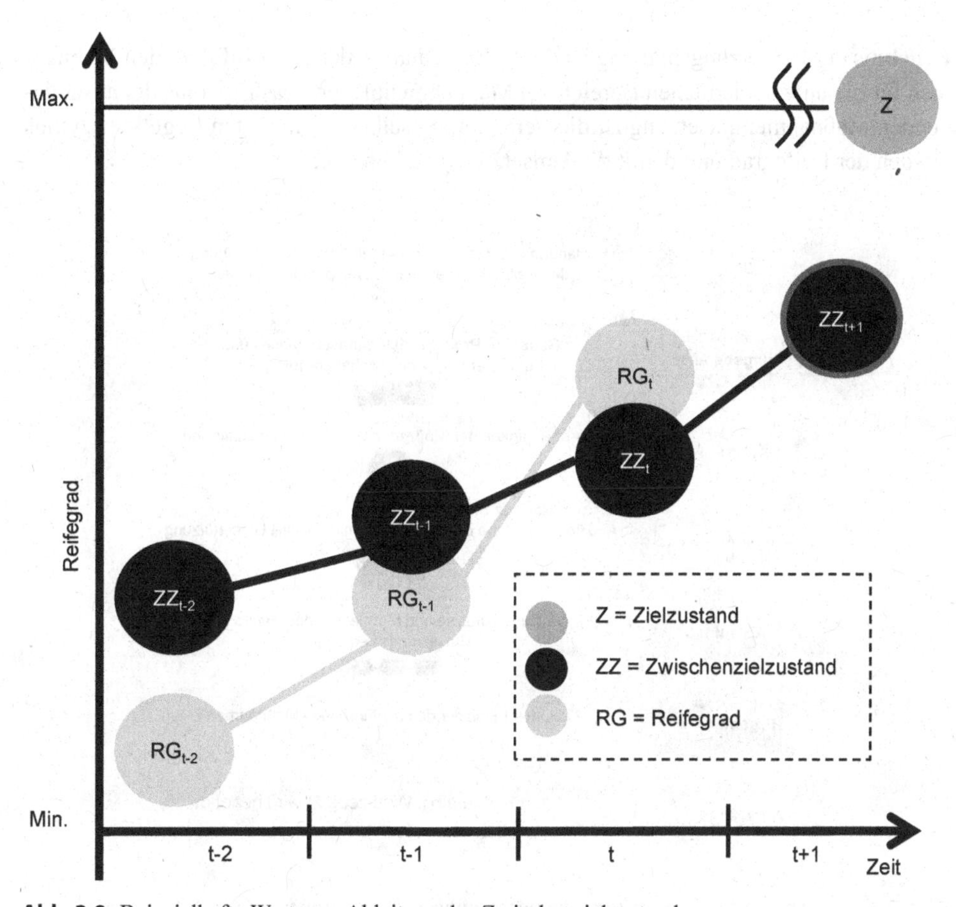

Abb. 3.9 Beispielhafte Werte zur Ableitung des Zwischenzielzustands

thodenkatalog bieten, in dem mögliche Maßnahmen hinterlegt sind und der als Ideenspeicher die Findungsphase von Maßnahmen unterstützt (Bender 2005; Schmidt 2011; Winnes 2002). Damit die Beteiligten aus der Vielzahl möglicher Maßnahmen strukturiert auswählen können, werden die Maßnahmen in Kategorien eingeteilt. Ist keine der Maßnahmen aus dem Katalog geeignet, müssen neue Ideen generiert oder vorhandene Maßnahmen abgewandelt werden (Bender 2005). Haben sich die Beteiligten auf Maßnahmen geeinigt, die den Reifegrad von Lean Development erhöhen sollen, ist dies zu dokumentieren und nach Verabschiedung an das LD-Einführungsteam zur Koordination mit möglichen anderen betroffenen Bereichen weiterzugeben. Nach der Koordination werden die festgelegten Maßnahmen in einem Maßnahmenplan dokumentiert.

- Um sicherzugehen, dass die beschlossenen Maßnahmen nach dem Workshop termingerecht und vollständig umgesetzt werden, bedarf es einer Nachverfolgung. Diese Nachverfolgung wird durch die **Umsetzungssteuerung** erreicht. Diese überwacht auf Basis des Maßnahmenplans die Abarbeitung der Maßnahmen.

Ergebnis der Umsetzungsplanung ist die Dokumentation der durchzuführenden Maßnahmen für die unterschiedlichen Bereiche in Maßnahmenplänen. Das Ergebnis der anschließenden Maßnahmenumsetzung ist die Veränderung selber. Im nächsten Regelkreiszyklus werden der Reifegrad und damit die Umsetzung neu bewertet.

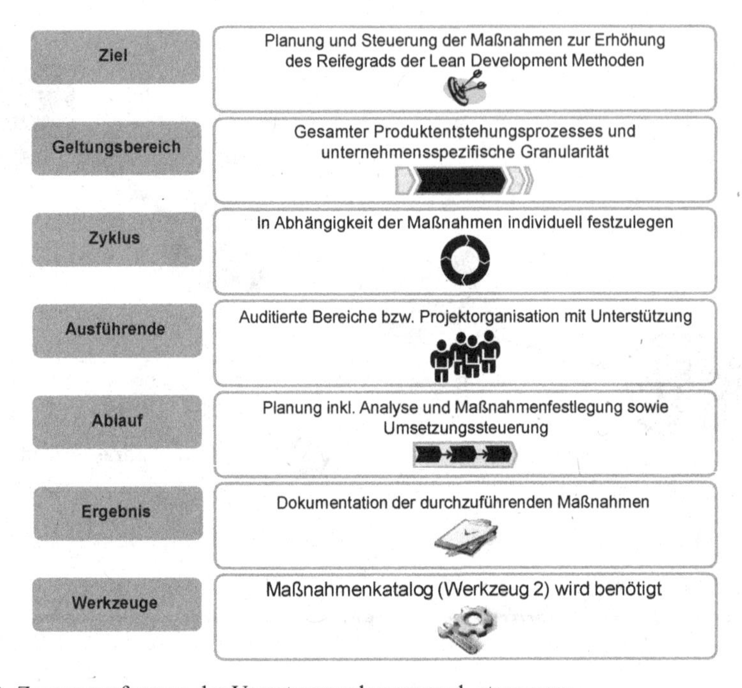

Abb. 3.10 Zusammenfassung der Umsetzungsplanung und -steuerung

Aus dem beschriebenen Ablauf der Umsetzungsplanung und -steuerung wird deutlich, dass zwei wesentliche **Werkzeuge** als Hilfsmittel zur Durchführung benötigt werden. Zum einen ein Maßnahmenkatalog, in dem eine Vielzahl von kategorisierten Maßnahmen hinterlegt sind, sodass die Festlegung von effektiven und effizienten Maßnahmen unterstützt wird (Eversheim und Schuh 1996). Zudem sind Verfahren zur Maßnahmenauswahl zu integrieren, die je nach Einführungsstrategie von Lean Development, die passenden Maßnahmen priorisieren und auswählen.

Zum anderen ist als Werkzeug ein Maßnahmenplan notwendig. Der Maßnahmenplan stellt das Werkzeug zur Dokumentation der Workshop-Ergebnisse dar und ist gleichzeitig die Basis zur Steuerung der Maßnahmenumsetzung (vgl. Abb. 3.10) (Bullinger 2009). Detaillierte Beschreibungen zur Erstellung eines Maßnahmenplans sind in (Zahn 2013) zu finden.

3.4.1.4 Werkzeug 2: Maßnahmenkatalog

In den Regelkreisphasen 3 und 4 (vgl. Abb. 3.6) werden die Ergebnisse der Auditierung analysiert, Maßnahmen festgelegt und deren Umsetzung begleitet. Eins der benötigten Werkzeuge ist ein Maßnahmenkatalog. Der Maßnahmenkatalog unterstützt die Identifikation passender Maßnahmen, die den Reifegrad von Lean Development im Anschluss an die Auditierung erhöhen. Im Maßnahmenkatalog soll zu diesem Zweck eine umfassende Maßnahmensammlung hinterlegt sein, aus der anwendungsfallspezifisch die passenden Maßnahmen ausgewählt werden können. Für die Entwicklung eines Maßnahmenkatalogs sind die folgenden drei Schritte durchzuführen. Detaillierte Beschreibungen der Schritte sind in (Zahn 2013) zu finden.

Maßnahmenidentifikation: Als Basis für die Festlegung geeigneter Maßnahmen wird zunächst je Methode die Grundgesamtheit der möglichen Maßnahmen ermittelt, die dazu eingesetzt werden kann, den angestrebten Zielzustand des Lean Development zu erreichen. Die Festlegung erfolgt in Workshops mit MItarbeiter, Führungskräften und Lean Development Experten. Ziel ist es, ein breites Portfolio an Maßnahmen je Methode zu identifizieren.

Verfahren zur Eingrenzung und Priorisierung: Um eine effiziente und effektive Anwendung des Maßnahmenkatalogs sicherzustellen, muss denjenigen, die die Umsetzungsplanung und -steuerung durchführen klar sein, nach welchem grundsätzlichen Verfahren sie Methoden und Maßnahmen eingrenzen und priorisieren sollen. Als Hilfestellung sind mögliche Verfahren zur Eingrenzung und Priorisierung der Maßnahmen vorhanden. Vier gängige Eingrenzungs- und Priorisierungsverfahren sind z. B.

- Konzentration auf Kernmethoden (1): Das Verfahren basiert darauf, dass vorab Kernmethoden definiert werden. Die Kernmethoden sind vom Unternehmen eigenständig auf Grundlage unternehmensspezifischer Gegebenheiten zu definieren und müssen in keinem thematischen Zusammenhang zueinander stehen.
- Konzentration auf Gestaltungsprinzipien (2): Eine Variante des o. g. Verfahrens stellt die Konzentration auf einzelne Gestaltungsprinzipien dar. Hierbei werden die Lean Development-Methoden themenorientiert, d. h. auf Basis der Prinzipienzugehörigkeit, ausgewählt.
- Konzentration auf Wirtschaftlichkeit (3): Ein weiteres Auswahlverfahren ist es, die Maßnahmen auszuwählen, die ein möglichst gutes Verhältnis von Nutzen zu Aufwand aufweisen. Insbesondere zu Beginn der Einführung werden so die Maßnahmen umgesetzt, die eine hohe Wirtschaftlichkeit aufweisen, was wiederum dazu führt, dass die Akzeptanz der Einführung steigt.

- Konzentration auf Gleichmäßigkeit (4): Das Verfahren basiert darauf, dass für alle auditierten LD-Methoden der gleiche (Zwischen-) Zielzustand angestrebt wird. Bei einem Vergleich wird für alle Methoden das Delta zwischen dem (Zwischen-) Zielzustand und dem aktuellen Reifegrad ermittelt. Je nachdem wie hoch das Delta ist, werden mehr oder weniger Maßnahmen je Methoden ausgewählt und priorisiert.

Die Bereiche müssen die Verfahren situationsabhängig auswählen und mit dem Einführungsteam für Lean Development sowie den verantwortlichen Führungskräften abstimmen. So hängt die Maßnahmenauswahl beispielsweise auch von der verfügbaren Mitarbeiterkapazität für die Umsetzung der Maßnahmen, von der Veränderungsbereitschaft aller Beteiligten sowie der gewählten Einführungsstrategie ab.

Kategorisierung der Maßnahmen: Aufbauend auf einem Eingrenzungs- und Priorisierungsverfahren sollte den Anwendern zudem die Maßnahmenfestlegung dadurch erleichtert werden, dass die Maßnahmen kategorisiert sind. Beispielsweise sind einige Maßnahmen bereichsübergreifend, sodass es sinnvoll ist, dass diese von einer übergeordneten Ebene im Unternehmen (z. B. einem LD-Einführungsteam) umgesetzt werden, während andere Maßnahmen eher bereichsinternen Charakter haben. Eine Kategorisierung nach Maßnahmenart (personell, organisatorisch, methodenspezifisch etc.), Auswirkungsbereich (bereichsintern, bereichsübergreifend etc.) und Methoden- sowie Stufenzugehörigkeit im Reifegradmodell ist möglich. Es gilt dabei der Grundsatz, dass die Maßnahmen in mehrere Kategorien eingeordnet werden können und nicht immer eine eindeutige Zuordnung möglich ist (Bender 2005).

Im Folgenden sind fünf Beispielmaßnahmen sowie Ihre jeweilige Kategorisierung dargestellt:

- Maßnahme 1: **Allgemeine Schulungen zum LD** sind eine personelle Maßnahme (PM) zur (Weiter-) Qualifikation von Mitarbeitern und Führungskräften. Sie können auf übergeordneter oder interner Ebene festgelegt werden. Eine eindeutige Zuordnung des Auswirkungsbereichs ist somit nicht möglich. Eine Methodenzugehörigkeit besteht zu keiner speziellen Methode. Schulungen zum Lean Development sind insbesondere auf den unteren Stufen (Stufen 1 bis 3) nötig, um das allgemeine Bewusstsein für das Thema zu schaffen.
- Maßnahme 2: Die **Synchronisation der Kennzahlensysteme aller Bereiche** bezieht sich auf die Anwendung der Methode Kennzahlensystem (vgl. Abschn. 3.5). Da es sich um die bereichsübergreifende Synchronisation handelt, ist die gesamte Organisation betroffen. Die Maßnahme kann daher als übergreifende (BÜM) und organisatorische Maßnahme (OM) eingeordnet werden. Die Stufenzugehörigkeit besteht für die Stufen 2 bis 3. In den höheren Stufen steht eine kontinuierliche Weiterentwicklung des Kennzahlensystems im Vordergrund.

- Maßnahme 3: Das Standardisieren von **Best-Practice-Vorgehensweisen zum Risikomanagement im PEP** kann als methodenspezifische Maßnahme (MM) betrachtet werden. Zugehörige Methode sind die Arbeitsstandards (vgl. Abschn. 2.4). Der Auswirkungsbereich ist in erster Linie bereichsintern (BIM). Außerdem ist die Stufenzugehörigkeit auf Stufe 1 oder Stufe 2 gegeben.
- Maßnahme 4: Die Durchführung von **IT-5S-Auditerungen** gehört zur Anwendung der Methode 5S (vgl. Abschn. 2.8) und ist daher methodenspezifisch (MM). Da die Maßnahme so ausgelegt ist, dass sie sich innerhalb eines Bereichs auswirkt, kann sie als bereichsintern eingeordnet werden (BIM). Die Stufenzugehörigkeit ist hoch (Stufen 3 bis 5).
- Maßnahme 5: Die Durchführung von **PEP-Wertstromanalysen** ist Teil der Methode Wertstromanalyse und -design (vgl. Abschn. 2.3) und somit methodenspezifisch (MM). Da sie sich im Normalfall auf mehrere Bereiche auswirkt, ist die Maßnahme bereichsübergreifend (BÜM). Sie ist den Stufe 3 und 4 zugeordnet.

Mit der Vorstellung der Kategorisierung, ist der dritte Schritt zur Entwicklung eines Maßnahmenkatalogs durchgeführt.

3.4.2 Fazit

Im Abschnitt wurden die regelkreisbasierte Einführungsmethodik sowie die dazu benötigten Werkzeuge beschrieben. Dazu wurde zunächst in Abschn. 3.4.1 der Regelkreis erstellt und seine vier Phasen erläutert. Der Regelkreis stellt die Grundlage für die gesamte Methodik dar. Aus den Beschreibungen der Phasen ergibt sich, dass als Bausteine zur Anwendung des Regelkreises eine Auditierung sowie eine Umsetzungsplanung und -steuerung notwendig sind. Beide Bausteine sowie die dazugehörigen relevanten Werkzeuge Reifegradmodell und Maßnahmenkatalog sind im Detail beschrieben. Durch ein Reifegradmodell ist die Umsetzung der einzelnen Lean Development-Methoden bewertbar und vergleichbar.

Durch den Maßnahmenkatalog kann der Benutzer dagegen anwendungsspezifisch und situationsbedingt passende Maßnahmen ableiten.

Durch die regelkreisbasierte Einführungsmethodik werden Unternehmen befähigt, die Einführung von Lean Development verschwendungsfrei und schnell zu gestalten. In (Zahn 2013) sind die theoretischen Grundlagen zu Lean Development sowie die Methodik detailliert beschrieben. Der bislang wenig beachtete Aspekt, der systematischen Einführung von Lean Development, kann somit gelöst werden. Kommt es zu einer höheren Verbreitung von Lean Development wird dies zwangsläufig auch den Ablauf der Einführung in den Vordergrund rücken. Mit der vorliegenden Methodik zur systematischen Regelung der Lean Development-Einführung, ist ein wichtiger Schritt zur Verbesserung von Effizienz und Effektivität im Produktentstehungsprozess gemacht. Unternehmen, die die entwickelte Methodik einsetzen, sind nichtsdestotrotz angehalten, die Methodik ständig zu hinterfragen und insbesondere die Inhalte zum Lean Development laufend zu aktualisieren. So sind kontinuierlich die Methoden und entsprechend die zughörigen Merkmale und Maßnahmen weiterzuentwickeln. Neue Technologien, z. B. im Rahmen vom Virtuellen Fabriken oder neue Kenntnisse z. B. zur Mitarbeitereinbindung und -motivation müssen in den Maßnahmenkatalog aufgenommen werden. Wird die Kontinuierliche Weiterentwicklung des Lean Development sichergestellt, stellt dies die Grundlage dar, um den neuen Anforderungen hinsichtlich Wirtschaftlichkeit, Innovationsstärke, Schnelligkeit, Flexibilität und Wandlungsfähigkeit in der Produktentstehung zu begegnen Zahn (2013).

3.5 Ziele und Kennzahlen

Uwe Dombrowski, Thomas Richter, Thimo Zahn

Im vorliegenden Abschnitt wird zunächst auf die Ziele der Produktentstehung eingegangen (Abschn. 3.5.1). Anschließend erfolgt die Beschreibung von Kennzahlen, die in der Produktentstehung zur Verfolgung und Bewertung der zuvor beschriebenen Ziele eingesetzt werden können (Abschn. 3.5.2). Im Abschn. 3.5.3 werden abschließend die grundlegenden Regeln zur Erstellung von Kennzahlen bzw. eines Kennzahlensystems dargestellt.

3.5.1 Ziele der Produktentstehung

Im Allgemeinen ist der Produktentstehungsprozess in ein produzierendes Unternehmen integriert, dessen Bestrebung es ist, einen Gewinn zu erwirtschaften (Wiendahl 2014). Diese Bestrebung ist in der Vision und Mission formuliert. Um die Vision und Mission zu realisieren, werden Strategien abgeleitet, aus denen sich Ziele für die einzelnen Unternehmensprozesse ergeben. Die Definition von Zielen muss dabei einem geregelten Prozess unterliegen, in dem die Ziele der höheren Ebene durch die Ziele der unteren Ebene unterstützt werden. So wird sichergestellt, dass die Ziele nicht losgelöst nebeneinander, sondern in Verbindung miteinander stehen und in einem Unternehmenszielsystem synchronisiert werden (VDI 2870-1 2012; Rother und Kinkel 2013; Zahn 2013). Zur Messung und Bewertung der Ziele in der Produktentstehung werden entsprechende Kennzahlen definiert.

Wie bereits in den vorherigen Kapiteln beschrieben, ist der Produktentstehungsprozess durch besondere Charakteristika geprägt und unterscheidet sich dadurch von Prozessen in anderen Bereichen, z. B. der Produktion. Diese Charakteristika gilt es entsprechend bei der Zieldefinition und der anschließenden Kennzahlenableitung zu berücksichtigen. So zeichnet sich der Produktentstehungsprozess vor allem durch kognitive Prozesse aus und ist durch einen intensiven und verzweigten Wissens- und Informationsfluss geprägt

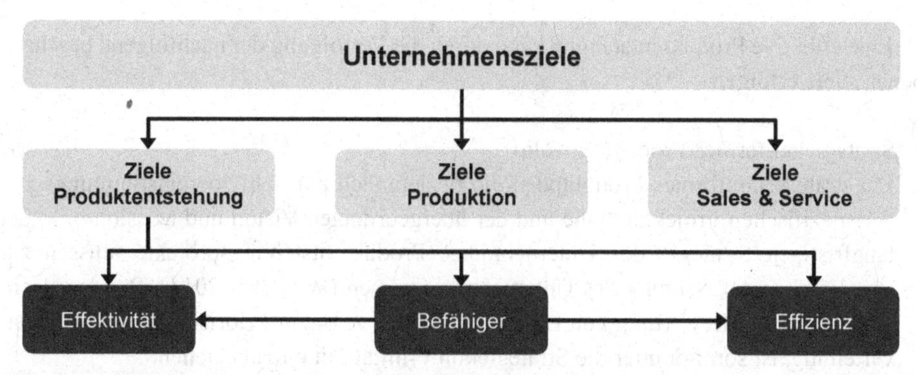

Abb. 3.11 Zieldimensionen der Produktentstehung. (Dombrowski et al. 2012)

(Morgan und Liker 2006). Eine weitere wesentliche Abweichung zu anderen Unternehmensprozessen ist, dass im Produktentstehungsprozess vielfach kreative und einmalige Aufgaben durchgeführt werden, bei denen das Prozessergebnis vorher nicht feststeht und somit schwer zu messen ist. Bei der Ableitung von Zielen bzw. deren Nachverfolgung mit Kennzahlen sowie der entsprechenden Erfolgsmessung sind die beschriebenen Eigenschaften zu berücksichtigen (Gladen 2014).

In der Produktentstehung bestehen im Allgemeinen drei Zieldimensionen, die Effektivität, die Effizienz (Gladen 2014) und die nötigen Befähiger (Abb. 3.11) (Sink und Tuttle 1989; Zheng et al. 2009; Dombrowski et al. 2012).

Effektivität

Die erste Zieldimension der Produktentstehung, die Effektivität, bedeutet, dass Produkte entwickelt werden müssen, die vom Markt (Kunden) angenommen werden („Die richtigen Dinge tun"). Dies bedingt, dass aus einer Vielzahl von Ideen und Innovationen, die richtigen Produktideen ausgewählt und entsprechend priorisiert werden. Gleichzeitig sind die nicht erfolgsversprechenden Produktentstehungsprojekte konsequent abzubrechen (Bullinger 1995; Eversheim 2003; Dombrowski und Zahn 2011). Die Identifikation der richtigen Ideen und die anschließende Überführung dieser Ideen in den Produktentstehungsprozess bilden die notwendige Grundlage für die erfolgreiche Vermarktung des zu entwickelnden Produktes. Ein wesentlicher Aspekt der Effektivität ist es, die Kunden- und Marktanforderungen in Produktinnovationen zu transferieren (Dombrowski et al. 2012). Trotzdem muss ein erfolgreiches Unternehmen auch einzelne Kunden- und Marktforderungen erahnen und proaktiv umsetzen. Würde die Initiierung neuer Produktentstehungsprojekte immer nur dann geschehen, wenn der Kunde dies verlangt, würden Unternehmen, die innovative Produkte anstreben, dem Kunden bzw. dem Markt hinterherlaufen. Unternehmen sind in der Produktentstehung daher angehalten, bestehende Anforderungen in Produktinnovationen aufzunehmen, und auch Innovationen umzusetzen, ohne dass der Kunde diese explizit fordert (Zahn 2013; Gladen 2014).

Eine effektive Produktentstehung kann durch die Verfolgung der nachfolgend beschriebenen Ziele erfolgen.

1. Strategiekonformes Produktportfolio
   Ein strategiekonformes Produktportfolio bezieht sich auf den Übereinstimmungsgrad der spezifischen Projektaufgabe und der übergeordneten Vision und Mission bzw. der langfristigen Strategie des Unternehmens. Produktentstehungsprojekte müssen zur strategischen Ausrichtung des Unternehmens passen (Wiendahl 2014). Bei der Nachverfolgung und Bewertung von Lösungsvarianten, z. B. zur Priorisierung und Budgetverteilung, ist somit immer die Strategiekonformität mit einzubeziehen.
2. Innovationen
   Unter Innovationen können technologische, ökonomische und soziale Neuerung in Form von Produkten, Verfahren oder anderen Problemlösungen, die sich deutlich vom existierenden Zustand unterscheiden, verstanden werden. Innovationen beziehen sich somit nicht nur auf wirtschaftliche Umsetzung neuer Produkte und Prozesse (Hipp 2000), sondern auch auf die Erschließung neuer Kundensegmente in einem bestehenden Markt oder die Erschließung neuer Märkte oder Dienstleistungen (Corsten et al. 2006; Sawhey et al. 2006; Kaschny und Hürth 2010).
3. Hohe interne Stakeholderzufriedenheit
   Ein Ziel der Produktentstehung ist die Berücksichtigung von Anforderungen der Interessensparteien (engl. Stakeholder). Die Produktidee ist so zu verwirklichen, dass sie einen optimalen Erreichungsgrad der Anforderungen der Stakeholder erreicht (Werner 2002). Um die Stakeholderzufriedenheit bewerten zu können, müssen diese zunächst identifiziert und interne bzw. externe Stakeholder unterschieden werden. Interne Stakeholder sind Bereiche im Unternehmen, deren Ergebnisse direkt von den Ergebnissen der Produktentstehung abhängig sind, insbesondere Fertigung, Logistik, Vertrieb, After Sales Service. Die Berücksichtigung von Anforderungen und wirtschaftlichen Aspekten für diese nachgelagerten Prozesse und Phasen ist ein wesentliches Ziel in der Produktentstehung. Die Anforderungen der internen Stakeholder können durch Methoden, wie Design for Manufacturing und Assembly, Design for Cost, Design for Logistics etc. während der Produktentstehung berücksichtigt werden (Bullinger 1995; Schulze 2011; Zahn 2013).
4. Hohe externe Stakeholderzufriedenheit
   Externe Stakeholder sind Interessensgruppen, wie beispielsweise Gesetzgeber und Zertifizierungsstellen, die Anforderungen durch Gesetzte und Auflagen an das Produkt stellen. Insbesondere global agierende Unternehmen haben zahlreiche voneinander abweichende Vorschriften aus den einzelnen Märkten zu beachten. Aber auch allgemeine Anforderungen der Gesellschaft, wie beispielsweise die Erhöhung der Nachhaltigkeit sind Teil der externen Stakeholderzufriedenheit. Dies bedeutet, dass zunehmend soziale, ökologische und wirtschaftliche Aspekte bei der Ausgestaltung und Bewertung von Lösungsvarianten während der Produktentstehung miteinbezogen werden (Jovane et al. 2009; Herrmann 2010; Gladen 2014).

Effizienz
Die zweite Zieldimension der Produktentstehung beinhaltet die effiziente Entwicklung von Produkten. Dies bedeutet, dass Produkte ohne Verschwendung und somit mit einem größtmöglichen Anteil an wertschöpfenden Tätigkeiten zu entwickeln sind („Die Dinge richtig tun") (siehe Abschn. 2.2). Wenn Produktentstehungsprojekte initiiert werden, die den o. g. Effektivitätszielen entsprechen, müssen diese Produktideen möglichst effizient, also auf die richtige Art und Weise, entwickelt werden. Die Ziele einer effizienten Produktentstehung sind nachfolgend erläutert (Gladen 2014).

5. Hohe Qualität
   Fehler lassen sich in der Produktentstehung nie gänzlich vermeiden. Die Herausforderung ist es daher, Fehler frühzeitig zu erkennen und zu eliminieren, da die Kosten für die Behebung von Fehlern mit jeder Lebenszyklusphase, die das Produkt durchläuft, exponentiell ansteigen, die sogenannte „10er Regel" (Ehrlenspiel et al. 2014). Wenn die Ergebnisse bei Erreichung der Meilensteine nicht zufriedenstellend sind, wird dies zu Verzug im Projekt bzw. zu ungeplanten Änderungen und Ausgaben im Folgeprozess führen.
6. Kurze Durchlaufzeiten
   Das Ziel kurzer Durchlaufzeiten bzw. kurzer Entwicklungszeiten beinhaltet die Etablierung „kurzer" Prozesse in der Produktentstehung, ohne Verzögerungen. Durch kurze Entwicklungszeiten können Produkte frühzeitig auf den Markt gebracht und somit die Time-to-Market (Zeitspanne von Projektentscheidung bis zur Markteinführung) reduziert werden. Dies kann wichtig für die erfolgreiche Positionierung am Markt und daher ein entscheidender Wettbewerbsvorteil sein (Werner 2002; Feldhusen und Grote 2013; Zahn 2013; Gladen 2014).
7. Geringe Kosten
   Durch den zunehmenden Kostendruck werden auch in der Produktentstehung kosteneffiziente Prozesse verlangt (Ehrlenspiel et al. 2014). In der Produktentstehung fallen 60 bis 80 % der Kosten durch Personalkosten an (Ehrlenspiel et al. 2014). Andere Kostentreiber sind Marktanalysen, Versuche, Software, Prototypen und fremdvergebene Entwicklungsleistungen (Fischer 2008; Zahn 2013; Ehrlenspiel et al. 2014).

Befähiger
Befähiger sind Aspekte bzw. Fähigkeiten, die erforderlich sind, um eine effektive und effiziente Produktentstehung realisieren zu können. Sie unterstützen die o. g. Zieldimensionen und sind somit für die Erstellung eines ausgewogenen, ganzheitlichen Ziel- und Kennzahlensystems in der Produktentstehung zu berücksichtigen (Dombrowski et al. 2012). Befähiger sind die dritte Zieldimension der Produktentstehung und lassen sich durch vier Ziele abbilden, die nachfolgend erläutert werden.

8. Qualifizierte Mitarbeiter („Können“)
   Das Ziel von qualifizierten Mitarbeitern beschreibt das Bestreben, dass alle beteiligten Mitarbeiter entsprechend ihrer Tätigkeit qualifiziert sind und die geforderte Handlungskompetenzen besitzen, um somit die Arbeit qualitativ hochwertig durchführen zu können (Morgan und Liker 2006; Dombrowski et al. 2012). Dazu sind neben fachlichen Kompetenzen auch Methoden-, Sozial-, und Selbstkompetenzen notwendig und die Mitarbeiter sind dementsprechend kontinuierlich weiter zu entwickeln (Heyse 1997; Frieling 2000).
9. Motivierte Mitarbeiter („Wollen“)
   Mitarbeiter müssen motiviert sein, ihre Kompetenzen einbringen zu wollen. Hierzu sind entsprechende Anreize zu schaffen bzw. die Motivation der Mitarbeiter zu stärken und auszubauen. Der Aufbau der Motivation sollte durch die Führungskraft erfolgen und kann durch eine entsprechende Wertschätzung und Erfolgserlebnisse ausgebaut werden (Liker und Convis 2011).
10. Fähige Organisation („Dürfen“)
   Neben der Qualifikation von Mitarbeitern und deren Motivation muss die Organisation den Mitarbeitern die entsprechenden Rahmenbedingungen zur Verfügung stellen, unter denen Mitarbeiter ihr Potential abrufen können. Mitarbeitern sollte es ermöglicht werden, eigenständig, innerhalb definierter Grenzen, Entscheidungen zu treffen und Verbesserungsmaßnahmen durchführen zu können (Dombrowski et al. 2012). Auch der Umgang miteinander sowie die Unternehmenskultur spielen eine wichtige Rolle. Fehler sollten als Chance zur Verbesserung wahrgenommen werden, wodurch eine Verbesserungskultur im Unternehmen unterstütz wird (Morgan und Liker 2006).
11. Fähige Lieferanten
   Die Konzentration auf Kernkompetenzen innerhalb der Unternehmen führt dazu, dass vermehrt Tätigkeiten an Lieferanten ausgelagert werden und sich dadurch der Anteil der Arbeiten, die von Lieferanten durchgeführt werden, erhöht (Pfaffmann 2001; Ehrlenspiel et al. 2014). Im Zuge dessen ist die Fähigkeit der Lieferanten ein entscheidender Faktor. Das Ziel ist eine vertrauensvolle Zusammenarbeit mit fähigen externen Partnern.

In diesem Unterabschnitt wurden die drei Zieldimensionen Effizienz, Effektivität sowie als unterstützende Zieldimension die Befähiger vorgestellt. Zudem wurden die aus den Zieldimensionen abgeleiteten Ziele der Produktentstehung erläutert. Da die Ziele in unterschiedlichen Ausprägungsformen und Anwendungsfällen eingesetzt werden, ist eine Überlagerung der Zieldimensionen und Ziele möglich.

3.5.2 Kennzahlen in der Produktentstehung

Da die vorgestellten Ziele nicht ohne weiteres messbar sind, sind die Ziele in Form von Kennzahlen (-systemen) zu operationalisieren. Kennzahlen sind zur Steuerung und Bewertung von Unternehmensaktivitäten unerlässlich und verdichten qualitativ erfassbare

Sachverhalte (Barth und Barth 2008; Reichmann und Hoffjan 2014), um eine sinnvolle Aussage über Unternehmen oder Prozesse zu treffen (REFA 1993). Dabei können Kennzahlen durch bestimmte Eigenschaften beschrieben werden (Reichmann und Hoffjan 2014):

- Der ***Informationscharakter*** beinhaltet, dass Kennzahlen wichtige Informationen und Zusammenhänge darstellen und somit als Entscheidungsgrundlage dienen.
- Die ***Qualifizierbarkeit*** bedeutet, dass Sachverhalte in ein metrisches Skalenniveau übertragen werden können und folglich Rückschlüsse auf die beschreibende Eigenschaften zulassen.
- Die ***spezifische Form der Information*** bedeutet, dass Kennzahlen an den jeweiligen Prozess oder Sachverhalt angepasst werden und somit für unterschiedliche Gegebenheiten spezifische Kennzahlen zu definieren sind. (Reichmann und Hoffjan 2014)

Demnach sind Kennzahlen beschreibende Größen für die Güte eines (Produktentstehungs-) Prozesses und bilden somit die Grundlage für das Controlling der Abläufe innerhalb der Produktentstehung. Nachfolgend sind die in Abschn. 3.5.1 vorgestellten Ziele der Produktentstehung mit exemplarischen Kennzahlen aus der Produktentstehung erläutert. Die beschriebenen Kennzahlen können unterschiedlichen Stakeholdern (Projektingenieur, Projektleiter, Controller, Abteilungsleiter, Unternehmensleitung, Kunden etc.) Auskunft über die Aktivitäten in der Produktentstehung geben und sind individuell entsprechend der Zielgruppe auszuwählen und ggf. anzupassen. Die genannten Kennzahlen erheben keinen Anspruch auf Vollständigkeit. Jedes Unternehmen muss aus der vorhandenen Vielzahl von Kennzahlen unternehmensspezifische Kennzahlen bzw. Kennzahlsysteme ableiten.

Ziel 1: Strategiekonformes Produktportfolio

Nutzenpotential
Zu Beginn eines Produktentstehungsprojekts ist es wichtig, eine möglichst genaue Abschätzung der zu erwartenden Nutzenpotentiale zu treffen. Bei Neuentwicklungen kann dies durch den geplanten Marktanteil sowie den erwarteten Umsatz geschehen. Bei Varianten- oder Änderungsentwicklungen ist das Marktanteils- und Umsatzwachstum der jeweiligen Produktfamilie abzuschätzen. Das Nutzenpotential ist eine wichtige Eingangsgröße für die Wirtschaftlichkeitsrechnung (Business Case) eines Projekts und sollte im gesamten Produktentstehungsprozess (PEP) regelmäßig überprüft und angepasst werden.

Anzahl A-Projekte (ABC-Priorisierungsportfolio)
Um die Vielzahl der PEP-Projekte untereinander zu priorisieren, ist es notwendig, die strategischen Aspekte sowie die Nutzenpotentiale in einer Bewertung zusammenzuführen. Ergebnis ist eine Bewertung der Projekte in einer Matrix und die Ableitung einer Projektpriorisierung (A=maximale Relevanz; C=minimale Relevanz). Die Anzahl an A-Projekten kann Auskunft über Fokussierung und Auslastung der Abteilung „Forschung und Entwicklung (F&E)“ geben.

Ziel 2: Innovationen

Anzahl angemeldeter bzw. eingesetzter Patente
Die Anzahl angemeldeter Patente kann als Indikator zur Bewertung der Innovationsfähigkeit von Unternehmen genutzt werden, jedoch lassen sich ohne zeitlichen Bezug keine Aussagen über die derzeitige Innovationskraft treffen (Möller et al. 2011). Wird die Anzahl von angemeldeten Patenten mit einem zeitlichen Verlauf und/oder der Relevanz von Patenten verknüpft, können Aussagen über die Entwicklung der Innovationsfähigkeit eines Unternehmens getroffen werden (Da Costa et al. 2014). Alternativ kann auch die Anzahl eingesetzter Patente bzw. die Patentnutzung gemessen werden.

Alleinstellungsmerkmale
Neben Patenten können Alleinstellungsmerkmale als Kriterium der Innovationsfähigkeit dienen. Als Alleinstellungsmerkmal ist ein Merkmal zu verstehen, durch welches sich die Leistung deutlich von Wettbewerbern bzw. Produkten des Wettbewerbs abhebt und somit ein einzigartiges Verkaufsargument darstellt (unique selling proposition) (Bruhn 2014). Das Ziel ist das Erreichen eines Wettbewerbsvorteils durch eine hohe Anzahl an Alleinstellungsmerkmalen.

F&E-Kosten/Umsatz der Produkte <x Jahre
Die Kennzahl berechnet sich aus dem Verhältnis der jährlichen F&E-Kosten zu dem Umsatz mit Produkten, die jünger als *x* Jahre sind. *X* kann dabei individuell, beispielsweise auf Basis der Time-to-Market, festgelegt werden. Ziel ist ein möglichst hoher Umsatzanteil mit Neuentwicklungen.

Neuproduktrate
Die Neuproduktrate wird durch den Umsatz von Produkten, die in den letzten *x* Jahren entwickelt wurden und dem Gesamtumsatz des Unternehmens berechnet. Die Neuproduktrate gibt Aufschluss über die Innovationsfähigkeit eines Unternehmens. Eine hohe Neuproduktrate kann als Indikator für die schnelle Ausrichtung an Kundenwünsche gesehen werden (Albach 2000).

Forschungsintensität
Die Forschungsintensität wird durch den Quotienten aus den Forschungsausgaben in einem definierten Zeitraum zu dem Gesamtumsatz des Zeitraums berechnet (Albach 2000).

Ziel 3: Hohe interne Stakeholderzufriedenheit

Gleichteilindex
Als Gleichteil oder Wiederholteil wird jedes Teil (oder auch Baugruppe/Modul) bezeichnet, das bereits in einem anderen Produkt verwendet wird. Der Gleichteilindex ist der Quotient der Gleichteile und der Gesamtzahl im Produkt verwendeter Teile. Die Verwen-

dung von Gleichteilen schafft Synergien bei der Beschaffung. Weitere Vorteile entstehen beispielsweise in der Logistik und im Ersatzteilmanagement, indem weniger verschiedenartige Teile bevorratet werden müssen (Morgan und Liker 2006; Ehrlenspiel et al. 2014).

Norm- und DIN-Teile-Index

Die Benutzung von Normteilen erzielt, gerade bei kleiner Stückzahl, Vorteile, da auf bestehende Bauteile zurückgegriffen werden kann und die Beschaffung dieser Teile in der Regel mit einer Komplexitätsreduzierung einhergeht. Somit ist der Norm- und DIN-Teile-Index, ähnlich wie der Gleichteileindex, eine Kennzahl zur Steigerung der Wirtschaftlichkeit. Da weniger verschiedenartige Materialen in der Produktion vorgehalten werden müssen, die Beschaffung optimiert wird, weniger Erprobungsaufwände entstehen und die Teileversorgung ein reduziertes Risiko aufweist, kann durch die Verwendung von Normteilen eine wirtschaftliche Produktentstehung ermöglicht werden (Ehrlenspiel et al. 2014).

EHPV (engineering hours per vehicle)

Die Kennzahl EHPV misst den konstruktionsbedingten Arbeitsinhalt eines Fahrzeugs (Produkt) und wird zur Bewertung der Fertigungs- und Montagezeit genutzt werden. Je weniger Zeit in ein Bauteil „reinkonstruiert" ist, desto effizienter kann die Produktion ein Produkt herstellen. Die Kennzahl stammt aus der Automobilindustrie und kann auf die Entwicklung anderer Produkte übertragen werden. Konstruktionsbedingte Arbeitsinhalte können beispielsweise durch die Verwendung von Verbindungstechniken und Fügeverfahren beeinflusst werden. Beispielsweise entsteht durch eine Schraubverbindung ein höherer konstruktionsbedingter Arbeitsinhalt als bei einer Steckverbindung (Zülch 2010).

Kosten für Nacharbeit nach Start of Production

Der Prozess für Nacharbeiten am Produkt, nachdem das Projektergebnis zur Produktion freigegeben wurde, ist komplex und kostenintensiv. Änderungen (konstruktive und/oder produktionstechnische Änderungen) zu diesem Zeitpunkt sind schwer zu realisieren und benötigen einen hohen Aufwand, der sich in einem hohen monetären Wert widerspiegelt (Schuh et al. 2008).

Einhaltung Target-Costing

Beim Target-Costing wird der am Markt erzielbare Preis für ein Produkt ermittelt. Ausgehend von diesem Preis werden die maximalen Herstellkosten für das Produkt sowie einzelnen Produktkomponenten abgeleitet. Diese Kosten werden zum Großteil bei der Produktentstehung definiert, weshalb diese Kennzahl auch in diesem Bereich zu verfolgen ist. Können die Kosten nicht eingehalten werden, führt dies zu einem erhöhten Vermarktungsrisiko (Kremin-Buch 2004).

Ziel 4: Hohe externe Stakeholderzufriedenheit

Recyclingquote

Recycling bedeutet die „erneute Verwendung oder Verwertung von Produkten oder Teilen von Produkten in einem System von Kreisläufen" (VDI 2243 2002). Die Recyclingquote gilt als Indikator für die recyclinggerechte Produktentstehung. Zum einen gibt es die stoffliche Recyclingquote, bei der der Quotient aus der Masse der wiederverwertbaren Teile und der Masse des Produktes berechnet wird. Zum anderen gibt es die Bauteil-Recyclingquote, bei der die Anzahl an wiederverwertbaren Bauteilen im Verhältnis zu der Gesamtanzahl verbauter Teile berechnet wird (Gruden 2008).

Eingesetzte Verbindungstechniken

Sind Materialien und Bauteile aufwändig (bzw. nicht lösbar) miteinander zu Baugruppen verbunden, führt dies zu einem erhöhten Aufwand bei der Demontage, um diese Baugruppen anschließend dem Recyclingprozess zuführen zu können. Die Gestaltung der Verbindung hat Auswirkungen auf den Montage- bzw. Demontageaufwand von Baugruppen (Ponn und Lindemann 2011). Das Verhältnis der verwendeten Verbindungstechniken kann als Indikator für die Montagefreundlichkeit bzw. die recyclinggerechte Konstruktion von Baugruppen genutzt werden.

Materialeinsatz

Ein weiterer Indikator für die Nachhaltigkeit ist die Einhaltung von Zielvorgaben zur Materialreduzierung pro Produktgeneration (beispielsweise in Prozent) bzw. die Substitution von umweltgefährdeten Materialien.

Zulassungsquote

In globalisierten Märkten ist es wichtig, Produkte nicht nur für einen Markt zu entwickeln, sondern bestenfalls so zu entwickeln, dass mehrere Märkte abgedeckt werden können. Unternehmen die global agieren haben daher die Herausforderung, Produkte für verschiedene Wirtschaftsräume (EU, USA etc.) nach unterschiedlichen Zulassungsregularien zu entwickeln. Wichtig ist es daher im Vorhinein die Regularien aller relevanten Wirtschaftsräume zu kennen und die Anzahl der erfüllten Anforderungen im Laufe des PEP zu verfolgen.

Ziel 5: Hohe Qualität

Erreichte Meilensteine

In jeder Phase eines PEP-Projektes sind zahlreiche Arbeitspakete parallel zueinander abzuarbeiten. Jedes Arbeitspaket hat einen festen geplanten Fertigstellungstermin. Zu den vordefinierten Meilensteinen wird die Fertigstellung aller Arbeitspakete überprüft und eine Gesamtwertung abgeleitet. Der Indikator wird durch den Soll-Ist-Vergleich gebildet und gibt Aufschluss über die Quote der derzeit abgearbeiteten Arbeitspakete und somit über die Qualität des Projektfortschritts (Möller et al. 2011).

Lieferantenperformance
Die Anzahl der Teile und Anlaufgruppen, die von Lieferanten entwickelt werden, rechtzeitig vorliegen und durch das eigene Unternehmen (i. d. R. Produktion, F&E und Beschaffung) validiert bzw. freigegeben (Erstmusterfreigabe, Dokumentationsfreigabe, Serienfreigabe) sind, gelten als unkritisch. Die Anzahl der unkritischen Teile und Anlaufgruppen im Verhältnis zu der Gesamtheit an fremdvergebenen Teile und Anlaufgruppen, stellt die Lieferantenperformance dar.

Erfüllungsgrad der Kundenanforderungen
Der Quotient erfüllter Anforderungen zu der Gesamtanzahl an Kundenforderungen lässt Rückschlüsse auf die Qualität bzw. die Berücksichtigung von Kundenanforderungen in der Produktentstehung zu. Sind nicht alle Anforderungen der Kunden erfüllt, kann dies zu einem mangelnden Qualitätsempfinden bzw. Unzufriedenheit bei dem Kunden führen. Die Kennzahl kann, entsprechend dem Kano-Modell, um den Erfüllungsgrad unterschiedlicher Anforderungen und Faktoren (Basisfaktoren, Leistungsfaktoren, Begeisterungsfaktoren) erweitert bzw. angepasst werden (Kano et al. 1984; Kreutzer 2009).

Ziel 6: Kurze Durchlaufzeiten

Time-to-Market
Das Ziel ist eine kurze Produktentstehungszeit, um so die Kundenwünsche bzw. die Produktidee so schnell wie möglich umzusetzen. Die Time-to-Market beschreibt die Zeitspanne von Projektentscheidung bis zum fertigen Produkt. Wichtig für die kontinuierliche Nachverfolgung und den Vergleich unterschiedlicher Projekte ist ein definierter Start- und Endzeitpunkt, der für alle Projekte gilt (Töpfer 2007).

Termintreue
Die Einhaltung der definierten Termine ist entscheidend für die Einhaltung der pünktlichen Übergabe an die Produktion und damit für den Markteintritt. Die Einhaltung der Gesamtdauer aber auch der einzelnen Meilensteine ist entscheidend für die Termintreue und die pünktliche Fertigstellung des Entwicklungsprojektes. Die Termintreue wird mit Hilfe der durchschnittlichen relativen Abweichung zur Laufzeit bestimmt (Wilhelm 2007; Da Costa et al. 2014).

Ziel 7: Geringe Kosten

Entwicklungsbudget (gesamt)
Das Entwicklungsbudget beschreibt die geplanten und budgetierten Ausgaben eines Unternehmens für die Entwicklung neuer Produkte. Bei dem Ziel von Kosteneinsparungen in der Entwicklung werden die Entwicklungsbudgets durch die Unternehmensleitung betrachtet und ggf. reduziert.

Eingesetzte Mitarbeiterstunden pro Entwicklungsaufgabe/Projekt
Die Anzahl der benötigten Mitarbeiterstunden pro Entwicklungsaufgabe bzw. Projekt kann als Benchmark für den Vergleich der Effizienz von Projekten mit ähnlichen (standardisierten) Arbeitsinhalten bzw. Aufgabenschwerpunkten genutzt werden. Beispielsweise können die eingesetzten Mitarbeiterstunden von unterschiedlichen Produktgenerationen Aufschluss über die Effizienzentwicklung innerhalb der Produktentstehung geben (Gladen 2014).

Einhaltung Projektbudget
Die Kennzahl „Einhaltung von Projektbudget" wird während des Projektes regelmäßig, beispielsweise bei jedem Meilenstein, analysiert und ermöglicht somit die Steuerung der Projektkosten. Der Vergleich von verbrauchtem Budget und geplantem Budget unterstützt das Projektcontrolling und somit die erfolgreiche Projektbearbeitung. Zudem kann das Abrufverhältnis des Budgets für einzelne Fachabteilungen (Soll vs. Ist) oder nach einzelnen Kostenarten (z. B. Personal- oder Materialkosten) zur detaillierten Aufschlüsslung genutzt werden (Aichele 2006; Sommer 2010).

Ziel 8: Qualifizierte Mitarbeiter

Deckungslücke Mitarbeiterqualifikation
Der Indikator Mitarbeiterqualifikation beschreibt den Vergleich der Kriterien des Qualifikationsprofils der jeweiligen Stellenbeschreibung und den tatsächlich vorhandenen Qualifikationen und gibt somit den Übereinstimmungsgrad an. Wird eine Deckungslücke im Qualifikationsprofil identifiziert, können Maßnahmen zur Mitarbeiterqualifizierung getroffen werden. Mitarbeiter, die entsprechend den Anforderungen qualifiziert sind, sollten die gewünschten Ergebnisse in der geforderten Qualität und Zeit erbringen können (Scherm und Süß 2011).

Weiterbildungstage pro Mitarbeiter
Um die Qualifikationen der Mitarbeiter kontinuierlich zu verbessern, sind Schulungen und Weiterbildungsmaßnahmen notwendig. Als Indikator für die Intensität der Weiterbildung von Mitarbeitern können die durchschnittlichen Weiterbildungstage pro Mitarbeiter pro Zeiteinheit (Jahr) genutzt werden (Schulte 2012). Auch die Anzahl an Weiterbildungstagen zu den Methoden und Prinzipien des Lean Developments kann als Indikator genutzt werden.

Ziel 9: Motivierte Mitarbeiter

Beteiligung im Vorschlagwesen
Die Anzahl eingereichter Ideen, die Anzahl an durchgeführten Verbesserungen oder die erreichten Ersparnisse durch Verbesserungen im Vorschlagwesen pro Mitarbeiter im Jahr können als Indikatoren für die Motivation der Mitarbeiter gesehen werden. Motivierte

Mitarbeiter sind eher bereit, die einzelnen Prozessabläufe zu überdenken bzw. zu verbessern und ihre Ideen bzw. Qualifikationen einzubringen (Lingnau 2008).

Bewertung in einer Mitarbeiterbefragung
Die Mitarbeiterbefragung kann als Instrument genutzt werden, um die Motivation der Mitarbeiter bzw. die Mitarbeiterzufriedenheit zu messen und entsprechende Maßnahmen zur Motivationssteigerung abzuleiten. Die Erhebung der Information kann sowohl durch Fragebögen, Mitarbeitergespräche oder durch Motivationsbarometer erfolgen (Micheli 2009).

Ziel 10: Fähige Organisation

Aktiver Wissensaustausch je MA
Der aktive Wissensaustausch summiert den Zeitanteil in Stunden, den Mitarbeiter bei Konferenzen, Expertenaustauschgremien, Standardisierungsworkshops und sonstigen Aktivitäten zur Förderung des Wissenaustausches verbringen, im Verhältnis zu einer definierten Stundenanzahl. Welche Aktivitäten in die Kennzahl einfließen, ist unternehmensspezifisch zu bestimmen. Mit dieser Kennzahl kann der Transfer von Wissen zwischen Projekten, Abteilungen und Unternehmen gefördert werden.

Anzahl Eskalationen pro Projekt – Grad der Entscheidungsfreiheit
Der Grad der Entscheidungsfreiheit wird durch die Anzahl der Eskalationen, die für jedes Projekt notwendig waren, bestimmt. Durch die Bestimmung von Entscheidungsvorlagen (Trade-off-Kurven) können Mitarbeiter systematisch Entscheidungen, ohne eine Eskalation in die nächste Stufe vornehmen zu müssen, treffen. Ein hoher Entscheidungsfreiheitsgrad fördert die selbstständige Arbeitsorganisation und gesteht Mitarbeitern in bestimmten Grenzen die eigenständige Entscheidungsfindung zu. Das Ziel ist, dass alle Mitarbeiter klare Regeln zur Verfügung gestellt bekommen, wann sie Entscheidungen treffen dürfen und nach welchen Prioritäten Entscheidungen zu fällen sind, sodass im Idealfall keine Eskalationen nötig sind.

Ziel 11: Fähige Lieferanten

PEP-spezifische Lieferantenbewertung
Die Lieferanten müssen nach einem unternehmensspezifischen Katalog bewertet werden. Mögliche Punkte sind Änderungshäufigkeit, Termineinhaltung, Einbringung bei Innovationsworkshops, Beteiligung bei Konzeptwettbewerben, Bereitschaft zu gegenseitigem Personalaustausch und zu gemeinsamen Projektteams. Die zu erfassende Kennzahl ist der Quotient aus der aktuellen Bewertung und der letzten Bewertung, wodurch die Entwicklung der Lieferanten verfolgt werden kann oder die absoluten aktuellen Bewertungen als Vergleich zwischen den Lieferanten.

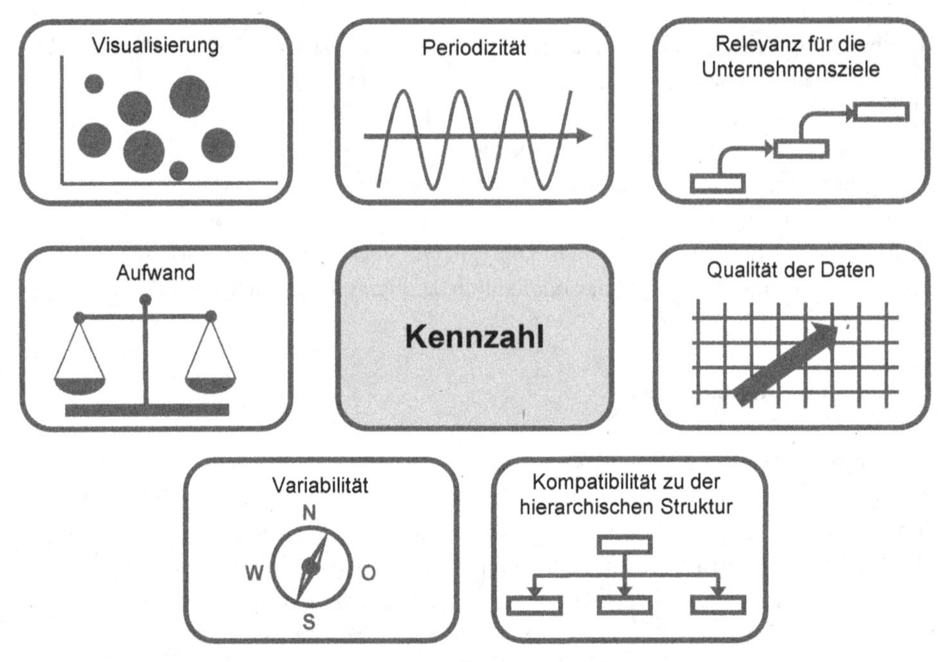

Abb. 3.12 Erfolgsfaktoren zur Implementierung von Kennzahlen

Innovationsfähigkeit des Lieferanten
Die Innovationsfähigkeit kann, je nach Einbindung des Lieferanten, eine bedeutende Rolle zur Bewertung der Fähigkeit der Lieferanten darstellen. Die Innovationsfähigkeit eines Lieferanten kann durch die Adaption der zuvor beschriebenen Kennzahlen zur Bewertung der internen Innovationsfähigkeit (Anzahl angemeldeter Patente, Anzahl eingesetzter Patente, Anzahl der Alleinstellungsmerkmale, F&E-Kosten/Umsatz der Produkte < x Jahre, Neuproduktrate und Forschungsintensität) bewertet werden.

Die genannten Ziele und die entsprechende Zuordnung der Kennzahlen sind nicht als feste Zuordnung zu betrachten. Die Kennzahlen dienen stattdessen als Anregung zur unternehmensindividuellen Erstellung von Kennzahlensystemen im Lean Development. Nachfolgend werden diesbezüglich Erfolgsfaktoren zur Erstellung von Kennzahlen beschrieben

3.5.3 Erfolgsfaktoren bei der Implementierung von Kennzahlen

Für die erfolgreiche Einführung von Kennzahlen bzw. Kennzahlensystemen in der Produktentstehung sind bestimmte Erfolgsfaktoren Abb. 3.12 zu beachten. Beispielsweise ist zu prüfen, welche Ziele verfolgt werden sollen und welche Kennzahlen bei der Erreichung dieser Ziele unterstützen können (siehe Abschn. 3.5.1). Andernfalls werden Kennzahlen definiert, die keine Rückschlüsse über die verfolgten Ziele zulassen und somit Ressourcen verschwenden und/oder in die falsche Richtung steuern. Durch die Berücksichtigung der Erfolgsfaktoren kann sichergestellt werden, dass Unternehmen adäquate und angemessene Kennzahlen entwickeln und/oder auswählen. Zusammenfassend werden sieben Erfolgsfaktoren nachfolgend erläutert (Maskell 1991; Feggeler und Husmann 2000).

Relevanz für die Unternehmensziele

Bei der Auswahl, Definition und Implementierung von Kennzahlen für die Produktentstehung ist darauf zu achten, dass diese bei der Erreichung der Ziele (vgl. Abschn. 3.5.1.) unterstützen und somit an das Zielsystem angelehnt sind. Dementsprechend sind die Kennzahlen so zu wählen, dass die erbrachte Leistung der direkt an dem Prozess beteiligten Mitarbeiter widergespiegelt wird (Maskell 1991; Feggeler und Husmann 2000; Dombrowski et al. 2012).

Qualität der Daten

Die Qualität der Daten ist entscheidend für die Wirksamkeit von Kennzahlen. Dies betrifft sowohl die Plausibilität der in die Kennzahl eingehenden Daten als auch die Aktualität der Daten. Die Plausibilität zielt auf die Transparenz der Daten und somit auf das Kennzahlenverständnis der Mitarbeiter ab. Die Aktualität der Daten ist abhängig von den Rahmenbedingungen zur Aufnahme der Basisdaten und der Notwendigkeit der Kennzahlauswertung (Feggeler und Husmann 2000).

Kompatibilität zu der hierarchischen Struktur

Kennzahlen sind entsprechend der hierarchischen Struktur in Unternehmen zu etablieren. Dies bedeutet, dass die Kennzahlen sowohl für die entsprechende Hierarchieebene im Unternehmen und deren Ziele als auch untereinander zu den Kennzahlen der angrenzenden Hierarchieebenen zu definieren sind (Maskell 1991).

Variabilität

Unternehmen müssen sich den ständig ändernden Rahmenbedingungen anpassen und den volatilen Gegebenheiten Rechnung tragen. Dadurch wird die Priorisierung der Unternehmensziele regelmäßig angepasst und die situativen Anforderungen des Marktes berücksichtigt. Dies erfordert eine hohe Variabilität von Teilzielen und Kennzahlen (Feggeler und Husmann 2000). Ändert sich der Fokus der Unternehmensziele, müssen auch die Prozessziele und somit die Kennzahlen angepasst werden.

Aufwand

Das Messen von Daten, deren Analyse, Auswertung, Rückmeldung, Visualisierung und Interpretierung ist mit Aufwand verbunden. Dieser Aufwand kann durch Softwaresysteme reduziert werden. Bei der Definition und Einführung von Kennzahlen sollte überprüft werden, ob der benötigte Aufwand zur Aufbereitung der Daten zu einer Kennzahl (und ggf. die Einführung einer Software) im Verhältnis zum Nutzen steht (Maskell 1991).

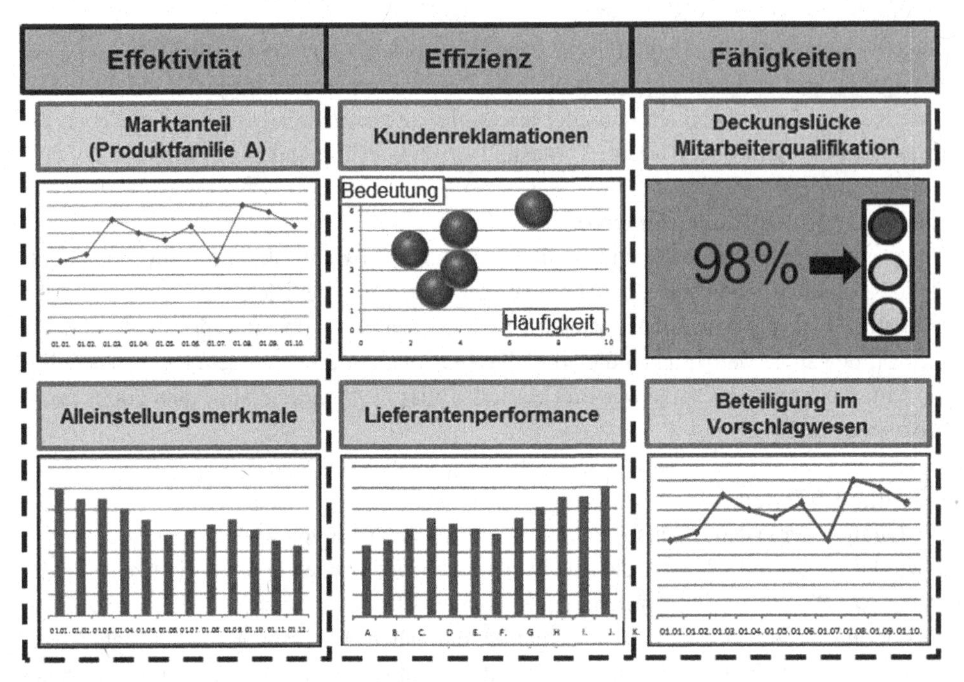

Abb. 3.13 Kennzahlen-Cockpit

Visualisierung
Die Aufarbeitung und Visualisierung von Kennzahlen ist sehr wichtig für das Verständnis der Mitarbeiter. Durch die Darstellung der Kennzahlentwicklung steigt das Verständnis und die Akzeptanz. Zudem können Führungskräfte bei der Entscheidungsfindung durch ein Kennzahlen-Cockpit (Abb. 3.13) unterstützt werden, auf dem alle relevanten Kennzahlen, unter Berücksichtigung aller Interdependenzen, in einem Kennzahlensystem zusammengefasst und in übersichtlicher und konzentrierter Form dargestellt sind (Wilkes und Stange 2008; Reichmann und Hoffjan 2014).

Periodizität
Die Periodizität einer Kennzahl beschreibt, wie oft die Kennzahl ausgewertet wird. Der Soll-Wert einer Kennzahl sollte in längeren Perioden definiert werden, da ein häufiger Wechsel in kurzen Zeitabständen zu Akzeptanzproblemen führt und auf diese Weise die Identifikation von Veränderungen erschwert wird. Die Auswertung und Rückmeldung des Ist-Wertes einer Kennzahl erfolgt kurzzyklischer und ermöglicht eine Messung hinsichtlich der Zielerreichung. Mit der zunehmenden strategischen Bedeutung einer Kennzahl sinkt der kurzzyklische Rückmeldebedarf, operative Kennzahlen werden in der Regel eher kurzzyklisch analysiert (Feggeler und Husmann 2000; Dombrowski et al. 2012).

3.6 Hindernisse und Maßnahmen des LD-Einführung

Uwe Dombrowski, David Ebentreich

Bei der Einführung von LD können diverse Hindernisse auftreten, die dazu führen, dass einige Methoden und Tools einfacher und andere schwieriger zu implementieren sind. Diese Erfahrungen bringen jedoch Lerneffekte mit sich, aus denen spezielle Anforderungen für zukünftige Einführungen abgeleitet werden können. Aus zahlreichen Studien wurden Hindernisse abgeleitet, die Einfluss auf ein oder mehrere Bereiche bei der Einführung des LD haben. Im folgenden Unterkapitel werden diese Hindernisse dargestellt.

3.6.1 Hindernisfelder

Mangelnde Akzeptanz

Entwickler können unter Umständen eine kritische Einstellung gegenüber der Einführung haben, da sie das damit verbundene Potenzial noch nicht erkennen. Eine mangelnde Akzeptanz bei den Entwicklern wirkt einer erfolgreichen Einführung des LD entgegen und behindert vor allem die Umsetzung der folgenden Elemente: *Set-Based Engineering*, *Projektübergreifender Wissenstransfer*, *Prozessstandardisierung/Arbeitsstandards*. Die Prozessstandardisierung wird von den Ingenieuren als Behinderung der Kreativität empfunden, weshalb Abweichungen vom Standard entstehen. Bei der Anwendung des Set-Based Engineering wird deutlich, dass die Entwickler einen iterativen Design-Prozess vorziehen und eine bestimmte Lösung weiterentwickeln wollen und aus diesem Grund nicht alle Lösungen gleichwertig prüfen (Hoppmann 2009). Gegenüber einem projektübergreifendem Wissenstransfer mangelt es ebenso an Akzeptanz. So wollen Entwickler vorhandenes Wissen nicht nutzen, wenn es von einer anderen Person oder Abteilung generiert wurde. Zudem fehlt es an Bereitschaft zur Dokumentation von Wissen (Hoppmann 2009). Möglicherweise wird das Akzeptanzproblem durch fehlende Transparenz ausgelöst, sodass eine anschauliche Visualisierung von Projektinhalten dem entgegen wirken könnte.

Kulturelle Hindernisse

Kulturelle Hindernisse können die Einführung erheblich beeinflussen und diese somit auch behindern. Dies wird besonders bei der Einführung der *Spezialistenkarriere* deutlich. Hierbei handelt es sich um die Möglichkeit der beruflichen Entwicklung für Ingenieure in ihrem technischen Fachgebiet. Dies geschieht auf Basis von regelmäßigem Feedback durch Vorgesetzte und persönlichem Coaching (Morgan und Liker 2006; Dombrowski und Zahn 2011). Eine Umfrage ergab, dass der Nutzen der Spezialistenkarriere in den Unternehmen umstritten ist und der Einführung somit entgegen wirkt. Zudem hält eine Spezialistenkarriere nicht denselben Stellenwert wie eine reine Managerkarriere inne (Hoppmann 2009). Weiterhin kann dies dazu führen, dass *bestehende Standards* in der Produktentstehung seltener eingehalten und nicht verbessert werden können. Dies geht mit den Erfahrungen einher, dass der Lean-Gedanke noch nicht durchgängig in der Produktentstehung verankert ist.

Mangel an unterstützenden Werkzeugen

Es ist möglich, dass ein Mangel an speziell auf das LD angepassten Werkzeugen besteht, um die Einführung zu fördern. Vor allem bei der *Kapazitätsplanung* liegen oftmals nicht die entsprechenden Werkzeuge vor. Die vorhandenen Werkzeuge werden zwar zur Leistungswertvermittlung genutzt, jedoch führt dies nicht zu einer Nivellierung des Arbeitsaufwandes (Hoppmann 2009). Es fehlen für die erfolgreiche Umsetzung des *Variantenmanagements* insbesondere unterstützende Werkzeuge zur Dokumentation und effizienten Nutzung des Wissens. Es werden hierbei Skaleneffekte durch den gezielten Einsatz von Norm- und Gleichteilen und einer modularen Produktbauweise verfolgt. Dies erlaubt die Wiederverwendung der Module in anderen Produkten und die Verknüpfung über Standardschnittstellen. In vorhandenen Dokumentenmanagementsystemen fehlen meist simple Suchfunktionen nach Attributen vorhandener Komponenten (Hoppmann 2009). Bei der Einführung vom *projektübergreifenden Wissenstransfer* mangelt es an Werkzeugen, die einen effektiven Wissenstransfer ermöglichen. Hierbei wird der Zugriff auf bestehendes Wissen erschwert, da die Komplexität der Nutzung mit zunehmendem Wissen steigt (Hoppmann 2009).

Planungsfehler

Planungsfelder stellen vor allem bei der Einführung der *Prozessstandardisierung* ein erhebliches Hindernis dar, da die Einführung von einer entsprechenden Ressourcenplanung abhängt. So entstehen durch eine unzureichende Planung Kapazitätsengpässe, die die Einführung des LD erschweren oder unmöglich machen und zur Frustration der Mitarbeiter führen. Die Mitarbeiter können weiterhin durch eine unstrukturierte und unverständliche Planung irritiert werden, die durch fehlerhafte oder unvollständige Bewertung, Auswahl und Integration erfolgsversprechender Methoden hervorgerufen wird. Weitere Probleme treten bei der Definition einer klaren Zielstellung im Rahmen des Planungsprozesses auf (Töpfer 2007).

3.6.2 Maßnahmenfelder

Die im vorherigen Abschnitt beschriebenen Hindernisse sollten für eine erfolgreiche Einführung des LD besonders beachtet werden. Darauf aufbauend werden im Folgenden die Maßnahmen zur Vermeidung der Hindernisse dargelegt. Diese Maßnahmenfelder betreffen die **Qualifizierung** von Führungskräften, Mitarbeitern und Lieferanten, die **Unternehmenskultur**, die Anforderungen an **Flexibilität**, die **Planung** vorhandener Ressourcen sowie die **Zusammenarbeit** zwischen den beteiligten Stakeholdern. Im Zusammenhang mit der Einführung des GPS wurden bereits ähnliche Maßnahmenfelder identifiziert: Führung, Unternehmenskultur, Planung, Organisationsstruktur und Methodenwissen (Dombrowski et al. 2008). Die Maßnahmenfelder der LD-Einführung sollen folgend detailliert beschrieben werden und mit denen der GPS-Einführung verglichen werden. Daraus werden Erfolgsfaktoren abgeleitet, die eine gelungene Einführung begünstigen.

Qualifizierung

Die fehlende Qualifizierung von Führungskräften, Mitarbeitern und auch Lieferanten führt zunächst zum falschen Einsatz der Methoden und Werkzeuge und stellt somit ein großes Hindernisfeld dar. Können Mitarbeiter die Methoden und Werkzeuge, die sie einsetzen sollen, nicht richtig verwenden, da sie nicht ausreichend qualifiziert wurden, führt dies zu Frustration bei den Mitarbeitern und letztlich zu Ablehnung und mangelnder Akzeptanz (Töpfer 2007). Die Qualifizierung für die Einführung von LD ist daher unabdingbar. Zunächst sind dabei Mitarbeiter in den Methoden und Werkzeugen zu qualifizieren. Zudem sind die Führungskräfte und Projektleiter entscheidend in diesem Prozess, da diese die Bestrebungen zur Einführung unterstützen müssen und ihr eigenes Verhalten an den veränderten Produktentstehungsprozess anpassen müssen. LD-Methoden, wie das Set-Based Engineering oder Scrum, fordern eine andere Art Entwicklungsablauf mit anderen Rollen und Aufgaben. Bei Scrum beispielsweise führt nicht der Vorgesetzte die Festlegung der Arbeitsaufgaben durch, sondern das Team entscheidet über die Aufgaben des nächsten Intervalls (Sprint) (Gloger 2011). Damit diese neuen Aufgaben und Rollen richtig verstanden werden, sind Qualifizierungen erforderlich.

Lieferanten tragen einen erheblichen Beitrag zum Erfolg der LD-Einführung, da diese einen hohen Anteil der Entwicklung einnehmen. Besonders jene, die in den Produktentstehungsprozess sehr früh eingebunden sind, müssen besonders qualifiziert werden und bestenfalls mit vergleichbaren Methoden arbeiten, um die Lean Methoden erfolgreich einführen zu können. Um das Set-Based Engineering einführen zu können, müssen Lieferanten, die bereits früh im Produktentstehungsprozess integriert sind, auch das Set-Based Engineering nutzen (Morgan und Liker 2006; Liker et al. 1996). So bringt diese Methode einen hohen Abstimmungsaufwand mit sich und erfordert die Synchronisation der Prozesse zwischen Lieferant und Hersteller (Ward 2007). Ebenso spielt die Qualifizierung der Lieferanten bei der Null-Fehler-Strategie ein wichtiger Bestandteil. Bei den Belieferungsstrategien, wie Just in Sequence oder Just in Time, dürfen keine Fehler vorkommen, da diese zum sofortigen Bandstillstand führen können. Das Belieferungskonzept darf deshalb nur durch Lieferanten mit einem sichergestellt hohen Qualitätsniveau angeboten werden. Die so entstandenen Effekte einer Bestandsminimierung zwischen Lieferanten und Kunden führen zu einer gesteigerten Reaktionsfähigkeit und kürzeren Lieferzeiten. Es wird Wert darauf gelegt, dass die Entwicklungsergebnisse mit den Vorstellungen des Kunden übereinstimmen, weshalb, im Gegensatz zu der klassischen Lieferantenintegration, im LDS ein Austausch in regelmäßigen kurzen Zyklen erfolgt. Dies fordert eine höhere Transparenz in der Beziehung zwischen Hersteller und Lieferant und damit einhergehend den Schutz des ausgetauschten Know-how zwischen den Entwicklungspartnern. Dies ist in der Regel erst bei langfristigen Partnerschaften möglich. Die Erfolgsfaktoren sind somit die Qualifizierung von Mitarbeitern und Führungskräften (1), die Verhaltensanpassung an veränderte Prozesse (2) und die Lieferantenqualifizierung durch passende Integration (3).

Flexibilität

Die LD-Einführung fordert besondere Flexibilität, speziell hinsichtlich der Produkte, der Prozesse und der Organisation. Das Set-Based Engineering entwickelt einen Lösungsraum mit vielen Alternativen; eine Fokussierung auf eine Lösungsalternative erfolgt jedoch erst in einem späteren Entwicklungsstadium. Auf diese Weise wird der Entwicklungsprozess von einer frühzeitigen Einschränkung auf eine Alternative hin zu einer Ermöglichung des gesamten Lösungsraumes umgekehrt und erfordert die Flexibilität der Produkte und Mitarbeiter, die sich darauf einlassen müssen. Gleichzeitig erlangt das Unternehmen so aber auch ein Mehr an Flexibilität, da bei Schnittstellenprobleme von einzelnen Baugruppen schnell aus dem Lösungsraum eine Alternative ausgewählt werden kann. Findet eine frühzeitige Fokussierung mit einer einzigen Lösungsmöglichkeit statt, können Schnittstellenprobleme im Produkt nur aufwendig behoben werden.

Die Methode Scrum kann nun zeigen, welche Flexibilität in den Prozessen gefordert wird. Es werden kontinuierliche, kurzzyklische Treffen mit allen Projektbeteiligten festgelegt und die nächsten Arbeitspakete bestimmt und so kurzfristige Anpassungen ermöglicht. Es muss, im Gegensatz zum klassischen Entwicklungsprozess, keine endgültige Produktlösung im Lastenheft festgelegt werden. Vielmehr werden durch einen Themenspeicher (Backlog), der kontinuierlich befüllt wird, Nutzungsvarianten (user stories) des Produkts in den Entwicklungsprozess eingebracht. Weiterhin sind kurzzyklische Treffen (Sprints) vorgesehen, die in täglichen Treffen kurzfristige Anpassungen am Produkt vornehmen. Mit dieser Methode können Kundenwünsche „voice of the customer" flexibel integriert und sichergestellt werden, so dass die Produktlösung zielgruppengerecht entwickelt wird (Gloger 2011). Diese flexible Orientierung an Prozessen fordert auch eine Flexibilität der Organisation. Im Gegensatz zur klassisch funktionalen Organisation, in der je nach Funktionsbereich ein anderer Mitarbeiter verantwortlich ist, orientieren sich in einem Lean Development-System die Verantwortlichen an Baureihen, Produkten oder Baugruppen entlang des Wertstroms. Zusätzlich hat der starke Projektleiter die Aufgabe, den Überblick über den Gesamtprozess zu behalten und Abstimmungsverluste zu vermeiden. Auch bei der GPS-Einführung führte die fehlende Umstellung von der Funktionsorientierung zur Prozessorientierung zu Hindernissen. Das Hauptziel der LD- oder GPS-Einführung ist eine stärkere Kundenorientierung, welche nicht erreicht werden kann, wenn funktionsorientierte Insellösungen gefunden werden, die nicht optimal in den Gesamtwertstrom eingebunden werden können.

Im Bereich der Flexibilität können die folgenden Erfolgsfaktoren zusammengefasst werden: Flexibilität der Produkte (4), der Prozesse (5) und der Organisation (6). Erst die Bereitschaft zur Flexibilität ermöglicht die LD-Einführung.

Planung

Der Planungsprozess von verfügbaren monetären und personellen Ressourcen ist mit Unsicherheiten behaftet, wobei Abschätzungen umso ungenauer werden, je größer der Planungshorizont ist. Die Einführung von GPS oder LDS erstreckt sich über Jahre (vgl. Kap. 3). Daher ist es notwendig, dass für Planungen zu Beginn bereits genügend Ressourcen zur Verfügung stehen und mit diesen auch ein kontinuierliches Projektmanagement durchgeführt werden kann. Unternehmen, die bereits mit der Einführung von GPS begonnen haben, können aus diesen Erfahrungen Schlussfolgerungen für die Einführung von LD ziehen, vgl. Abschn. 3.3. Unternehmen hatten das Ziel, an den Erfolgen des TPS zu partizipieren und kopierten zunächst einzelne Methoden. Dies führte jedoch nicht zu den gewünschten Erfolgen, weshalb zu folgern ist, dass auch bei der Einführung des LD ein ganzheitliches Produktentstehungssystem unternehmensspezifisch geplant werden muss (Dombrowski et al. 2013a). Es kann sich dabei an der strukturierten Vorgehensweise zur Konzeption von GPS orientiert werden und ausgehend von Zielen des Produktentstehungsprozesses Gestaltungsprinzipien abgeleitet werden, welche die passenden Methoden und Werkzeuge zur Zielerreichung beinhalten. Dies stellt gleichzeitig die zielorientierte Ausrichtung der LD-Methoden und -Werkzeuge sicher. Auch das Vorgehen zur Einführungsorganisation ähnelt dem der GPS-Einführung, wobei zunächst ein Kernteam die LD-Konzeption zentral führt. Das Kernteam muss direkt mit der Unternehmensführung in Verbindung stehen, um die Akzeptanz und Bedeutung im Unternehmen zu verdeutlichen. Es werden Workshops, Prozessverbesserungen, Trainings und Schulungen konzipiert und durchgeführt, um einzelne Mitarbeiter in den Bereichen zu Experten zu qualifizieren (Dombrowski et al. 2013b). Mit zunehmendem Fortschritt der Einführung ist das Kernteam wieder in die Organisationsstruktur einzugliedern, damit die Verbesserungen nicht nur durch zentrale LD-Experten durchgeführt werden, sondern Verbesserungen durch die Organisation selbst vorgenommen werden.

In der Planung sind die Erfolgsfaktoren eine ausreichende Ressourcenbereitstellung von Beginn an (7), die Durchführung eines kontinuierlichen Projektmanagements (8) sowie die Nutzung einer strukturierten Vorgehensweise für die Gestaltung eines unternehmensspezifischen Lean Development-Systems (9).

Unternehmenskultur

Das Werte- und Normensystem eines Unternehmens entsteht durch die Unternehmenskultur. Die besondere Bedeutung der Kultur in der Einführung von LD wurde bereits im Abschn. 3.2 angedeutet. Ist diese durch eine funktionale Denkweise und Misstrauen zwischen Bereichen und Mitarbeitern untereinander geprägt, wird die Einführung von LD nahezu unmöglich gemacht, da das Vertrauen fehlt, um Verbesserungsmaßnahmen für das Unternehmen umzusetzen. Die Mitarbeiter befürchten, dass Verbesserungen dazu genutzt werden, um den einzelnen Mitarbeitern mehr Arbeitsinhalte zu übertragen. Das LD fokussiert eine offene lösungsorientierte Problembehandlung mit Transparenz bezüglich der Arbeitsinhalte und schnellen Problemmeldungs- und Lösungszyklen. Unternehmen mit einer positiven Unternehmenskultur betonen die Verbesserungschancen durch Probleme, da diese dem Individuum und dem Unternehmen helfen und sich deshalb eine Umsetzung lohnt. Um den Mitarbeitern Wertschätzung zu zeigen, müssen Führungskräfte diesen Einsatz für Verbesserungen wahrnehmen und loben. Nur eine Unternehmenskultur, die diese eigenständige Problemlösung der Mitarbeiter fördert und damit die kontinuierliche Verbesserung unterstützt, kann nachhaltig erfolgreich sein (vgl. Abschn. 3.2).

Zudem wird durch die Einführung von LD mehr Transparenz bezüglich der Tätigkeiten in den Prozessen von den Mitarbeitern gefordert. Die Methode Scrum legt beispielsweise die Inhalte der nächsten Sprints transparent gemeinsam im Team fest und legt somit offen, womit sich das Team und jeder einzelne Mitarbeiter beschäftigt. Dafür legt jeder Mitarbeiter die benötigte Zeit für die Tätigkeit fest und die Arbeitsinhalte bis zum nächsten Sprint werden bestimmt. Die Führungskraft überträgt die Verantwortung auf das Team und kann nicht bestimmen, wie weit das Team Inhalte erarbeiten muss. Dies fordert Vertrauen und Transparenz und ist nur in einer sicheren Umgebung möglich (Gloger 2011). Die Unternehmenskultur wird bereits bei der GPS-Einführung als wichtiger Erfolgsfaktor identifiziert und die Problemlösungskultur und das Vertrauen zwischen Mitarbeitern und Führungskräften tragen erheblich zur Akzeptanz des GPS bei (vgl. Abschn. 3.2).

Somit stellt die Unternehmenskultur einen sehr wichtigen Erfolgsfaktor für die Einführung von LD dar. Die offene und lösungsorientierte Problembehandlung (10) ist ebenso notwendig wie die Abgabe von Verantwortung an das Team (11).

Zusammenarbeit

Es ist wichtig, dass Mitarbeiter innerhalb eines Unternehmens zusammenarbeiten und dass eine Zusammenarbeit mit Lieferanten erfolgt (vgl. Abschn. 4.2), um das Lean Development-System erfolgreich einzuführen. Um voneinander zu lernen und miteinander Produkte besser zu entwickeln, ist ein Wissensaustausch notwendig – diese enge Zusammenarbeit bietet erhebliche Potentiale zur Qualitätsverbesserung. Es existieren zahlreiche Methoden, nach denen Toyota zusammen mit seinen Zulieferern Qualitätsverbesserungen erzielt (Liker 2013). So kann ein frühzeitiger Wissensaustausch durch die Nutzung von Resident Engineers, Ingenieuren der Lieferanten, die über mehrere Jahre im Unternehmen des Herstellers arbeiten, generiert werden (Morgan und Liker 2006). Zur erfolgreichen Gestaltung der Zusammenarbeit ist es wichtig, dass in der Schnittstelle gemeinsam Prozessstandards entwickelt werden. Diese Zusammenarbeit kann durch räumliche Distanz erschwert werden. Dies stellt insbesondere ein Problem dar, wenn Produkte auf die lokalen Märkte angepasst werden und gleichzeitig eine gemeinsame Zusammenarbeit von räumlich verteilten Entwicklern auf länderübergreifenden, gemeinsamen Plattformen notwendig ist. Hierbei werden kurzzyklische Absprachen erschwert und müssen durch Methoden und IT-Systeme unterstützt werden. Um dem entgegen zu wirken, können Obeya-Räume genutzt werden, die an spezifische Rahmenbedingungen der Produktentstehung des jeweiligen Unternehmens angepasst sind. Im Obeya werden Projekte visualisiert und für Projektbesprechungen genutzt. Der klassische Obeya ist ein großer Raum und bei internationalen Entwicklungsprojekten nicht zielführend. Hierzu können virtuelle Obeya-Räume genutzt werden, die durch entsprechende IT-Systeme unterstützt werden.

Bei der Einführung von GPS wurden vor allem Hindernisse in der Zusammenarbeit zwischen Führungskräften und Mitarbeitern identifiziert. Die Zusammenarbeit über Unternehmensgrenzen hinweg ist durch Just-in-Sequence-Konzepte ebenfalls notwendig. So sind die wichtigsten Erfolgsfaktoren der Wissensaustausch (12), um miteinander und voneinander lernen zu können, sowie die gemeinsamen Prozessstandards (13), um Verluste in Schnittstellen zu vermeiden. Im Überblick sind die Erfolgsfaktoren in Abb. 3.14 zu sehen.

Abb. 3.14 Hindernisfelder von Lean Development

3.6.3 Ausblick

Viele Unternehmen, die die Einführung des GPS bereits durchgeführt haben, führen nun auch ein Lean Development-System ein. Es wurde in diesem Kapitel ersichtlich, dass Erfahrungen aus der GPS-Einführung genutzt werden können, um ähnliche Fehler zukünftig zu umgehen. Zudem können bei der LD-Einführung andere Hindernissen aufkommen, die durch die Beachtung der genannten Erfolgsfaktoren möglichst vermieden werden sollen. Schließlich ist der Prozess der LD-Einführung nur durch die Hilfe aller Beteiligten möglich und kann nur dann zu einer Veränderung der gesamten Art und Weise der Tätigkeitsausführung im Produktentstehungsprozess führen.

Literatur

Aichele C (2006) Intelligentes Projektmanagement. Kohlhammer, Stuttgart

Albach H (2000) Allgemeine Betriebswirtschaftslehre – Einführung. Gabler, Wiesbaden

Aust B (1990) Ein Bewertungsverfahren für die Produktionsplanung bei auftragsorientierter Werkstattfertigung. Univ. Göttingen, Göttingen

Bange C (2004) Software im Vergleich: Balanced Scorecard – 20 Werkzeuge für das Performance Management. – Eine Studie des Business Application Research Center. OXYGON, München

Barth T, Barth D (2008) Controlling. Oldenbourg, München

Bender K (2005) Embedded Systems – Qualitätsorientierte Entwicklung. Springer, Berlin

Bortz J, Döring N (2002) Forschungsmethoden und Evaluation – Für Human- und Sozialwissenschaftler. Springer, Berlin

Bruhn M (2014) Marketingübungen – Basiswissen, Aufgaben, Lösungen Selbstständiges Lerntraining für Studium und Beruf. Gabler, Wiesbaden

Bullinger HJ (1995) Integrierte Produktentwicklung – Zehn erfolgreiche Praxisbeispiele. Gabler, Wiesbaden

Bullinger HJ (Hrsg) (2009) Handbuch Unternehmensorganisation – Strategien, Planung, Umsetzung. Springer, Berlin

Classen HJ, Neuhaus R (2013) Fehler- und Lernkultur – Führung als Schlüsselfaktor des Toyota-Produktionssystems. Ind Eng 13(1):22–25

Cooper RG (2010) Top oder flop in der Produktentwicklung – Erfolgsstrategien: Von der Idee zum Launch. Wiley-VCH, Weinheim

Corsten H, Gössinger R, Schneider H (2006) Grundlagen des Innovationsmanagements. Vahlen, München

Da Costa JMH Oehmen J Rebentisch E (2014) Toward a better comprehension of Lean metrics for research and product development management. R&D Manage 4:370–383

DIN EN ISO 9000:2005 (2005) Qualitätsmanagementsysteme – Grundlagen und Begriffe

DIN 60050-351 (2009) Internationales Elektrotechnisches Wörterbuch – Teil 351: Leittechnik

DIN EN ISO 19011:2012 Leitfaden für Audits von Qualitätsmanagement- und/oder Umweltmanagementsystemen

Dombrowski U, Mielke T (2012) Lean Leadership – Nachhaltige Führung in Ganzheitlichen Produktionssystemen. Zeitschrift für wirtschaftlichen Fabrikbetrieb 107(10):697–701

Dombrowski U, Mielke T (2013) Lean Leadership – Neue Anforderungen an Führungskräfte in Ganzheitlichen Produktionssystemen. Zeitschrift für wirtschaftlichen Fabrikbetrieb 108(10):715–719

Dombrowski U, Mielke T (Hrsg) (2015) Ganzheitliche Produktionssysteme –. Springer, Heidelberg
Dombrowski U, Schmidtchen K (2014) Einfluss der Lean Development Einführung auf die Produktentstehung. Zeitschrift für wirtschaftlichen Fabrikbetrieb 109(11):805–808
Dombrowski U, Zahn T (2011) Design of a Lean development framework. Proceedings of the 2011 IEEM, S 1917–1921
Dombrowski U, Zahn T, Schmidt S (2008) Hindernisse bei der Implementierung von Ganzheitlichen Produktionssystemen. Ind Eng (6):26–31
Dombrowski U, Ebentreich D, Zahn T (2011a) Erfolgsweg der Lean Development-Implementierung. Analyse möglicher Einführungsstrategien. Zeitschrift für wirtschaftlichen Fabrikbetrieb 106(11):812–816
Dombrowski U, Zahn T, Schulze S (2011c) State of the art – Lean development. 21th CIRP Design Conference, S 116–122
Dombrowski U, Schmidtchen K, Ebentreich D (2012) Balanced Key Performance Indicators in Product Development. Internat Conf on Manufacturing and Industrial Engineering. Kota Kinabalu, Malaysia, 08.03.2012
Dombrowski U, Ebentreich D, Schmidtchen K (2013a) Ganzheitliche Produktentstehungssysteme – State of the Art. In: Friedewald A, Lödding H (Hrsg) Produzieren in Deutschland – Wettbewerbsfähigkeit im 21. Jahrhundert. Gito, Berlin, S 123–142
Dombrowski U, Ebentreich D, Schmidtchen K (2013b) Specific strategies for successful Lean development implementation. In: Azevedo A (Hrsg) Advances in sustainable and competitive manufacturing systems. Springer, Cham, S 1527–1538
Doran GT (1981) There's a S.M.A.R.T. way to write management's goals and objectives. Manage Rev 70(11):35–36
Ehrlenspiel K, Kiewert A, Lindemann U, Mörtl M (2014) Kostengünstig Entwickeln und Konstruieren – Kostenmanagement bei der integrierten Produktentwicklung. Springer, Berlin. doi:10.1007/978-3-642-41959-1
Eversheim W (2003) Innovationsmanagement für technische Produkte. Springer, Berlin
Eversheim W, Schuh G (Hrsg) (1996) Produktion und Management. Betriebshütte. Springer, Berlin
Feggeler A, Husmann U (2000) Erfolgsfaktor Kennzahlen. Bachem, Köln
Feldhusen J, Grote KH (2013) Konstruktionslehre – Methoden und Anwendung erfolgreicher Produktentwicklung. Springer Vieweg, Berlin
Felkai R, Beiderwieden A (2011) Projektmanagement für technische Projekte – Ein prozessorientierter Leitfaden für die Praxis. Vieweg + Teubner, Wiesbaden
Fiore C (2005) Accelerated product development – combining Lean and six sigma for peak performance. Productivity Press, New York
Fischer JO (2008) Kostenbewusstes Konstruieren – Praxisbewährte Methoden und Informationssysteme für den Konstruktionsprozess. Springer, Berlin
Frieling E (2000) Flexibilität und Kompetenz – Schaffen flexible Unternehmen kompetente und flexible Mitarbeiter? Waxmann, Münster
Gietl G, Lobinger W (2012) Leitfaden für Qualitätsauditoren – Planung und Durchführung von Audits nach ISO 9001:2008. Hanser, München
Gladen W (2014) Performance Measurement – Controlling mit Kennzahlen. Springer, Wiesbaden
Gloger B (2011) Scrum – Produkte zuverlässig und schnell entwickeln. Carl Hanser, München
Gruden D (2008) Umweltschutz in der Automobilindustrie – Motor, Kraftstoffe, Recycling Vieweg + Teubner, Wiesbaden
Haque B, James-Moore M (2004) Applying Lean thinking to new product introduction. J Eng Design 15(1):1–31
Herrmann C (2010) Ganzheitliches Life Cycle Management – Nachhaltigkeit und Lebenszyklusorientierung in Unternehmen. Springer, Berlin

Heyse V (1997) Der Sprung über die Kompetenzbarriere – Kommunikation, selbstorganisiertes Lernen und Kompetenzentwicklung von und in Unternehmen. Bertelsmann, Bielefeld

Hipp C (2000) Innovationsprozesse im Dienstleistungssektor – Eine theoretisch und empirisch basierte Innovationstypologie. Physica, Heidelberg

Hoppmann J (2009) The Lean innovation roadmap – a systematic approach to introducing Lean in product development processes and establishing a learning organization. MIT, Boston. http://lean.mit.edu/downloads/view-document-details/2341-the-Lean-innovation-roadmap-a-systematic-approach-to-introducing-Lean-in-product-development-processes-and-establishing-a-learning-organization.html. Zugegriffen: 13. Feb. 2012

Intra C, Zahn T (2014) Transformation-waves – a brick for a powerful and holistic continuous improvement process of a Lean production system. 47th CIRP Conference on Manufacturing Systems, S 582–587

Jovane F, Westkämper E, Williams DJ (2009) The ManuFuture road – towards competitive and sustainable high-adding-value manufacturing. Springer, Berlin

Kano N, Seraku N, Takahashi F, Tsuji S (1984) Attractive quality and must-be quality. Hinhitsu J Jpn Soc Qual Cont 147–156

Kaschny M, Hürth N (2010) Innovationsaudit – Chancen erkennen, Wettbewerbsvorteile sichern. Erich Schmidt, Berlin

Kennedy MN (2003) Product development for the Lean Enterprise – why Toyota's system is four times more productive and how you can implement it. Oaklea Press, Richmond

Kortmann C, Uygun Y (2007) Ablauforganisatorische Gestaltung der Implementierung von Ganzheitlichen Produktionssystemen. Zeitschrift für wirtschaftlichen Fabrikbetrieb 102(10):635–639

Kremin-Buch B (2004) Strategisches Kostenmanagement – Grundlagen und moderne Instrumente. Gabler, Wiesbaden

Kreutzer RT (2009) Praxisorientiertes Dialog-Marketing – Konzepte, Instrumente, Fallbeispiele. Gabler, Wiesbaden

Liker JK (2013) Der Toyota Weg 14 Managementprinzipien des weltweit erfolgreichsten Automobilkonzerns. FinanzBuch, München

Liker JK, Convis GL (2011) The Toyota way to Lean leadership – achieving and sustaining excellence through leadership development. McGraw-Hill, New York

Liker JK, Sobek II DK, Ward AC, Christiano JJ (1996) Involving suppliers in product development in the United States and Japan – evidence for set-based concurrent engineering. IEEE Trans Eng Manage 43(2):165–178. doi:10.1109/17.509982

Lingnau V (2008) Die Rolle des Controllers im Mittelstand – Funktionale, institutionale und instrumentelle Ausgestaltung. Eul, Lohmar

Lipp U, Will H (2008) Das große Workshop-Buch – Konzeption, Inszenierung und Moderation von Klausuren, Besprechungen und Seminaren. Beltz, Weinheim

Loos S (1998) QS 9000 und VDA 6.1. Hanser, München

Maskell BH (1991) Performance measurement for world class manufacturing – a model for American companies. Productivity Press, Cambridge

Micheli M (2009) Nachhaltige und wirksame Mitarbeitermotivation. Praxium, Zürich

Morgan JM, Liker JK (2006) The Toyota product development system – integrating people, process, and technology. Productivity Press, New York

Möller K, Menninger J, Robers D (2011) Innovationscontrolling – Erfolgreiche Steuerung und Bewertung von Innovationen. Schäffer-Poeschel, Stuttgart

Pfaffmann E (2001) Kompetenzbasiertes Management in der Produktentwicklung – Make-or-Buy-Entscheidungen und Integration von Zulieferern. DUV, Wiesbaden

Ponn J, Lindemann U (2011) Konzeptentwicklung und Gestaltung technischer Produkte – Systematisch von Anforderungen zu Konzepten und Gestaltlösungen. Springer, Berlin

REFA (1993) Methodenlehre der Betriebsorganisation – Lexikon der Betriebsorganisation. Hanser, München

Reichmann T, Hoffjan A (2014) Controlling mit Kennzahlen – Die systemgestützte Controlling-Konzeption mit Analyse- und Reportinginstrumenten. Franz Vahlen, München

Rother M, Kinkel S (2013) Die Kata des Weltmarktführers – Toyotas Erfolgsmethoden. Campus, Frankfurt a. M.

Sawhey M, Wolcott RC, Arroniz I (2006) The 12 different way for companies to innovate. MIT Sloan Manage Rev 47(3):74–82

Schein EH (1995) Unternehmenskultur – Ein Handbuch für Führungskräfte. Campus, Frankfurt a. M.

Schein EH (2003) Organisationskultur – the Ed Schein corporate culture survival guide. EHP, Bergisch Gladbach

Scherm E, Süß S (2011) Personalmanagement. Vahlen, München

Schmidt S (2011) Regelung des Implementierungsprozesses ganzheitlicher Produktionssysteme. Shaker, Aachen

Schuh G, Stölzle W, Straube F (Hrsg) (2008) Anlaufmanagement in der Automobilindustrie erfolgreich umsetzen – Ein Leitfaden für die Praxis. Springer, Berlin

Schulte C (2012) Personal-Controlling mit Kennzahlen. Franz Vahlen, München

Schulze S (2011) Logistikgerechte Produktentwicklung. Shaker, Aachen

Sehested C, Sonnenberg H (2011) Lean innovation – a fast path from knowledge to value. Springer, Berlin

Sink DS, Tuttle TC (1989) Planning and measurement in your organization of the future. IE Press, Norcross

Sommer B (2010) Informationsmodell für das rechnerunterstützte Monitoring von Engineering-Projekten in der Produktentwicklung. Gito, Berlin

Spath D (2003) Ganzheitlich produzieren – Innovative Organisation und Führung. Logis, Stuttgart

Spear S, Bowen H (1999) Decoding the DNA of the Toyota production system. Harv Bus Rev 5:96–108

Töpfer A (2007) Six Sigma – Konzeption und Erfolgsbeispiele für praktizierte Null-Fehler-Qualität. Springer, Berlin

VDA (2010) Qualitätsmanagement-Systemaudit – Grundlage DIN EN ISO 9001 und DIN EN ISO 9004. VDA, Frankfurt a. M.

VDI 2243 (2002) Recyclingorientierte Produktentwicklung

VDI 2870-1 (2012) Ganzheitliche Produktionssysteme – Grundlagen, Einführung und Bewertung. Beuth, Berlin

Ward AC (2007) Lean product and process development. The Lean Enterprise Institute, Cambridge

Werner B (2002) Messung und Bewertung der Leistung von Forschung und Entwicklung im Innovationsprozeß. TU Darmstadt, Darmstadt

Wiendahl HP (2014) Betriebsorganisation für Ingenieure. Hanser, München

Wildemann H, Baumgärtner G (2006) Suche nach dem eigenen Weg – Individuelle Einführungskonzepte für schlanke Produktionssysteme. Zeitschrift für wirtschaftlichen Fabrikbetrieb 101(10):546–552

Wilhelm R (2007) Prozessorganisation. Oldenbourg, München

Wilkes MW, Stange K (2008) Gnadenlose Erfolgskette – 7 Strategie-Glieder für exzellente Marktkraft, stetiges Wachstum, nachhaltigen Gewinn. Linde, Wien

Winnes R (2002) Die Einführung industrieller Produktionssysteme als Herausforderung für Organisation und Führung. Univ. Karlsruhe, Karlsruhe

Zahn T (2013) Systematische Regelung der Lean Development Einführung. Shaker, Aachen

Zahn T, Meyer P, Meusert S (2013) Transformationswellen zur nachhaltigen Vitalisierung und Weiterentwicklung von Lean Production bei der MAN Truck & Bus, Salzgitter. Zeitschrift für wirtschaftlichen Fabrikbetrieb 108(9):629–633

Zheng HA, Chanaron JJ, You JX, Chen XL (Hrsg) (2009) Designing a key performance indicator system for technological innovation audit at firms level – a framework and an empirical study. IEEM

Zülch G (Hrsg) (2010) Integrationsaspekte der Simulation – Technik, Organisation und Personal. KIT Scientific Publishing, Karlsruhe

Univ.-Prof. Dr.-Ing. Uwe Dombrowski 12-jähriger Tätigkeit in leitenden Positionen der Medizintechnik- und Automobilbranche erfolgte 2000 die Berufung zum Universitätsprofessor an die Technische Universität Braunschweig und die Ernennung zum Geschäftsführenden Leiter des Instituts für Fabrikbetriebslehre und Unternehmensforschung (IFU).

David Ebentreich begann 2011 als wissenschaftlicher Mitarbeiter in der Arbeitsgruppe Ganzheitliche Produktionssysteme am Institut für Fabrikbetriebslehre und Unternehmensforschung (IFU) der TU Braunschweig. Im Jahr 2013 wurde er zum Leiter dieser Arbeitsgruppe ernannt.

Tim Mielke begann 2009 als wissenschaftlicher Mitarbeiter in der Arbeitsgruppe Arbeitswissenschaft am Institut für Fabrikbetriebslehre und Unternehmensforschung (IFU) der TU Braunschweig. Von 2013 bis 2015 war er dort Leiter für Forschung und Industrie.

Dr.-Ing. Thimo Zahn promovierte an der TU Braunschweig zum Thema „Lean Development". Nach seinem Wechsel zur MAN wurde er als Teamleiter „MAN Produktionssystem" im Werk Salzgitter eingesetzt. Seit 2013 arbeitet er als Assistent des Vorstands für Produktion und Logistik bei MAN in München.

Thomas Richter begann 2014 als wissenschaftlicher Mitarbeiter in der Arbeitsgruppe Ganzheitliche Produktionssysteme am Institut für Fabrikbetriebslehre und Unternehmensforschung (IFU) der TU Braunschweig.

4 Ausblick, Weiterentwicklung

Uwe Dombrowski, Stefan Schmidt, Alexander Karl
und Kai Schmidtchen

Lean Development fokussiert größtenteils die Optimierung der Prozesse innerhalb des Produktentstehungsprozesses des Unternehmens. Darüber hinaus bieten die Gestaltung des Produktes selber und die Eingliederung von Lieferanten große Potenziale, um Kosten entlang des gesamten Produktlebenszyklus nach dem Produktentstehungsprozess zu minimieren. Dazu wird zunächst das Lean Design vorgestellt, welches maßgeblich für die Gestaltung des Produktes Richtlinien zur Verfügung stellt. Im abschließenden Kapitel wird mit der Lieferantenintegration ein weiterer Erfolgsfaktor für eine effiziente und effektive Produktentstehung vorgestellt.

U. Dombrowski (✉)
Institut für Fabrikbetriebslehre und Unternehmensforschung (IFU), TU Braunschweig,
Braunschweig, Deutschland
E-Mail: u.dombrowski@ifu.tu-bs.de

S. Schmidt
E-Mail: s.schmidt@ifu.tu-bs.de

A. Karl
E-Mail: a.karl@ifu.tu-bs.de

K. Schmidtchen
E-Mail: k.schmidtchen@ifu.tu-bs.de

U. Dombrowski (Hrsg.), *Lean Development,* DOI 10.1007/978-3-662-47421-1_4

4.1 Lean Design

Uwe Dombrowski, Stefan Schmidt

4.1.1 Einführung

Durch die Übertragung der den Ganzheitlichen Produktionssystemen zugrunde liegenden Prinzipien, Methoden und Werkzeugen auf die Prozesse der Produktentwicklung im Rahmen des Lean Product Development können Unternehmen eine signifikante Reduzierung ihrer Lieferzeiten und Produktentwicklungskosten erreichen (Dombrowski et al. 2011; Mascitelli 2007). Durch eine ausschließliche Optimierung der Prozesse innerhalb der Produktentwicklung kann jedoch nur ein geringer Teil der Rationalisierungspotentiale erschlossen werden, da sich die hier anfallenden Kosten lediglich auf ca. 9 % der gesamten Produktlebenszykluskosten belaufen. Demgegenüber werden jedoch mehr als 70 % der in den nachgelagerten Phasen des Produktlebenszyklus (PLZ) anfallenden Kosten durch die Gestaltung des Produktes selbst festgelegt (Ehrlenspiel et al. 2014), wie in Abb. 4.1 dargestellt. Somit stellt die Optimierung der Produktgestaltung die wesentliche Voraussetzung für effiziente, verschwendungsarme Lebenszyklusprozesse dar (Herrmann 2010). Vor diesem Hintergrund stellt das **Lean Design** einen ganzheitlichen Ansatz zur Berücksichtigung der Einflüsse von Gestaltungsentscheidungen auf die nachfolgenden Prozesse des PLZ dar, um eine ganzheitlich optimierte Produktgestaltung zu fördern.

Im Folgenden wird der Ansatz des Lean Design und dessen Wirkungsweise erörtert und im Kontext des Produktlebenszyklus dargestellt. Auf dieser Basis wird anschließend gezeigt, wie mit Hilfe qualitativer Gestaltungsrichtlinien Entscheidungen zur Produktgestaltung unterstützt werden können. Diese Gestaltungsentscheidungen weisen jedoch eine hohe Komplexität aufgrund von Wechselwirkungen zwischen Anforderungen aus unterschiedlichen Produktlebenszyklusphasen auf. Aus diesem Grund wird abschließend eine Analyse vorgestellt, durch die Wechselwirkungen von Gestaltungsentscheidungen transparent dargestellt werden und als Grundlage für die Ableitung weiteren Forschungsbedarfs dient.

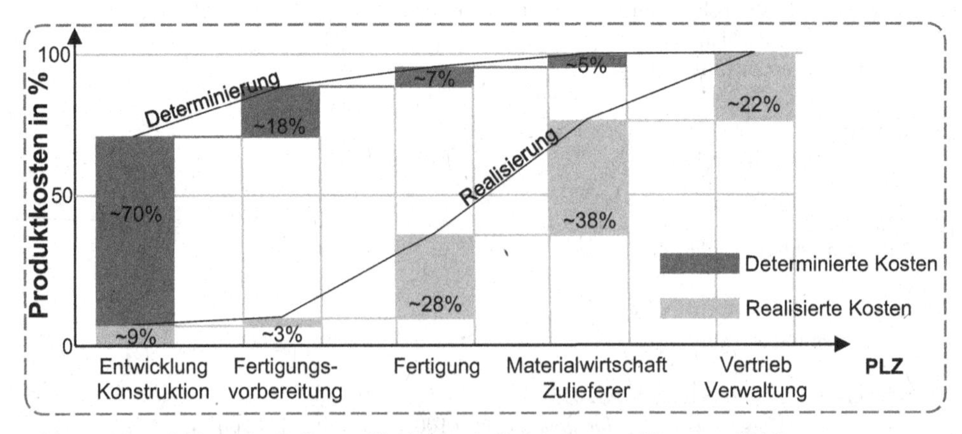

Abb. 4.1 Entwicklung der Lebenszykluskosten in Anlehnung an (Hermann 2010)

4.1.2 Grundlagen

Zielstellung
Während das Lean Development auf die Optimierung der Prozesse innerhalb der Produktentwicklung abzielt (Womack und Jones 2004), strebt Lean Design die Optimierung der Produktgestaltung selbst an, um den vielfältigen Anforderungen innerhalb des gesamten Produktlebenszyklus, durch eine adäquate Gestaltung des Produktes Rechnung zu tragen (Huthwaite 2012). Aus dieser Zielstellung leiten sich wiederum zwei differenzierte Teilziele ab. Zum einen ist der Wert des Produktes aus Sicht des Endkunden zu maximieren. Dies entspricht folglich der Erfüllung der externen Kundenanforderungen. Zum anderen sind die Voraussetzungen für effiziente Lebenszyklusprozesse sicherzustellen. In diesem Zusammenhang versteht sich die Produktentwicklung als Lieferant der nachgelagerten Lebenszyklusprozesse. Diese wiederum stellen interne Kunden für die Produktentwicklung dar. Vor dem Hintergrund dieser internen Kunden-Lieferantenbeziehung ist das Ziel von Lean Design somit die Erfüllung der internen Kundenanforderungen, die durch die verschiedenen Unternehmensprozesse innerhalb des PLZ gestellt und durch eine adäquate Produktgestaltung berücksichtigt werden (Huthwaite 2012; Dombrowski und Schmidt 2013).

Sichtweisen des Lean Design
Aufgrund dieser differenzierten Teilziele lassen sich drei Definitionen zur Beschreibung des Produktes im Kontext des Lean Design ableiten. Zunächst stellt die Produktgestaltung die Summe aller Einzelteile, ihrer Eigenschaften und Beziehungen untereinander dar. Weiterhin lassen sich daraus auch Eigenschaften ableiten, die für den Kunden relevant sind und damit den Kundenwert des Produktes bestimmen. Außerdem determiniert die Produktgestaltung aber auch sämtliche notwendigen Prozesse und Aktivitäten im PLZ, die z. B. für die Herstellung, Instandhaltung oder Entsorgung des Produktes relevant sind. Demzufolge differenziert sich die Produktgestaltung hinsichtlich konstruktiver Kriterien (Gestaltungsperspektive), dem resultierenden Kundennutzen (Wertperspektive) sowie der implizierten Prozesseffizienz bzw. -effektivität (Verschwendungsperspektive) (Herrmann 2010; Huthwaite 2012). Weiterhin können effiziente bzw. ineffiziente Prozesse (Verschwendungsperspektive) positiven bzw. negativen Einfluss auf den resultierenden Kundennutzen (Wertperspektive) haben (Huthwaite 2012). Ein effizienter Produktionsprozess führt so bspw. zu kürzeren Produktions- und damit auch Lieferzeiten, was wiederum einen positiven Einfluss auf den resultierenden Kundennutzen haben kann. Abbildung 4.2 stellt die aufgezeigten Zusammenhänge zwischen den Perspektiven dar.

Während die Erfüllung der Kundenanforderungen im Rahmen der Wertperspektive bereits durch verschiedene Methoden, wie beispielsweise dem Quality Function Deployment, adressiert wird, liegt im Folgenden der Fokus auf der Verschwendungsperspektive. Hierbei wird erläutert wie Lean Design einen Beitrag zur Vermeidung von nicht wertschöpfenden Tätigkeiten in den nachgelagerten Prozessen des PLZ leistet. Für die Verknüpfung der Perspektiven mit den einzelnen Phasen in einem Produktleben soll zunächst ein Produktlebenszyklus-Modell als Grundlage beschrieben werden.

Abb. 4.2 Perspektiven des Lean Design (Dombrowski und Schmidt 2013)

Lean Design im Kontext des Produktlebenszyklus
Alle Phasen, von der Idee bis zur Entsorgung des Produktes, definieren den Produktlebenszyklus. Zur Veranschaulichung der Einflüsse von Entscheidungen in der Produktentwicklung auf die unterschiedlichen Phasen im PLZ und zur Erörterung der Wirkungsweise von Lean Design, wird im Folgenden ein lineares Lebenszyklusmodell als Basis weiterer Betrachtungen herangezogen. Dieses Modell schließt die Phasen Entwicklung, Beschaffung, Produktion, Distribution, Service und Entsorgung bzw. Recycling, die nacheinander durchlaufen werden, ein, wie in Abb. 4.3 dargestellt.

Die Phase der **Entwicklung** umfasst alle Prozesse der Konzeption und der Gestaltung des Produktes (Ehrlenspiel 2014). Es werden definierte Anforderungen an das Produkt mit einem ansteigenden Detaillierungsgrad in eine konkrete Produktgestalt transferiert. Nach Pahl und Beitz wird dies in unterschiedlichen, untergeordneten Entwicklungsphasen realisiert, die in die konzeptuelle Ausgestaltung und die detaillierte Gestaltung unterteilt werden (Pahl und Beitz 1988). Zudem sind auch das anschließende Testen der individuellen Komponenten und die äußere Gestaltung des Gesamtproduktes Bestandteil dieser Phase (Eigner und Stelzer 2009).

In der Phase **Beschaffung** werden Teile und Komponenten gekauft, die für das Produkt erforderlich sind. Als Teil der Logistik hat die Beschaffung eine strategische Bedeutung für den Erfolg des Unternehmens. In diesem Zusammenhang besteht die Zielsetzung des Lean Design darin, die Optimierung der Anzahl, Größe, des Gewichts, der Form, Kosten und Verfügbarkeit der Teile und Komponenten hinsichtlich Anforderungen der Logistik und Beschaffung vorzunehmen.

Die essentiellen Prozesse der Phase **Produktion** zielen auf die Herstellung der einzelnen Komponenten sowie auf die Montage von Einzelteilen, Baugruppen und dem End-

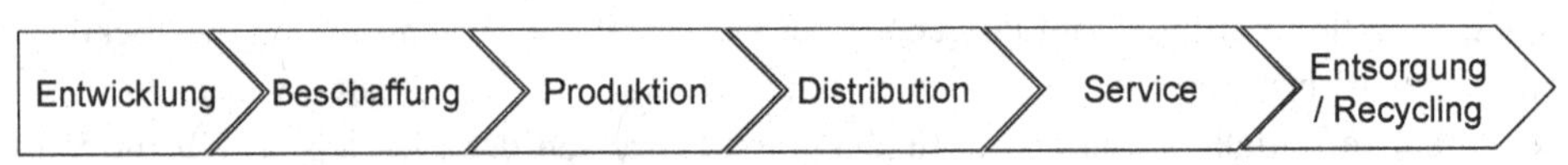

Abb. 4.3 Lineares Produktlebenszyklusmodell (Herrmann 2010)

produkt ab. Dabei soll Lean Design unterstützen, eine herstell- und montagefreundliche Produktgestaltung zu liefern, um Verschwendung in der Produktionsphase präventiv zu vermeiden. Des Weiteren sollen Qualitätsprozesse sicherstellen, dass keine fehlerhaften Teile die Produktion verlassen und die externen Kundenanforderungen erfüllt werden (Töpfer 2009).

Im Anschluss sorgen **Distributionsprozesse** für die Lieferung der Produkte zu verschiedenen Märkten und dem Endkunden. In dieser Phase bekommen logistische Aspekte eine hohe Bedeutung. Lean Design muss in diesem Kontext eine logistikorientierte Produktgestaltung fördern, um Verschwendung bei der Distribution zu vermeiden.

Nachfolgend beginnt die Nutzung oder der Gebrauch des Produktes, wobei der Wert des Produktes für den Endkunden im Vordergrund steht. Zudem nehmen immer mehr produzierende Unternehmen die Rolle eines ganzheitlichen Anbieters an und erweitern ihr Portfolio durch Serviceangebote. Dadurch wächst auch die Bedeutung von produktbezogenen Dienstleistungsprozessen, wie der Instandhaltung und der Ersatzteil- und Komponentenbeschaffung. Der Hersteller ist somit für die Verfügbarkeit und Instandhaltung der Produkte verantwortlich (Barkawi et al. 2006). Eine Berücksichtigung dieses Dienstleistungsaspekts ist bei der Produktgestaltung erforderlich, um Verschwendung sowohl auf der Seite des Unternehmens als auch auf Seite des Kunden vorzubeugen.

Die letzte Phase umfasst die **Entsorgung** oder das **Recycling** des Produktes, wobei das Recycling die Wiederverwendung von Materialien und Komponenten verfolgt. Seitdem das Umweltbewusstsein stetig wächst, wird vermehrt ein umweltfreundliches Produktlebensende vom Kunden gefordert. Dies muss durch eine geeignete Produktgestaltung sichergestellt werden.

Alle Phasen des PLZ stellen spezifische Anforderungen an die Produktgestaltung. Der Ansatz des Lean Design verfolgt eine ganzheitliche Berücksichtigung aller einzelnen Anforderungen. Im Folgenden wird aufgezeigt wie Lean Design einen Beitrag zur Vermeidung von nicht wertschöpfenden Tätigkeiten in den nachgelagerten Prozessen des PLZ leistet, indem die Wirkungsweise dieses Ansatzes näher beschrieben wird.

4.1.3 Wirkungsweise des Lean Design

Klassifizierung von Prozessschritten im Lean Design

In Anlehnung an Ohno lassen sich die Prozesse innerhalb des PLZ durch drei unterschiedliche Arten an Prozessschritten beschreiben. Wertschöpfende Prozessschritte liefern aus Sicht der (externen) Endkunden einen Beitrag zur Steigerung des Kundenutzens. Alle weiteren Prozessschritte werden als nicht wertschöpfend angesehen, wobei hierbei eine weitere Unterscheidung zwischen Verschwendung und nicht wertschöpfenden, aber notwendigen Prozessschritten zu treffen ist. Als Verschwendung werden alle Prozessschritte deklariert, die durch organisatorische Maßnahmen in den einzelnen Lebenszyklusprozessen vollständig eliminiert werden können, was im Rahmen des Lean Thinking beschrieben ist (Womack und Jones 2004). Nicht wertschöpfende, aber notwendige Prozessschritte können aus Sicht der einzelnen Prozesse innerhalb des PLZ nicht durch organisatorische Maßnahmen beseitigt werden. Diese werden durch Rahmenbedingungen vorgegeben, die außerhalb des Einflussbereichs der jeweiligen Wertstromprozesse liegen (Ohno 2013). Im Wesentlichen wird ein Großteil dieser Prozessschritte durch die Produktgestaltung determiniert und kann daher nur in der Produktentwicklung vorbeugend minimiert oder eliminiert werden (Huthwaite 2012).

Die verschiedenen Konzepte des Lean Thinking fokussieren im Wesentlichen die Vermeidung von Verschwendung und die Reduktion von nicht wertschöpfenden aber notwendigen Prozessschritten. Im Gegensatz dazu zielt Lean Design darauf ab, das Aufkommen von nicht wertschöpfenden aber notwendigen Prozessschritte zu verhindern.

Dieser Fakt soll an einem Beispiel aus der Montage verdeutlicht werden. Zwei Komponenten sollen mit zwei Schrauben unterschiedlicher Größe und Fügerichtung gefügt werden. Aus Sicht des Endkunden erzeugt lediglich der Kraftschluss der beiden Komponenten einen Wert. Dabei ist die Vorgehensweise bzw. die Art der realisierten Verbindungsherstellung für den Kunden irrelevant. Um die Verbindung zu erreichen, müssen jedoch unterschiedliche Prozessschritte durchgeführt werden. Zunächst müssen die zwei Schrauben aufgenommen und zur Fügestelle gebracht werden. Danach sind diese einzuschrauben, beispielsweise manuell und nacheinander. Des Weiteren ist aufgrund der unterschiedlichen Schraubengrößen ein Werkzeugwechsel notwendig. Allerdings bedingt nur das letzte Festziehen eine Traktion zwischen den Teilen und generiert damit den Wert für den Kunden. Alle vorangegangenen Prozessschritte waren zwar für die Wertgenerierung notwendig, haben aber selbst keinen Kundenwert kreiert.

Analog zu Lean Thinking sollen diese nicht wertschöpfenden aber notwendigen Prozessschritte reduziert werden, z. B. durch die Verwendung eines Elektroschraubers. Diese Prozessschritte existieren zwar danach weiterhin, aber sie können effizienter ausgeführt werden. Demzufolge unterstützt Lean Thinking die Steigerung der Effizienz bei dieser Art von Prozessschritten.

Lean Design hingegen strebt eine Produktgestaltung an, die ein Minimum an nicht wertschöpfenden, aber notwendigen Prozessschritten ermöglicht. Dies wird durch die Umwandlung dieser Prozessschritte in andere Tätigkeiten, die effizienter ausgeführt werden können, erreicht.

In dem angeführten Beispiel könnte das Produkt so gestaltet sein, dass die beiden Komponenten nur durch den Gebrauch einer Schraube gefügt werden können. Dadurch wären alle nicht wertschöpfenden, aber notwendigen Prozessschritte für die zweite Schraube komplett eliminiert. Die Integration beider Komponenten in einem einzelnen Bauteil würde sogar den ganzen Fügeprozess überflüssig machen. Dieser Schritt würde sogar alle nicht wertschöpfenden, aber notwendigen Prozessschritte beseitigen. Allerdings kann dies auch in komplexeren Herstellungsprozessen resultieren und eine Umverteilung der Verschwendung zu anderen Prozessschritten zur Folge haben. Lean Design wandelt somit auch nicht wertschöpfende, aber notwendige Prozessschritte in solche um, die effizienter ausführbar sind.

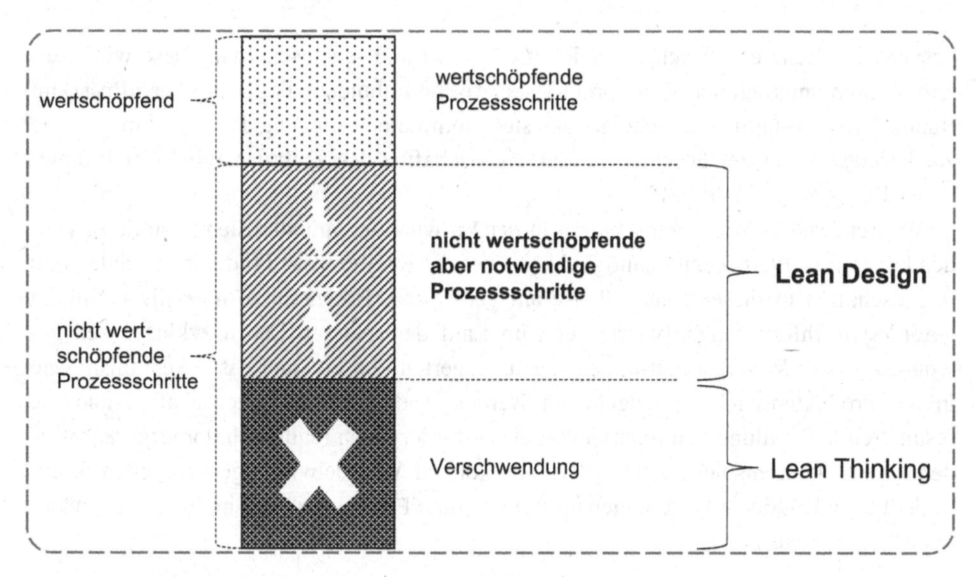

Abb. 4.4 Prozessschritte im Lean Design (Dombrowski et al. 2014)

In Konsequenz können alle Prozessschritte zu einer der drei genannten Arten zugeordnet werden. Lean Thinking strebt dabei mit Prozessoptimierung die Vermeidung von Verschwendung und die Reduzierung von nicht wertschöpfenden aber notwendigen Prozessschritten an. Im Gegensatz dazu zielt Lean Design auf die Vermeidung von nicht wertschöpfenden, aber notwendigen Prozessschritten oder die Umwandlung dieser in effizienter ausführbare Prozessschritte ab. Zusammen führen die beiden beschriebenen Ansätze zu einer umfassenden Reduktion von nicht wertschöpfenden Tätigkeiten, wie in Abb. 4.4 dargestellt.

Um die geforderten Anforderungen für wertschöpfende Prozesse an die Produktgestaltung aus den einzelnen PLZ-Phasen in die Produktentwicklung integrieren zu können, wird zunächst die Verbindung zwischen Produktmerkmalen und -eigenschaften erörtert.

Produktmerkmal-Eigenschaft-Relationen

Die Vermeidung von nicht wertschöpfenden Prozessschritten kommt der Erfüllung interner Kundenanforderungen gleich und erfolgt durch die Erzeugung adäquater Produkteigenschaften aus festgelegten Produktmerkmalen. Produktmerkmale werden direkt in der Produktentwicklung festgelegt und sind damit direkt beeinflussbar. Dies schließt beispielsweise die Festlegung von Dimensionen, Toleranzen oder auch die Materialauswahl ein. Aus der Summe dieser Produktmerkmale ergeben sich schließlich Produkteigenschaften, die das Verhalten eines Produkts, wie beispielsweise seine Montage- oder Wartungsfreundlichkeit, bestimmen. Diese Produkteigenschaften beschreiben damit die Erfüllung von internen Kundenanforderungen. Zwar können die Produkteigenschaften nicht direkt in der Produktentwicklung festgelegt werden, jedoch können diese durch eine geeignete Zusammenstellung und Auswahl von Produktmerkmalen indirekt erzeugt werden. Somit besteht eine Relation zwischen Produktmerkmalen und -eigenschaften. Diese wird weiterhin durch unternehmens- und produktspezifische Rahmenbedingungen beeinflusst. Im Rahmen von Gestaltungsentscheidungen stellt somit die Festlegung der Produktmerkmale zur Erzeugung der gewünschten Produkteigenschaften den zentralen Inhalt der Produktentwicklung dar (Weber 2007).

Während die Produkteigenschaften in der Entwicklung am stärksten beeinflusst werden können, ist die Erkenntnismöglichkeit über die Relation von Produktmerkmalen und -eigenschaften in dieser frühen Phase am geringsten. Erkenntnisse über die Erfüllung geforderter Anforderungen werden erst im Lauf der späteren Lebenszyklusphasen gewonnen. Durch Wissensrückfluss aus nachgelagerten Phasen kann das Erkenntnisniveau in der Produktentwicklung angehoben werden, sodass Produkteigenschaften und die resultierende Erfüllung von internen Kundenanforderungen realistisch vorausgesagt werden können (Ehrlenspiel 2014). Allerdings können Wechselwirkungen zwischen unterschiedlichen Kundenanforderungen auftreten. Diese Problematik soll im Folgenden näher betrachtet werden.

4.1.4 Lean Design als Grundlage einer ganzheitlichen Optimierung der Produktgestaltung

Wechselwirkungen von Gestaltungsentscheidungen

Die Berücksichtigung der vielfältigen internen Kundenanforderungen innerhalb des PLZ entspricht einem multikriteriellen Entscheidungsproblem aufgrund komplexer Wechselwirkungen zwischen den internen Kundenanforderungen auf Ebene der Produktmerkmale (Ehrlenspiel 2014). Generell lassen sich folgende Beziehungen zwischen internen Kundenanforderungen verschiedener Unternehmensprozesse unterscheiden, wie Abb. 4.5 anhand von Beispielen verdeutlicht: Zielkonflikt, Zielunabhängigkeit und Zielunterstützung.

Beziehung	Beschreibung	Beispiel			
		Montageprozess		Beschaffungsprozess	
		Anforderung	Produktmerkmal	Produktmerkmal	Anforderung
Zielkonflikt	Anforderungen betreffen konkurrierende Produktmerkmale	Geringer Montageaufwand	Komplexe, funktionsintegrierte Bauteile	Geometrisch einfache Bauteile	Geringes Transportvolumen
Zielunabhängigkeit	Anforderungen betreffen unabhängige Produktmerkmale	Geringes Verletzungsrisiko von Montagemitarbeitern	Vermeidung scharfer Kanten an Bauteilen	Geometrisch einfache Bauteile	Geringes Transportvolumen
Zielunterstützung	Anforderungen betreffen gleiche/ähnliche Produktmerkmale	Geringer Flächenbedarf zur Materialbereitstellung	Verwendung standardisierter Gleichteile	Verwendung standardisierten Gleichteile	Hohes Abnahmevolumen

Abb. 4.5 Beziehungen zwischen Anforderungen der Prozesse im PLZ

Die Erfassung dieser vernetzten Anforderungen im Sinne einer Multizieloptimierung stellt eine wesentliche Herausforderung in der Produktentwicklung dar (Ehrlenspiel 2014; Bauer 2009). Nur durch die ganzheitliche Betrachtung der Anforderungen aller Prozesse des PLZ kann eine Produktgestaltung sichergestellt werden, die zu einem Gesamtoptimum führt und nicht einzelne Teilprozesse zu Lasten anderer verbessert. Diese ganzheitliche Betrachtung der verschiedenen internen Kundenanforderungen führt damit zur unternehmensweiten bzw. unternehmensübergreifenden Prozessorientierung und trägt zur Integration der einzelnen Funktionsbereiche bzw. Prozesse im PLZ, wie z. B. der Logistik, Produktion oder dem Service, in einen abgestimmten Gesamtprozess bei.

Die ganzheitliche Berücksichtigung der Anforderungen der Prozesse im PLZ zur Prävention von nicht wertschöpfenden, aber notwendigen Prozessschritten stellt das Lean Design vor zwei wesentliche Herausforderungen. Zum einen müssen interne Kundenanforderungen ermittelt und in umsetzbare Produktmerkmale umgewandelt werden. Zum anderen sind während der Ausgestaltung der Produktmerkmale außerdem die komplexen Wechselwirkungen hinsichtlich der Erfüllung dieser internen Kundenanforderungen zu berücksichtigen, um eine durchgehende Prozessorientierung sicherzustellen.

Mit Hilfe von qualitativen Gestaltungsrichtlinien können die Zusammenhänge zwischen Produktmerkmalen und -eigenschaften beschrieben und festgehalten werden. Diese Gestaltungsrichtlinien haben einen suggestiven Charakter. Sie repräsentieren Gestaltungsvorschläge und sollten nicht als strikte Regeln interpretiert werden. Die Anwendbarkeit der Gestaltungsrichtlinien sollte stets im Kontext der aktuellen Unternehmensbedingungen hinterfragt werden (Fiksel 2009). Konkrete Gestaltungsrichtlinien können nicht nur durch einen Wissensrückfluss aus den nachgelagerten Phasen des PLZ generiert werden, sondern werden auch bereits im Rahmen des Design for X (DfX) thematisiert und bereitgestellt. Im Folgenden werden die Gestaltungsrichtlinien im Rahmen der DfX-Ansätze hinsichtlich ihrer Eignung für das Lean Design analysiert.

Design for X

Design for X stellt einen Sammelbegriff für verschiedene Ansätze zur Optimierung der Produktgestaltung hinsichtlich einer spezifischen Zielstellung dar. Das „X" steht dabei als Platzhalter für die bestimmte Phase im PLZ oder die spezielle Produkteigenschaft, die durch den DfX-Ansatz adressiert wird (Holt und Barnes 2009). Somit thematisieren die verschiedenen DfX-Ansätze interne Kundenanforderungen der Lebenszyklusprozesse und liefern einen Beitrag zur ersten Herausforderung im Rahmen des Lean Design – die Erfüllung der internen Kundenanforderungen. Abbildung 4.6 gibt einen Überblick über relevante DfX-Ansätze und deren Anwendungsbereiche im Kontext des beschriebenen Lebenszyklusmodells.

Nach Bauer existieren mehr als 300 verschiedene qualitative Gestaltungsrichtlinien in bestehender DfX-Literatur (Bauer 2009). Diese Gestaltungsrichtlinien variieren in hohem Maße in ihrem Fokus und Detaillierungsgrad. Zusätzlich haben Unternehmen weitere individuelle Gestaltungsrichtlinien zur unternehmens- oder produktbezogenen Produktgestaltung entwickelt.

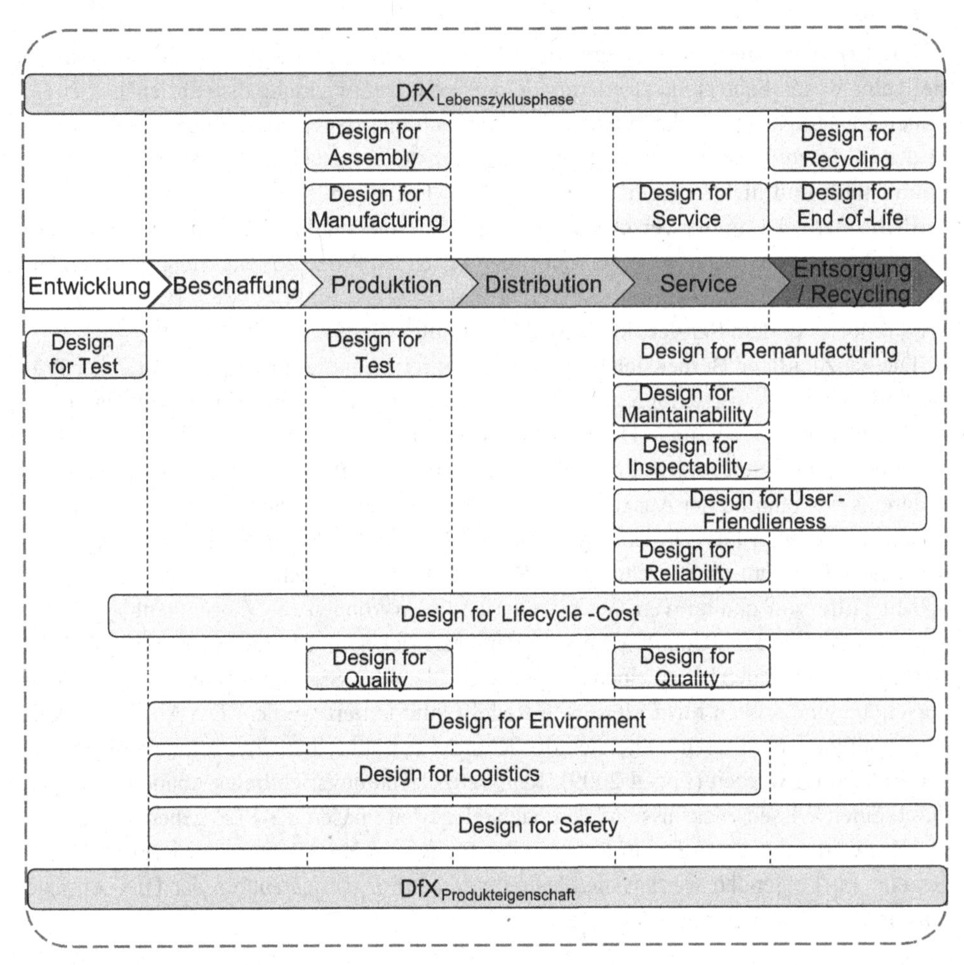

Abb. 4.6 Klassifikation von DfX Ansätzen in Bezug auf Phasen im PLZ (Dombrowski und Schmidt 2013)

Durch die spezifische Orientierung der verschiedenen DfX-Ansätze, der Vielzahl an Gestaltungsrichtlinien sowie ihrer synergetischen, neutralen oder konkurrierenden Beziehungen zueinander ist eine ganzheitliche Optimierung der Produktgestaltung über den gesamten PLZ hoch komplex, da Wechselwirkungen verschiedener qualitativer Gestaltungsrichtlinien unberücksichtigt bleiben und somit gewisse interne Kundenanforderungen nur zu Lasten anderer erfüllt werden können. Durch eine Analyse bestehender Gestaltungsrichtlinien der DfX-Ansätze wird im Folgenden ein Weg aufgezeigt, um Wechselwirkungen zwischen komplexen Gestaltungsentscheidungen aufzudecken und Effekte von Gestaltungsentscheidungen auf Ebene der Produktmerkmale transparent zu machen.

Analyse von Gestaltungsrichtlinien hinsichtlich Wechselwirkungen im PLZ

Mit dem Ziel die Produktgestaltung ganzheitlich zu optimieren, besteht die Notwendigkeit, die der Effekte der unterschiedlichen qualitativen Gestaltungsrichtlinien auf die verschiedenen Phasen im Produktlebenszyklus und auf einzelne Produkteigenschaften zu ermitteln. Dafür wurden die 12 DfX-Ansätze hinsichtlich identischer empfohlener qualitativer Gestaltungsrichtlinien untersucht. Zu diesem Zweck wurde bestehende DfX-Literatur hinsichtlich der Wechselwirkungen der empfohlenen qualitativen Gestaltungsrichtlinien analysiert, wobei 96 verschiedene qualitative Gestaltungsrichtlinien identifiziert werden konnten (Dombrowski et al. 2014). Abbildung 4.7 zeigt einen Auszug des Ergebnisses dieser Literaturanalyse.

Die qualitativen Gestaltungsrichtlinien sind dabei absteigend nach der Anzahl der Nennungen gelistet. Auf der einen Seite werden ca. 40 % der identifizierten Gestaltungsrichtlinien in mehr als einem DfX-Ansatz genannt und beeinflussen demnach mehrere Produkteigenschaften positiv. Beispielsweise hat die Gestaltungsrichtlinie *Minimiere die Teilezahl* (Gestaltungsrichtlinie 1) sowohl Auswirkungen auf den Montageprozess als auch auf die Wartungsfreundlichkeit. Auf der anderen Seite werden aber 60 % der Ge-

Produktmerkmale		Produkteigenschaften														
		DfX Zyklusphase				DfX Produkteigenschaft								Anzahl der Nennungen		
	Qualitative Gestaltungsrichtlinien	Herstellung	Montage	Service	Recycling	Wiederaufarbeitung	Logistik	Umwelt	Qualität	Wartungsfreundlichkeit	Zuverlässigkeit	Sicherheit	Anwenderfreundlichkeit	Total	Zyklusphase	Produkteigenschaft
1.	Minimiere die Teileanzahl	x	x	x	x		x	x	x	x	x			9	4	5
2.	Entwickle ein modulares Design	x	x	x		x	x	x	x	x				8	3	5
3.	Vermeide separate Verbindungselemente	x	x	x	x	x		x		x	x			8	4	4
4.	Verwende Standardkomponenten	x	x	x			x	x			x			6	3	3
5.	Scharfe Kanten, Ecken oder Überstände, die Verletzungen verursachen können, sollten vermieden werden			x	x		x			x		x	x	6	2	4
6.	Stelle einfachen Zugang zu Oberflächen durch symmetrische oder übertrieben asymmetrische Teile sicher		x	x	x					x		x		5	3	2
7.	Gestalte Teile mit mehreren Verwendungsmöglichkeiten	x			x	x	x				x			5	2	3
8.	Minimiere den Bedarf an Spezialwerkzeugen	x	x	x	x					x				5	4	1
9.	Verwende bewährte Komponenten		x						x		x		x	4	1	3
10.	Mache die Gestalt unempfindlich ggü. allen unkontrollierbaren Veränderungsursachen								x	x	x	x		4	0	4
11.	Minimiere die Anzahl der Gestaltungsvarianten	x	x				x							3	2	1
12.	Stelle einfache Handhabung und Transport sicher	x	x							x				3	2	1
13.	Gestalte Teile so, dass sie nicht falsch eingebaut werden können (Poka Yoke)	x	x						x					3	2	1
14.	Vermeide gefährliche oder anderweitig umweltbelastende Materialien				x			x				x		3	1	2
...	....													...	...	...
96.	Mache die Bedienung und seine Funktionen deutlich. Stelle direktes Feedback vom Produkt sicher.												x	1	0	1
	Anzahl verfügbarer Gestaltungsrichtlinien	13	35	11	13	6	22	14	15	16	19	8	9			

Abb. 4.7 Analyse von qualitativen Gestaltungsrichtlinien (Dombrowski et al. 2014)

staltungsrichtlinien lediglich in einem DfX-Ansatz genannt. Folglich haben diese einen sehr spezifischen Charakter. Zum Beispiel hat die Maßgabe eines direkten Feedbacks bei der Bedienung (Gestaltungsrichtlinie 96) nur Auswirkungen auf die Produkteigenschaft Anwenderfreundlichkeit.

Die Analyse bildet das Fundament, um eine ganzheitliche Sichtweise in der Produktentwicklung zu fördern. Zum einen wird eine große Auswahl an qualitativen Gestaltungsrichtlinien aus unterschiedlichen Quellen erfasst und in einer kompakten Übersicht bereitgestellt. Zum anderen zeigt die Analyse die Effekte einzelner Gestaltungsrichtlinien auf verschiedene Produkteigenschaften auf. Auf Basis dieser Zusammenhänge können Produktentwickler die Richtlinien auswählen, die einen großen Effekt auf den Produktlebenszyklus haben oder nur eine bestimmte Phase oder Eigenschaft beeinflussen.

Restriktionen und weiterer Forschungsbedarf
Im Folgenden sollen die Grenzen dieser Analyse diskutiert werden. Zunächst erlaubt die Analyse nur eine qualitative Aussage über den Effekt von spezifischen Produktmarkmalen auf Produkteigenschaften. Dabei existiert keine Aussage über die Stärke des Effekts. Des Weiteren konnten lediglich positive Effekte auf die gelisteten Produkteigenschaften bei der Literaturanalyse identifiziert werden. Dies impliziert, dass dadurch keine Informationen über mögliche Zielkonflikte zu anderen Produkteigenschaften enthalten sind. Außerdem finden bei der Analyse keine unternehmensspezifischen Rahmenbedingungen Berücksichtigung.

Somit stellt die vorgestellte Analyse eine Basis zur Bereitstellung eines geeigneten Werkzeugs für Produktentwickler dar, um Entscheidungen bei der Gestaltung ganzheitlich zu betrachten. Die genannten Restriktionen müssen durch weitere Forschungsarbeiten aufgehoben werden. Zudem müssen die gelisteten qualitativen Gestaltungsrichtlinien hinsichtlich konfliktärer Produktmerkmale untersucht werden, um negative Effekte auf Produkteigenschaften identifizieren zu können. Weiterführend müssen die Effekte der spezifischen Gestaltungsrichtlinien quantifiziert werden, sodass Vor- und Nachteile von Gestaltungsentscheidungen gewichtet werden können. Allerdings obliegt die Quantifizierung signifikant den prozess- und produktspezifischen Rahmenbedingungen der jeweiligen Unternehmen. Eine allgemeingültige Quantifizierung hat folglich keine praktische Relevanz. Daher sind verschiedene Quantifizierungsszenarien für diverse Produkt- und Prozessbedingungen zweckdienlicher.

4.1.5 Zusammenfassung

Die Prozesse im PLZ werden im Wesentlichen durch die Gestaltung der zugeordneten Produkte festgelegt. Lean Design berücksichtigt sowohl die Beziehung zwischen dem Produktdesign und dem resultierenden Kundennutzen als auch die Auswirkungen auf die nachfolgenden Prozesse des PLZ. Durch die Beziehungen zwischen Produktmerkmalen und -eigenschaften kann eine Verbindung zwischen der Gestaltungs-, Wert- und Verschwendungsperspektive des Lean Design hergestellt werden.

Lean Design betrachtet die Beziehungen zwischen der Produktgestaltung, dem resultierenden Kundenwert sowie auftretender Verschwendung in den nachfolgenden Produktlebenszyklusphasen, um nicht wertschöpfende, aber notwendige Prozessschritte zu eliminieren oder ggf. in effizienter ausführbare Prozessschritte umzuwandeln. Zu diesem Zweck wurden die Design for X-Ansätze in den Kontext von Lean Design integriert. Durch die Differenzierung zwischen Produkteigenschaften und -merkmalen wurde eine Verbindung zwischen der Gestaltungs-, Wert- und Verschwendungsperspektive durch die qualitativen Gestaltungsrichtlinien hergestellt. Allerdings gehen damit auch Wechselwirkungen einher, die den Prozess der Produktgestaltung unter Umständen komplexer machen können. Der Effekt einzelner Gestaltungsrichtlinien wurde deshalb analysiert. Die bisherigen Forschungsergebnisse können als Rahmenwerk zur Evaluation bestehender Gestaltungslösungen sowie zur Gestaltung neuer Produkte verwendet werden und bilden eine Basis für weitere Forschungsvorhaben. Dabei sind insbesondere die Effekte der qualitativen Gestaltungsrichtlinien auf die Produktlebenszyklusphasen zu spezifizieren und im Einzelnen auf Zielkonflikte und Synergien zu untersuchen.

4.2 Erfolgsfaktor Lieferantenintegration

Uwe Dombrowski, Alexander Karl, Kai Schmidtchen

4.2.1 Relevanz der Lieferantenintegration

Die Industriestruktur befindet sich in einem ständigen Wandel, aus dem sich kontinuierlich wachsende Herausforderungen entwickeln. Besonders ist dieser Trend in der Automobilindustrie zu erkennen, der sich vor allem durch eine ausgeprägte Wertschöpfungsstrategie hervorhebt (John 2010; Berking et al. 2012).

Die aktuellen Herausforderungen liegen vor allem bei einer zunehmenden Komplexität der Produkte und Dienstleistungen, der Verschiebung regionaler Strukturen und steigenden technischen Innovationen. Einen weiteren Faktor stellt die steigende Konvergenz unterschiedlicher Branchen dar, die sich weiter miteinander verbinden. Zudem werden die Herausforderungen durch eine steigende Volatilität sowie dem steigenden Kosten- und Wettbewerbsdruck erweitert. Exemplarisch finden diese Trends in Studien über die deutschen Automobilindustrie Bestätigung. Abbildung 4.8 stellt in diesem Zusammenhang die einzelnen Herausforderungen und ihre Auswirkungen auf die Industriestruktur dar (Berking et al. 2012).

Die skizzierten Herausforderungen führen zum Wandel der Industriestruktur, die eine Veränderung des gesamten Supply-Chain Managements, zunehmende Forschungs- und Entwicklungsaktivitäten und eine Zunahme von Outsourcing der Forschungs- und Ent-

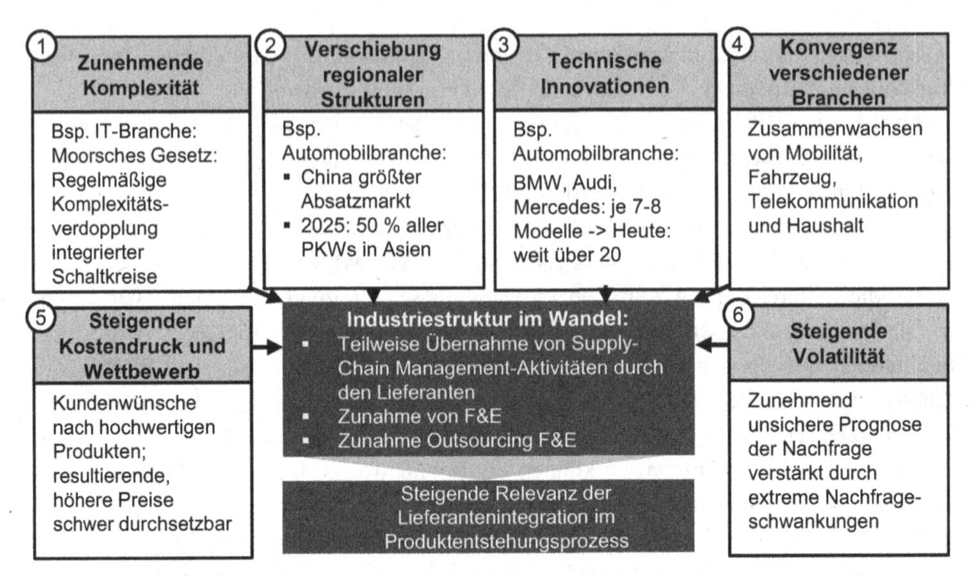

Abb. 4.8 Industriestruktur im Wandel in Anlehnung an. (Berking et al. 2012; Schuh und Ünlü 2014)

wicklungsleistungen (F&E-Leistungen) zur direkten Folge haben. Als Reaktion auf die genannten Herausforderungen haben Unternehmen in den letzten Jahren vermehrt eine Abwendung der Strategie hoher Wertschöpfung hin zu einer Fokussierung auf Kernkompetenzen durchgeführt und damit eine sukzessive Reduktion der eigenen Wertschöpfungstiefe fokussiert (Berking et al. 2012). Dieser Sachverhalt lässt sich stellvertretend am Smart erkennen, dessen interner Wertschöpfungsanteil weniger als zehn Prozent beträgt. Der Smart hatte bereits in der ersten Baureihe im Jahr 1994 einen so hohen Zulieferanteil inne, dass sich dieser bei der Endmontage aus nur sieben gelieferten Modulen zusammensetzen ließ. Die jeweiligen Module wurden von Zulieferern bereits zusammengebaut angeliefert, wofür die jeweiligen Zulieferer die gesamte Verantwortung trugen (Kirst 2008; Ehrlenspiel und Meerkamm 2013).

Der dargestellte Sachverhalt macht deutlich, dass Zulieferer zu einer immer wichtigeren Ressource für Unternehmen werden, um den Herausforderungen gerecht zu werden und hat damit zu einem signifikanten Umdenken in den Beschaffungsabläufen geführt: Waren ehemals noch geringe Kosten das Einzelkriterium einer Make-or-Buy-Entscheidung, müssen heutzutage zahlreiche weitere Faktoren in Fremdvergabeprojekten einbezogen werden (Hofbauer et al. 2012). Zulieferer beeinflussen somit in erheblichem Umfang die Kosten, Qualität, Technologie, Schnelligkeit und Reaktionsfähigkeit der Hersteller. Insbesondere in der Produktentstehung, in der der Großteil der Kosten festgelegt wird, bietet die gezielte Einbindung der Zulieferer erhebliche Wettbewerbsvorteile und macht eine systematische und gezielte Integration der Zulieferer in den Produktentstehungsprozess erforderlich (Ragatz et al. 1997).

Aus dem skizzierten Sachverhalt ergibt sich ein Zielkonflikt: Auf der einen Seite hat sich die Strategie einer hohen Wertschöpfung hin zu Fokussierung auf Kernkompetenzen verlagert. Auf der anderen Seite unterwerfen Unternehmen ihre Gesamtheit der Prozesse einem Prozess der kontinuierlichen Verbesserung. Zum einen wollen die Unternehmen alle Wertschöpfungsprozesse verbessern, zum anderen sind sie jedoch aufgrund von Auslagerungen immer seltener selbst der Prozesseigner. Daher müssen Optimierungen der Produktentstehung, wie beim Lean Development, immer auch auf die Schnittstelle zu den Zulieferern bezogen werden (Liker et al. 1995; Fiore 2004). Die Lieferantenintegration bietet große Zeit- und Kostenvorteile, verlangt aber auch Einsatzbereitschaft und gezieltes Nachdenken (Wynstra et al. 2001). Aus nicht konsequent durchdachten und unvollständig geplanten Ansätzen zur Lieferantenintegration resultieren sowohl auf Hersteller- wie auch auf Zuliefererseite starke Unsicherheiten, durch die häufig eine ungewollte Abwanderung von unternehmenswichtigem Know-how entsteht (Wagner und Hoegl 2006; Hoppmann et al. 2011).

Um Risiken zu minimieren und eine erfolgreiche Integration durchzuführen, sind vor allem zwei Faktoren von besonderer Bedeutung: der richtige Zeitpunkt und Umfang der Lieferantenintegration sowie ein umfassendes Management der Lieferantenbasis. Die Relevanz vom Management der Lieferanten spiegelt sich bereits in verschiedenen Normabschnitten wider. So gibt die DIN EN ISO 9004:2009-12 Hinweise zur Gestaltung des Informationsaustauschs, Versorgung mit Ressourcen, Teilen von Gewinnen und Verlusten, wie auch der Verbesserung der Leistung und der Auswahl, Evaluierung und Verbesserung der Fähigkeiten der Zulieferer (DIN EN ISO 9004 2009). Neben dieser weisen auch weitere Normen, wie die automobilspezifische Norm ISO/TS 16949, auf die Relevanz der Lieferanteneinbeziehung hin und bieten konkrete Gestaltungsregeln im Bereich der Lieferantenentwicklung. Mit diesen Gestaltungsregeln können grundlegende Standards mit Lieferanten vereinbart und überwacht werden. Es ergeben sich jedoch auch erhebliche Nachteile, zu denen beispielsweise höhere Verwaltungskosten und geringere Freiheitsgrade bei den Lieferanten gehören (Grönen 2010).

Aus dem dargestellten Sachverhalt resultiert, dass die „Implementierung und kontinuierliche Verbesserung einer Lieferantenbasis für Unternehmen zu einer der wichtigsten Managementaufgaben geworden" ist (Kirst 2008).

Aus den neuen Herausforderungen ergeben sich neue Anforderungen an die Hersteller-Zulieferer-Beziehungen und damit eine systematische Lieferantenintegration (Groher 2003).

4.2.2 Potenziale der Lieferantenintegration

Zahlreiche Studien belegen die erheblichen Potenziale, die mit einer systematischen Lieferantenintegration erzielt werden können (Ragatz et al. 1997; Handfield et al. 1999; McGinnis und Vallopra 1999). Aus Abb. 4.9 wird deutlich, dass Unternehmen vor allem die Integration von Lieferanten nutzen, um ihre Stellung im Wettbewerb zu verbessern. So geben 42,6 % der Teilnehmer an, dass die Verbesserung der Wettbewerbsposition das wichtigste Ziel der Integration darstelle. Gefolgt wird die Verbesserung der Wettbewerbs-

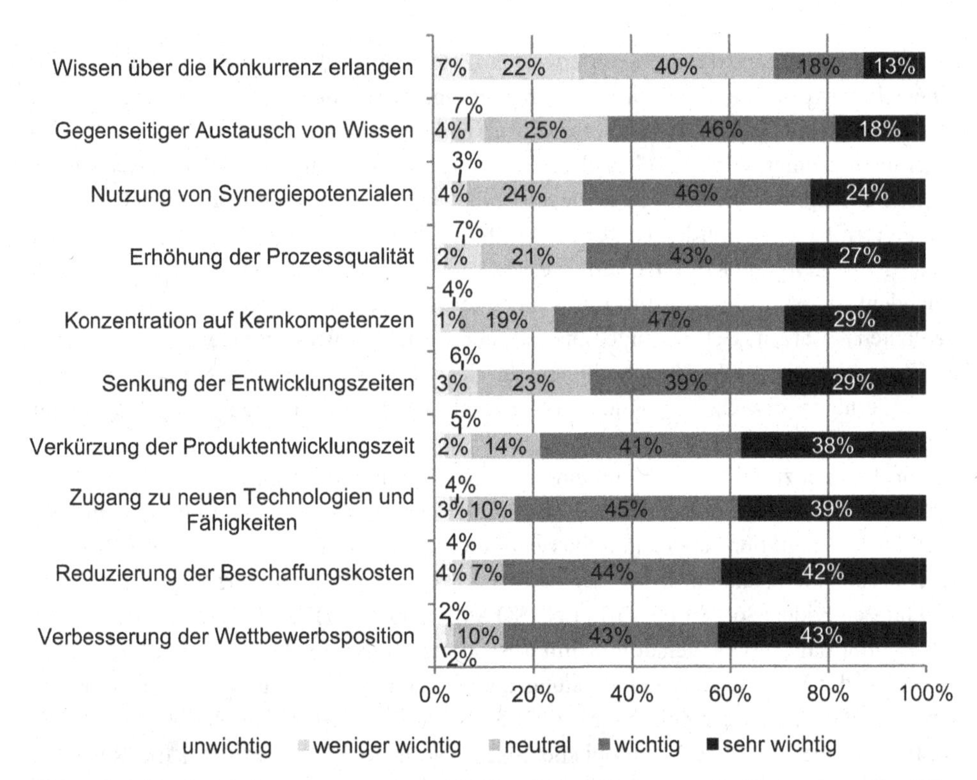

Abb. 4.9 Ziele der Lieferantenintegration im PEP und deren Bedeutung für Unternehmen (n=135–136). (John 2010)

position von dem Ziel einer Reduzierung der Beschaffungskosten, welche 41,9 % der Teilnehmer als sehr wichtig erachten. Auch der Zugang zu neuen Technologien und Fähigkeiten (38,5 %) sowie die Verkürzung der Entwicklungszeiten (37,8 %) werden als sehr wichtige Ziele der Lieferantenintegration im Produktentstehungsprozess gesehen (John 2010).

In der Tat können die gewünschten Ziele der Lieferantenintegration, die aus der Studie hervorgehen, als realisierbare Potenziale der Lieferanteintegration identifiziert werden. Hofbauer et al. argumentieren, dass Projekte mit frühzeitiger Lieferantenintegration in der Regel schneller abgeschlossen und durch die Beteiligung von Lieferanten Kosteneinsparungen bei den Entwicklungskosten, eine bessere Herstellbarkeit der Produkte und innovativere Lösungen erzielt werden können (Hofbauer et al. 2012). Ergänzend zu Hofbauer et al. zeigen die Forschungsergebnisse von McGinnes und Vallopra, dass sich zudem Qualitätsverbesserungen, reduzierte Produkt- und Prozessentwicklungskosten, weniger spezifisches Projektinvestment, ein geringeres Gesamtbetriebsrisiko und sogar reduzierte Gesamtproduktkosten erzielen lassen (McGinnis und Vallopra 1999). Da das Lieferantenmanagement als Querschnittsaufgabe viele Unternehmensprozesse beeinflusst, ist auch die systematische Gliederung dieser Potenziale auf bestimmte Prozessabschnitte wertvoll. Hierdurch können gezielt Potenziale zwischen einzelnen Prozessbausteinen abgegrenzt werden. Arnold unterteilt die Potenziale der Lieferantenintegration innerhalb des Produktlebenszyklus auf drei Bereiche. Wie in Tab. 4.1 zu erkennen ist, können so Potenziale der Integration im Produktionsprozess von solchen Potenzialen abgegrenzt werden, die im Produktentstehungsprozess realisierbar sind. Innerhalb der Produktentstehung lassen sich die Bereiche Forschung und Entwicklung (F&E) von den Potenzialen in dem Bereich Konstruktion abgrenzen (Arnold 2004).

In den frühen Phasen der Produktentstehung lassen sich durch eine Einbindung von Lieferanten vor allem Durchlaufzeitverkürzungen realisieren. Resultierend aus einer geringeren Design- und Entwicklungszeit ergeben sich so verringerte Kosten. Durch die Einbindung von Lieferanten in der Produktentwicklung lassen sich zudem Optimierungen des Materialeinsatzes und damit einhergehend Materialkosten reduzieren. Die Lieferantenintegration wirkt sich zudem steigernd auf die Produkt- und Prozessqualität aus, die sich in einer verbesserten Zuverlässigkeit und Haltbarkeit der Teile widerspiegelt. Durch die Beteiligung der Lieferanten kann das Entwicklungs-Know-how sowohl auf Hersteller- als auch auf Zuliefererseite effektiver eingesetzt werden (Arnold 2004).

Tab. 4.1 Bereichsabhängige Potenziale der Lieferantenintegration. (Arnold 2004)

Potenziale der Lieferantenintegration		
Produktentstehungsprozess		Produktionsprozess
Forschung & Entwicklung (F&E)	Konstruktion	Beschaffung, Produktion, Logistik
• Verkürzung der Design- und Entwicklungszeit	• Frühzeitige Einbindung in Entwicklungsvorhaben	• Reduzierung der Beschaffungskosten
• Reduzierung der Design- und Entwicklungskosten	• Wissens- und Wettbewerbsvorteile	• Verkürzung von Liefer- und Durchlaufzeiten und somit Einhaltung der vereinbarten Liefertermine
• Optimierter Material-einsatz und somit Materialkosten-reduzierung	• Größere Planungssicherheit	• Große Flexibilität bei geänderten Bedarf
• Steigerung der Produkt- und Prozessqualität	• Bessere Planung und Nutzung von Ressourcen und Kapazitäten	• Zunahme der Versorgungssicherheit
• Verbesserung der Zuverlässigkeit und Haltbarkeit der Teile	• Abgestimmte Schnittstellen der Softwaresysteme	• Steigerung der Prozessqualität
• Bessere Ressourcennutzung	• Nutzung des Konstruktions-Know-hows	• Höhere Transparenz und schnellere Reaktionszeiten
• Nutzung des Entwicklungs-Know-hows		• Stabile und standardisierte Versorgungsprozesse
		• Minimierung der Beschaffungsrisiken
		• Bildung eines Vertrauensverhältnisses

Auch im Bereich der Konstruktion liegen erhebliche Potenziale. Beim Vergleich dieser Potenziale mit den vorher genannten Potenzialen aus der Forschung und Entwicklung zeigen sich starke Ähnlichkeiten. In beiden Phasen des Produktentstehungsprozesses führt die Einbindung der Lieferanten zu einem erweiterten Know-how-Gewinn. Lediglich das Fachgebiet der Know-how-Erschließung unterscheidet sich. Durch die Einbindung der Lieferanten kann im Produktentstehungsprozess eine bessere Planung und Nutzung von Ressourcen und Kapazitäten erzielt werden, wodurch erhöhte Planungssicherheiten entstehen (Arnold 2004; Groher 2003).

Im Bereich Beschaffung, Produktion und Logistik steht der Know-how-Gewinn weniger im Fokus der Betrachtungen. Hier werden vor allem die Bereiche Flexibilität und Sicherheit verbessert. Durch die Einbindung der Lieferanten können eine höhere Transparenz und dadurch schnelle Reaktionszeiten erzielt werden. Unternehmen mit systematisch integrierten Lieferanten können durch stabile und standardisierte Versorgungsprozesse die Liefer- und Durchlaufzeiten reduzieren. Basis zur Minimierung der Beschaffungsrisiken ist die Bildung eines Vertrauensverhältnisses (Arnold 2004).

Neben der Einteilung nach Arnold gibt es weitere Möglichkeiten, die Potenziale der Lieferantenintegration zu klassifizieren. In diesem Zusammenhang unterteilen Wynstra et al. die potenziellen Erfolgsfaktoren der Lieferantenintegration in Bezug auf die zeitliche Realisierung. Damit strukturieren sie die Potenziale in Bezug auf die kurz- oder langfristigen Auswirkungen sowie die Effektivität und Effizienz des Erfolgs und der Wettbewerbsfähigkeit des Unternehmens (Wynstra et al. 2001; Becker 2014).

4.2.3 Risiken der Lieferantenintegration

Die Potenziale der Lieferantenintegration wurden im vorhergehenden Kapitel intensiv beschrieben. Diese sind jedoch nicht für alle Unternehmen gleichermaßen umsetzbar. Daraus resultiert der Anspruch an ein Unternehmen, bestimmte Rahmenbedingungen und ein gezieltes strategisches und operatives Management der Lieferantenbeziehungen zu etablieren. Eine falsche Herangehensweise bei der Integration kann auch erhebliche Risiken bergen (Wynstra et al. 2001).

Aus einer Studie am Institut für Fabrikbetriebslehre und Unternehmensforschung in Zusammenarbeit mit dem MIT geht hervor, dass Unternehmen bei der Einführung der Lieferantenintegration insbesondere den Verlust von Know-how als erhebliches Risiko der Zusammenarbeit mit Lieferanten identifizieren. Probleme wurden ebenfalls bei der Kommunikation und dem Vertrauen innerhalb der Hersteller-Zulieferer-Beziehung identifiziert. Abbildung 4.10 stellt in diesem Zusammenhang die Auswertung bezüglich der Probleme bei der Einführung der Komponente Lieferantenintegration grafisch dar (Hoppmann et al. 2011).

John klassifiziert die Risiken bei der Entwicklungskooperation in die Bereiche Verhaltensrisiken, Risiken aus Management und Organisation sowie Leistungsrisiken. Tabelle 4.2 fasst diese Risiken zusammen, die im Folgenden näher erläutert werden sollen (John 2010).

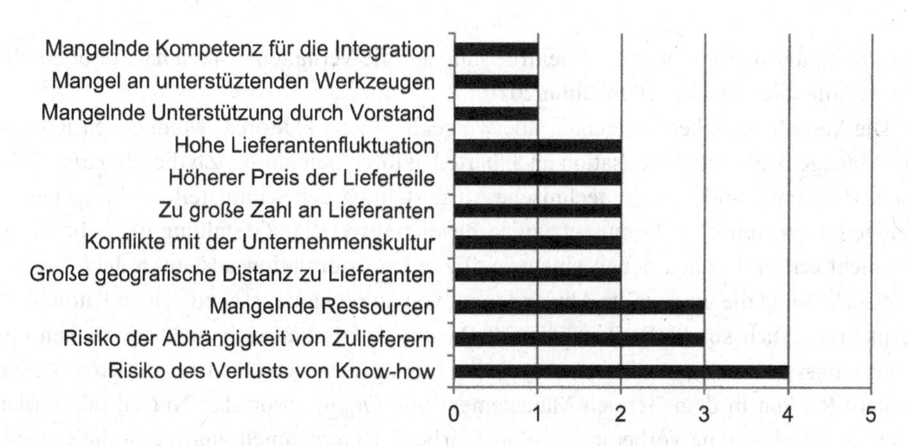

Abb. 4.10 Probleme bei der Einführung der Komponente Lieferantenintegration (n=23). (Hoppmann et al. 2011)

Tab. 4.2 Risiken der Lieferantenintegration. (John 2010)

Risiken der Lieferantenintegration		
Verhaltensrisiken	Risiken aus Management und Organisation	Leistungsrisiken
• Opportunistisches Verhalten	• Wahl des falschen Partners	• Mangelende Leistungsfähigkeit
• Mangelndes Vertrauen	• Schnittstellenprobleme	• Entwicklungsrisiko
• Fehlendes Kommittent	• Hoher Koordinationsaufwand	• Vermarktungsrisiko
• Mangelnde Kommunikation	• Risiken aus fehlender Balance zwischen Stabilität und Flexibilität	• Abhängigkeit vom Partnerunternehmen
• Negative Einstellung zur Partnerschaft	• Risiken der Informationstechnik	• Hoher Änderungsaufwand
• Ausnutzung von Machtasymmetrien	• Risiken aus Haftungsfolgen	
• Ungewollter Know-how-Abfluss	• Fehlender Schutz geistigen Eigentums	
• Strategischer Missfit	• Finanzwirtschaftliche Risiken	
• Kultureller Missfit		

Verhaltensrisiken bezeichnen Risiken, die bei der Lieferantenintegration erst im Rahmen einer Entwicklungskooperation entstehen. Sowohl Abnehmer als auch Lieferanten können die Verhaltensrisiken stark beeinflussen (John 2010). Opportunistisches Verhalten gilt als einer der größten Risiken innerhalb der Verhaltensrisiken. Das opportunistische Verhalten bezeichnet eine Maximierung des Eigennutzens ohne Rücksicht auf die Benachteiligung der anderen Teilnehmer. Generell beziehen sich die Verhaltensrisiken auf die Basis eines gegenseitigen Vertrauens und eine Einstellung zu der Zusammenarbeit in der Produktentstehung. Weitere Beeinflussung auf die Verhaltensrisiken hat vor allem die Kommunikation (Becker 2014; John 2010).

Die Verhaltensrisiken betrachten überwiegend weiche Faktoren, wohingegen Risiken aus Management und Organisation auch harte Faktoren beinhalten. Zu diesen harten Faktoren zählt unter anderem die technische Ausgestaltung der Schnittstellen. Haben Unternehmen die technischen Voraussetzungen für die notwendige Gestaltung der Schnittstellen nicht erfüllt, können neben einem ineffizienten Informationsaustausch auch Sicherheitslücken und die ungewollte Abwanderung von unternehmensspezifischem Know-how resultieren. Auch solche Risiken, die auf Basis von falschen oder nicht effizienten Organisationsstrukturen und einem mangelnden Managementverständnis resultieren, stellen weitere Risiken in dem Bereich Management und Organisation dar. Nur zu oft werden Lieferanten ohne eine vorhergehende ausführliche Unternehmensanalyse in die Organisation eingebunden. Das Management der Lieferanten besitzt dann in der Regel weder ausreichend Ressourcen sowie eine mangelnde Ausgestaltung von Prozessen und deren Verantwortlichkeiten, um effektiv und effizient den Produktentstehungsprozess zu unterstützen (John 2010).

Leistungsrisiken betreffen unmittelbar das direkte Entwicklungsprojekt. In der Regel werden strategische Partnerschaften dann geknüpft, wenn Unternehmen mit ihren Lieferanten sich im Hinblick auf Entwicklungskompetenzen ergänzen. Durch mangelnde Fähigkeiten von Mitarbeitern auf beiden Seiten können Leistungsdefizite das Entwicklungsprojekt nachteilig beeinflussen. Die Ursache solcher Leistungsdefizite kann sowohl in einem Motivationsmangel („nicht wollen") oder auch an Know-how-Lücken („nicht können") begründet sein. Leistungsrisiken beziehen sich jedoch nicht ausschließlich auf die mangelnde Leistungsfähigkeit der Mitarbeiter, sondern auch auf die Risiken im Bereich der Entwicklung und Vermarktung. Auch die Abhängigkeit von Partnerunternehmen im Rahmen der Entwicklungszusammenarbeit und ein hoher Änderungsaufwand sind im Bereich der Leistungsrisiken anzusiedeln (John 2010).

Zusammenfassend lassen sich nach Mikkola et al. folgende Risiken identifizieren, aus denen erhebliche Nachteile bei der Zusammenarbeit mit Lieferanten hervorgehen können: (Mikkola und Larsen-Skjoett 2003)

- Risiko des Verlusts von geschütztem Wissen
- Erleichterte Zugänglichkeit für Konkurrenten, Schlüsseltechnologien zu kopieren oder zu erwerben
- Erhöhte Abhängigkeit von strategischen Lieferanten
- Erhöhte Anforderungen an die Schnittstellengestaltung

4.2.4 Handlungsempfehlungen der Lieferantenintegration

Die partnerschaftliche Integration der Lieferanten beansprucht erhebliche Ressourcen und minimiert damit zunächst die Wirtschaftlichkeit eines Entwicklungsprojektes. Ebenso ist durch die zahlreichen Risiken, wie dem Know-how-Verlust und der höheren Abhängigkeit vom Lieferanten, die Integration zunächst negativ zu beurteilen. Dennoch ermöglicht die gezielte Integration der Lieferanten erhebliche Potenziale. Die Gegenüberstellung der Potenziale und Risiken führt zu einem Konflikt, zu welchem Zeitpunkt Lieferanten in den Produktentstehungsprozess eingebunden werden sollen. Daher sind konkrete Handlungsempfehlungen für eine gezielte und standardisierte Vorgehensweise zur Integration erforderlich (Hofbauer et al. 2012). In Abb. 4.11 ist dieser Zielkonflikt grafisch dargestellt. Auf der einen Seite befindet sich der Hersteller mit seinem spezifischen Know-how, den technologischen Fähigkeiten und einer unternehmensspezifischen Strategie. Auf der anderen Seite befindet sich der Zulieferer mit eigenem Know-how sowie technologischen Fähigkeiten. Durch die Einbindung eines Zulieferers ist es für den Hersteller möglich, auf weiteres Know-how sowie technologische Fähigkeiten zuzugreifen. Für die Generierung von Wettbewerbsvorteilen ist ein gezieltes Management zwischen beiden Partnern notwendig. Die Gestaltung der Schnittstellen und Ressourcenflüsse ist dabei von entscheidender Bedeutung und muss so strukturiert werden, dass eine optimale Balance zwischen den Partnern erreicht wird.

Für eine effiziente und effektive Lieferantenintegration ist daher eine gezielte Zuliefer-Balance mit optimiertem Ressourcenfluss notwendig: Der richtige Zulieferer muss zur richtigen Zeit mit dem richtigen Umfang an der richtigen Stelle im Produktentstehungsprozess integriert werden. Die bewusste Balance der Risiken und Potenziale soll Unternehmen dabei unterstützen, die Zusammenarbeit mit Lieferanten effektiv zu gestalten und die Effizienz zu maximieren. Um ein solches Konzept zu erstellen, ist ein umfassender und praxistauglicher Ansatz erforderlich. Die umfassende Sichtweise auf das Lieferantenmanagement soll helfen, durch eine hohe Transparenz Fehler systematisch zu entdecken und diese Mithilfe geeigneter Managementmethoden zu eliminieren.

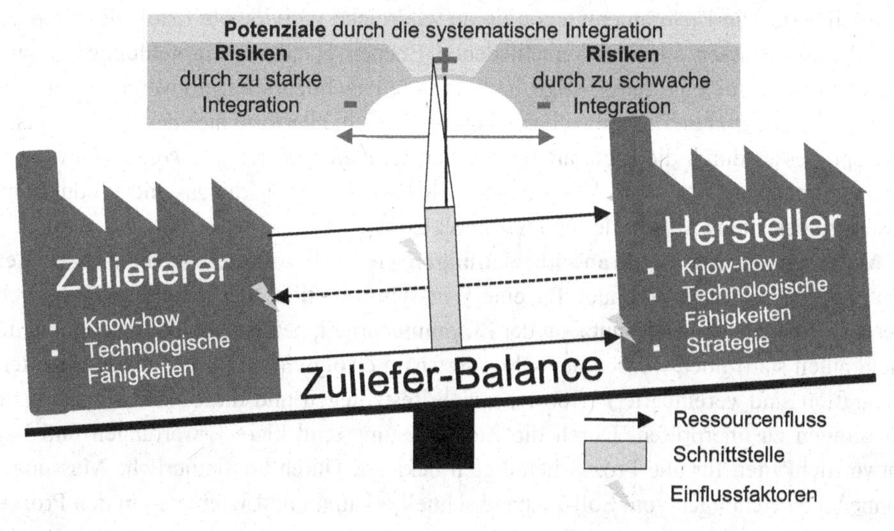

Abb. 4.11 Zielkonflikt zwischen Potenzialen und Risiken der Lieferantenintegration

Bereits 1997 wurde von Ragatz et al. ein Modell für die Integration von Lieferanten aufgestellt (Ragatz et al. 1997). Ebenso leiteten auch Liker, Johnson und Wynstra Konzepte her, die sich mit Kooperationen zwischen Lieferanten und Herstellern im Rahmen der Produktentstehung auseinandersetzen (Wynstra et al. 2001; Johnsen 2009; Liker et al. 1996). Nahezu alle Modelle abstrahieren die Einflussfaktoren so stark, dass diese für einen Einsatz in der Praxis nichtmehr nutzbar sind und dadurch nur noch theoretische Relevanz besitzen. So stellt die Lieferantentypisierung nach Kamath et al. eine idealtypische Klassifizierung dar, die in der Realität zahlreichen zusätzlichen Faktoren unterliegt (Kamath et al. 1994). Kirst erkennt diese Realitätsverzerrung, geht aber mit Ausnahme seiner erwähnten Erkenntnis nicht weiter auf die Lücken dieses Konzeptes ein (Kirst 2008). Lediglich Wynstra et al. liefern eine ganzheitliche Betrachtung der Lieferantenintegration, in der sie sowohl strategische wie auch operative Ebenen der Konzeptgestaltung definieren.

Um den dargestellten Lücken in der Theorie entgegenzuwirken, werden im Folgenden konkrete Handlungsempfehlungen gegeben, mit denen Unternehmen befähigt werden, eine effektive Lieferantenintegration in der jeweiligen Produktentstehung zu implementieren:

Eine gezielte und systematische Lieferantenintegration ermöglicht es, den ständigen Zielkonflikt zwischen Qualität, Kosten und Zeit auszuhebeln. Unabhängig von den aufgezeigten Potenzialen und Risiken sollte bei einer systematischen Lieferantenintegration zuvor eine eigene Umfeldanalyse stattfinden. Die vielseitigen Potenziale und Risiken haben gezeigt, dass die Lieferantenintegration innerhalb des Produktentstehungsprozesses stark unterschiedliche Ausprägungen besitzen und daher eine projekt- und unternehmensspezifische Einzelentscheidung vorzunehmen ist. Dabei lässt sich festhalten: Produktkomplexität generiert die organisatorische Komplexität! Je komplexer die Produkte sind, desto mehr Einflussfaktoren wirken auf die Produktentstehung und auf die effiziente und effektive Integration der Lieferanten.

Auch wenn die Lieferantenintegration an zahlreiche individuelle Erfolgsfaktoren geknüpft ist, so lassen sich auf verschiedenen Ebenen Handlungsempfehlungen zusammenfassen, die für eine langfristige und erfolgreiche Integration notwendig sind (vgl. Abb. 4.12). Die drei Säulen sollen dabei unterstützen, die Performance des Produktentstehungsprozesses durch die Lieferanteintegration *schneller, besser und kostengünstiger* in Bezug zum Time-to-Market, der Produktqualität sowie Entwicklungs- und Produktionskosten zu gestalten (Appelfeller und Buchholz 2011).

Management der Lieferantenbeziehungen Generell sollte ein gemeinsames Lernen und gegenseitiges Vertrauen für eine Win-Win-Situation aller beteiligten angestrebt werden. Eine einseitige Ausnutzung der Zusammenarbeit, bei denen eine Ausbeutung der Lieferanten stattfindet, werden nur sehr kurzfristig erfolgreich sein. Für die Lieferantenintegration sind vereinbarte Performanceziele festzulegen und diese durch fortlaufende Messungen zu überprüfen. Durch die Zielfestlegung sind klare Erwartungen und Verantwortlichkeiten für alle Prozessbeteiligten bekannt. Durch kontinuierliche Messungen können Abweichungen vom Soll-Zustand schnell erkannt und Lieferanten in den Prozess eingebunden werden.

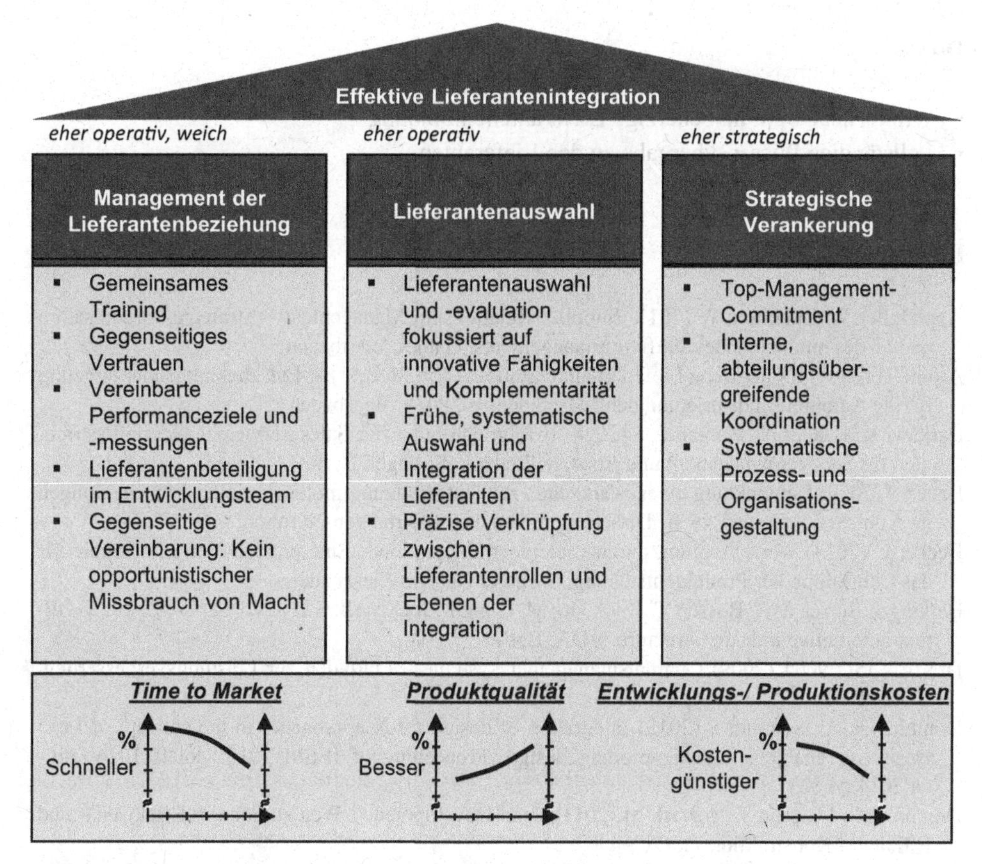

Abb. 4.12 Handlungsempfehlungen der Lieferantenintegration

Lieferantenauswahl Bei der Lieferantenauswahl sind die innovativen Fähigkeiten der Zulieferer in den Fokus des Auswahlprozesses zu stellen sowie diese frühzeitig und systematisch zu integrieren.

Strategische Verankerung Für die Lieferantenintegration ist eine organisationale Verankerung des Lieferantenmanagements unausweichlich. Unabhängig von der konkreten Ausgestaltung ist es notwendig, dass der Entschluss für eine gezielte und systematische Lieferantenintegration von der obersten Leitung festgelegt wird. Ebenso sollte das Top-Management die Gestaltung der internen und abteilungsübergreifenden Kommunikation festlegen und dieses mit seinen Mitarbeitern kommunizieren.

Do's

- Strategische Verankerung der Lieferantenintegration
- Ganzheitliche Betrachtung (Transparenz durch Schnittstellendefinition)
- Integrationszeitpunkt analysieren, definieren und Reibungsverluste minimieren
- Enge und partnerschaftliche Zusammenarbeit

Don'ts

- Willkürliche bzw. halbeherzige Lieferanteneinbindung
- Vollständige Wissensübergabe an den Lieferanten

Literatur

Appelfeller W, Buchholz W (2011) Supplier Relationship Management – Strategie, Organisation und IT des modernen Beschaffungsmanagements. Gabler, Wiesbaden

Arnold B (2004) Strategische Lieferantenintegration – Ein Modell zur Entscheidungsunterstützung für die Automobilindustrie und den Maschinenbau. DUV, Wiesbaden

Barkawi K, Baader A, Montanus S (2006) Erfolgreich mit After Sales Services – Geschäftsstrategien für Servicemanagement und Ersatzteillogistik. Springer, Berlin

Bauer S (2009) Entwicklung eines Werkzeugs zur Unterstützung multikriterieller Entscheidungen im Kontext des Design for X. Dissertation, Universität Erlangen-Nürnberg

Becker U (2014) Wertschöpfung durch Lieferantenintegration – Eine praxisbasierte Fallstudie für das Controlling der Produktentstehung. Springer Gabler, Wiesebaden

Berking J, Borrek MA, Bossert T, Duckwitz M, Gong L, Juckenack S et al (2012) FAST 2025 – future automotive industry structure. VDA, Berlin

DIN EN ISO 9004 (2009) Qualitätsmanagementsysteme – Leitfaden zur Leistungsverbesserung. Beuth, Berlin

Dombrowski U, Schmidt S (2013) Integration of design for X approaches in the concept of Lean Design to enable a holistic product design. Proceeding of IEEM 2013. doi:10.1016/j.procir.2014.06.023

Dombrowski U, Zahn T, Nowark M (2011) Lean Development – Weg zu höherer Effektivität und Effizienz? Konstruktion 11/12:2–4

Dombrowski U, Schmidt S, Schmidtchen K (2014) Analysis and integration of Design for X approaches in Lean Design as basis for a lifecycle optimized product design. In: Terje K Lien (Hrsg) Procedia 21st CIRP LCE. doi:10.1016/j.procir.2014.06.023

Ehrlenspiel K, Meerkamm H (2013) Integrierte Produktentwicklung – Denkabläufe, Methodeneinsatz, Zusammenarbeit. Carl Hanser, München

Ehrlenspiel K, Kiewert A, Lindemann U, Mörtl M (2014) Kostengünstig Entwickeln und Konstruieren – Kostenmanagement bei der integrierten Produktentwicklung Springer, Berlin

Eigner M, Stelzer R (2009) Product Lifecycle Management – Ein Leitfaden für Product Development und Life Cycle Management. Springer, Berlin

Fiksel JR (2009) Design for environment – a guide to sustainable product development. McGraw-Hill, New York

Fiore C (2004) Accelerated product development – combining lean and six sigma for peak performance. Productivity Press, New York

Groher EJ (2003) Gestaltung der Integration von Lieferanten in den Produktentstehungsprozess. TCW, München

Grönen K (2010) Spiel mit kalibrierten Auditoren – Was nützen ISO/TS 16949-Audits Lieferanten und ihren Kunden? QZ – Qualität und Zuverlässigkeit 55(6):22–23

Handfield RB, Ragatz GL, Ptersen KJ, Monczka RM (1999) Involving suppliers in new product development. Calif Manage Rev 42(1):59–82

Herrmann C (2010) Ganzheitliches Life Cycle Management – Nachhaltigkeit und Lebenszyklusorientierung in Unternehmen. Springer, Berlin

Hofbauer G, Mashhour T, Fischer M (2012) Lieferantenmanagement – Die wertorientierte Gestaltung der Lieferbeziehung. Oldenbourg, München

Holt R, Barnes C (2009) Towards an integrated approach to „Design for X" – an agenda for decision-based DFX research. Springer, London

Hoppmann J, Rebentisch E, Dombrowski U, Zahn T (2011) A framework for organizing Lean product development. Eng Manage J 23(1):3–7. http://www.sustec.ethz.ch/content/dam/ethz/special-interest/mtec/sustainability-and-technology/PDFs/Hoppmann%20et%20al.%20-%20A%20Framework%20for%20Organizing%20Lean%20PD%20-%202011.pdf. Zugegriffen: 11. April 2015

Huthwaite B (2012) The lean design solution – a practical guide to streamlining product design and development. Institute for Lean Design, Mackinac Island

John S (2010) Integration von Lieferanten in die Produktentwicklung – Risiken und Risikomanagement in vertikalen Entwicklungskooperationen. Dr. Hut, München

Johnsen TE (2009) Supplier involvement in new product development and innovation – taking stock and looking to the future. J Purch Sup Manage 15(3):187–197. doi:10.1016/j.pursup.2009.03.008

Kamath RR, Liker JK (1994) A Second Look at Japanese Product Development. Harvard Bus Rev 72:154–170

Kirst P (2008) Lieferantenintegration im Produktentstehungsprozess – Entwicklungstendenzen von Zulieferer-Abnehmer-Beziehungen in der Automobilindustrie. In: Schuh G, Stölzle W, Straube F (Hrsg) Anlaufmanagement in der Automobilindustrie erfolgreich umsetzen – Ein Leitfaden für die Praxis. Springer, Berlin

Liker JK, Ettlie JE, Campbell JC (1995) Engineered in Japan – Japanese technology-management practices. Oxford University Press, New York

Liker JK, Kamath RR, Nazli Wasti S, Nagamachi M (1996) Supplier involvement in automotive component design – are there really large US Japan differences? Res Policy 25(1):59–89

Mascitelli R (2007) The Lean product development guidebook – everything your design team needs to improve efficiency and slash time-to-market. Technology Perspectives, Northridge

McGinnis MA, Vallopra RM (1999) Purchasing and supplier involvement in process improvement – a source of competitive advantage. J Supply Chain Manage 35(3):42–50

Mikkola JH, Larsen-Skjoett T (2003) Early supplier involvment – implications for new product development, outsourcing and supplier-buyer interdependance. Glob J Flexi Syst Manage 4(4):31–41

Ohno T (2013) Das Toyota-Produktionssystem. Campus, Frankfurt a. M.

Pahl G, Beitz W (1988) Engineering design – a systematic approach. Springer, London

Ragatz GL, Handfield RB, Scannell TV (1997) Success factors for integrating suppliers into new product development. J Prod Innov Manage 14(3):190–202. doi:10.1016/S0737-6782(97)00007-6

Schuh G, Ünlü V (2014) Ordnungsrahmen Einkaufsmanagement. In: Schuh G Einkaufsmanagement. Springer, Berlin, S 9–16

Töpfer A (2009) Lean Six Sigma – Erfolgreiche Kombination von Lean Management, Six Sigma und Design for Six Sigma. Springer, Berlin

Wagner SM, Hoegl M (2006) Involving suppliers in product development – insights from R&D directors and project managers. Ind Market Manage 35(8):936–943. doi:10.1016/j.indmarman.2005.10.009

Weber C (2007) Looking at DfX and product maturity form the perspective of a new approach to modelling product and product development processes. In: Krause FL (Hrsg) The future of product development. Proceedings of the 17th CIRP Design. Springer, Berlin, S 5–10

Womack JP, Jones DT (2004) Lean thinking – Ballast abwerfen, Unternehmensgewinne steigern. Campus, Frankfurt a. M.

Wynstra F, van Weele A, Weggemann M (2001) Managing supplier involvement in product development. Eur Manage J 19(2):157–167

Univ.-Prof. Dr.-Ing. Uwe Dombrowski 12-jähriger Tätigkeit in leitenden Positionen der Medizintechnik- und Automobilbranche erfolgte 2000 die Berufung zum Universitätsprofessor an die Technische Universität Braunschweig und die Ernennung zum Geschäftsführenden Leiter des Instituts für Fabrikbetriebslehre und Unternehmensforschung (IFU).

Stefan Schmidt begann 2012 als wissenschaftlicher Mitarbeiter in der Arbeitsgruppe Ganzheitliche Produktionssysteme am Institut für Fabrikbetriebslehre und Unternehmensforschung (IFU) der TU Braunschweig.

Alexander Karl begann 2015 als wissenschaftlicher Mitarbeiter in der Arbeitsgruppe Fabrikplanung und Arbeitswissenschaft am Institut für Fabrikbetriebslehre und Unternehmensforschung (IFU) der TU Braunschweig.

Kai Schmidtchen begann 2009 als wissenschaftlicher Mitarbeiter in der Arbeitsgruppe Ganzheitliche Produktionssysteme am Institut für Fabrikbetriebslehre und Unternehmensforschung (IFU) der TU Braunschweig.

Glossar

5S
5S ist eine Methode des Gestaltungsprinzips *Visuelles Management*. Ziel der 5S-Methode ist es, Sauberkeit und Ordnung am Arbeitsplatz zu schaffen und zu erhalten. Die Verantwortung dafür wird den einzelnen Mitarbeitern übertragen. Es werden systematisch die fünf Schritte Aussortieren (jap.: Seiri), Aufräumen (Seiton), Arbeitsplatz sauber halten (Seiso), Anordnung standardisieren (Seiketsu) und Selbstdisziplin (Shitsuke) durchlaufen, sodass ein standardisierter Arbeitsplatz geschaffen wird, der produktive und verschwendungsfreie Arbeit ermöglicht. In der Produktentstehung können so beispielsweise die IT- und EDV-Strukturen strukturiert und gesäubert werden, um Verschwendungen, wie z. B. Suchzeiten, zu reduzieren.

A3-Methode
Die A3-Methode ist dem Gestaltungsprinzip Kontinuierliche Verbesserung zugeordnet. Mit der A3-Methode sollen gemäß der VDI-Richtlinie 2870 durch strukturiertes Vorgehen schnell und effizient Problemlösungen gefunden werden. Dafür wird auf einem DIN-A3-Blatt eine Problemanalyse durchgeführt und Lösungsstrategien entwickelt. Diese Dokumentation ermöglicht eine strukturierte Kommunikation und Diskussion des Problems und dessen Lösung. Die A3-Methode lässt sich somit der ersten Phase des PDCA, der Planung, zuordnen, indem alle Planungsaktivitäten systematisch dokumentiert werden. Für die folgenden beiden Phasen stellt diese Dokumentation die Grundlage zur Umsetzung und Ergebniskontrolle der Verbesserungsaktivität dar. Es existieren fünf Ausprägungsformen der A3-Methode: Wissensdarstellung, Problemlösung, Statusbericht, Dokumentationsersatz und Vorschlagsreport.

U. Dombrowski (Hrsg.), *Lean Development*, DOI 10.1007/978-3-662-47421-1

Andon

Andon (jap. für Leuchtlaterne) ist eine Methode des Gestaltungsprinzips *Visuelles Management*. Zweck dieser Methode ist laut VDI-Richtlinie 2870 die „Visualisierung von Status oder Störungen in einem festgelegten Fertigungsbereich", sodass alle Mitarbeiter eines Bereichs über auftretende Abweichungen im Prozess informiert werden. Sie umfasst eine für jeden Mitarbeiter sichtbare Darstellung von Ist- und Sollwerten auf einem *Andon-Board*. Darüber hinaus umfasst diese Methode häufig ein Reißleinenkonzept, bei dem eine Reißleine vom Mitarbeiter gezogen wird, um bei einem Problem Unterstützung anzufordern bzw. das Band anzuhalten.

Andon-Board

Das Andon-Board bzw. die Andon-Tafel ist ein Werkzeug, das der *Andon*-Methode zugeordnet wird. Es weist Ist- und Sollwerte eines Fertigungsbereichs aus. Diese meist elektronischen Bildschirme verwenden zur Statusanzeige Lichtsignale mit den Farben grün, gelb und rot. An den Arbeitsstationen werden so Probleme direkt angezeigt, um sie dann schnellst möglich zu lösen.

Anforderungsmanagement

Siehe *Requirements Engineering*

Arbeitsstandards

Arbeitsstandards sind Methoden des Gestaltungsprinzips *Standardisierung*. Sie spezifizieren die Art und Weise der Durchführung für einen Unternehmensprozess und somit den Soll-Prozess als Ziel-Zustand. Ein Standard stabilisiert Prozesse bzw. Prozesszustände und harmonisiert Arbeitsabläufe.

Benchmarking

Benchmarking ist eine Methode des Gestaltungsprinzips *Kontinuierliche Verbesserung*. In dieser Methode werden die Prozesse von verschiedenen Unternehmen oder Unternehmensbereichen miteinander verglichen. Dazu können eine große Anzahl an Kennzahlen sowie ganze Prozesse oder Funktionen verglichen werden. Durch den Vergleich kann die *Best-Practice* ermittelt und Verbesserungspotenziale der eigenen Prozesse aufgedeckt werden. Den Benchmark stellt dabei der Marktführer im Produktsegment dar.

Best-Practice Sharing

Best-Practice Sharing ist eine Methode des Gestaltungsprinzips *Kontinuierlicher Verbesserungsprozess* und stellt die breite Verteilung der bestmöglich bekannten Durchführung einer Methode oder eines Prozesses innerhalb einer Organisation dar. Damit stellen Best-Practices eine Art unverbindlichen Standard für komplexe Prozesse dar, wie Sie in Projekten im Rahmen der Produktentstehung vorzufinden sind.

Cardboard Engineering
Cardboard Engineering ist eine Methode des Gestaltungsprinzips *Null-Fehler-Prinzip*. Mit Hilfe der Methode des Cardboard Engineering werden laut der VDI-Richtlinie 2870 Arbeitsplätze aus einfachen, leicht verfügbaren und günstigen Materialen wie beispielsweise Pappe (engl.: cardboard), Schaumstoff, Holz, Kunststoff oder Rohr-Verbinder-Systeme nachgebaut und die Abläufe, Tätigkeiten oder Anordnungen der Maschinen, Werkzeuge und Materialien physisch simuliert. Hierdurch werden effiziente Prozesse bereits in den frühen Phasen des Produktentstehungsprozesses abgesichert, womit Fehler in den Fertigungsprozessen und deren kostenintensive Behebung vermieden werden können. Durch den Einsatz flexibler Materialien ist es bereits früh im Planungsprozess möglich, Abläufe mit den Mitarbeitern zu überprüfen, anzupassen und einzuüben.

Coaching
Das Coaching gehört zum Gestaltungsprinzip *Mitarbeiterorientierung und zielorientierte Führung*. Das Coaching dient dem Anlernen der Mitarbeiter in der Problemlösung und beruht auf persönlichem Training und individueller Hilfe durch die Führungskraft. Im Rahmen des KVP soll der Problemlösungsprozess anhand gezielter Fragen vom Coach gelenkt werden, um die Mitarbeiter zur eigenständigen Verbesserung ihrer Prozesse zu befähigen. Diesem Prozess kommt eine besondere Bedeutung im Lernprozess von Mitarbeitern zu, da dieser oft aus der Weitergabe von implizitem Wissen besteht.

Einführung eines Kennzahlensystems
Die Einführung eines Kennzahlensystems ist eine Methode des Gestaltungsprinzips *Standardisierung*. Kennzahlen (Key Performance Indicators) dienen zum Abbilden der Leistung in einem bestimmten Bereich oder des gesamten Unternehmens und ermöglichen die Identifikation von Stärken, Schwächen, derzeitigen Situationen und Entwicklungen. Die Ermittlung von Kennzahlen ist somit eine wichtige Voraussetzung für das Messen, Überwachen und Steuern von Prozessen und Projekten.

Einführung von Kompetenzzentren
Die Einführung von Kompetenzzentren ist dem Gestaltungsprinzip *Fließ- und Pull-Prinzip* zugeordnet. Kompetenzzentren (engl.: Center of Competence, functional departments) stellen eine Form der organisatorischen Bündelung von Fachwissen, Verantwortlichkeiten, Zuständigkeiten und Befugnissen in zeitlicher und inhaltlicher Form dar. Organisatorisch sind Kompetenzzentren i. d. R. in Form von Profit Centern oder eines Profit Centers gestaltet. Profit Center stellen dabei organisatorisch ausgegliederte Unternehmensteile dar, die einer eigenen Gewinn- und Verlustermittlung unterliegen und somit mit ihrem Erfolg bzw. Misserfolg nahezu losgelöst vom Unternehmen agieren.

Eskalationsvorgaben
Siehe *Andon*

Fehler- und No-Blame-Kultur

Die Fehler- und No-Blame-Kultur ist eine Methode des Gestaltungsprinzips *Mitarbeiterorientierung und zielorientierte Führung*. In der No-Blame-Kultur werden Fehler offen aufgenommen und als Möglichkeit zum Lernen und Verbessern genutzt. Das heißt, dass die Unternehmenskultur im Gegensatz zu Schuldzuweisungen und Sanktionierungen auf Lernerfahrungen und Wachstum ausgerichtet ist. Folglich stellt diese Art der Selbstreflexion (jap.: Hansei) die Grundlage für das wahre *Kaizen* dar.

Fließ- und Pull-Prinzip

Das Fließ- und Pull-Prinzip ist ein Gestaltungsprinzip vom *Lean Development* mit den Methoden *Prozesssynchronisation, Prozessorientierte Projektorganisation, Einführung von Kompetenzzentren, Regelkommunikation, Scrum, Simultaneous Engineering, Lieferantenintegration, Request for Design and Development Proposal sowie Systematische Lieferantenauswahl*. Das Fließ- und Pull-Prinzip verfolgt die Generierung eines schnellen, durchgängigen und turbulenzarmen Flusses von Materialien und Informationen über die gesamte Wertschöpfungskette.

Frontloading

Das Frontloading gilt als eines der zentralen Lean Development Gestaltungsprinzipien neben den Methoden Set-Based Engineering, Sortimentsoptimierung, Target Costing, Lebenszyklusplanungen, Kentou sowie Quality Function Deployment (QFD). Durch die vorausschauende und umfangreiche Planung in einem sehr frühen Stadium zielt Frontloading auf die Vermeidung von Verschwendung. Insbesondere werden Fehler und Nacharbeit bzw. Änderungen durch das Frontloading vermieden. Dabei werden nicht ausschließlich die Prozesse in der Produktentstehung beeinflusst, sondern vielmehr der gesamte Produktlebenszyklus. Durch die Einbindung der nachgelagerten Prozesse werden frühzeitig die spezifischen Anforderungen der verschiedenen Interessensparteien (z. B. Fertigung oder Service) berücksichtigt und somit die Verschwendung in diesen Phasen vermieden. Durch das Frontloading werden die Voraussetzungen für einen robusten und störungsfreien Prozess geschaffen. Diese Störungsfreiheit bildet zugleich eine wesentliche Voraussetzung für die Umsetzung des Gestaltungsprinzips Fließ- und Pull.

Ganzheitliches Produktionssystem (GPS)

Nach der VDI-Richtlinie 2870 ist ein Ganzheitliches Produktionssystem ein „unternehmensspezifisches, methodisches Regelwerk zur umfassenden und durchgängigen Gestaltung der Unternehmensprozesse".

Go-to-Gemba

Go-to-Gemba ist eine Methode des Gestaltungsprinzips *Visuelles Management*. Hierbei werden alle Mitarbeiter dazu angehalten an den Ort des Geschehens (japanisch: Gemba) bzw. des Problems zu gehen und sich ein eigenes Bild von der Situation zu verschaffen (außerdem (jap.) anpassen, s.o. Nur so können Verschwendung und wertschöpfende

Tätigkeiten unmittelbar im Prozess beobachtet werden. Ein wesentlicher Bestandteil der Methode ist es den operativen Mitarbeiter, mit seinem Expertenwissen, bei der Problemlösung mit einzubeziehen.

Hansei-Events
Hansei-Events gehört zum Gestaltungsprinzip *Kontinuierlicher Verbesserungsprozess*. Hansei ist japanisch und bedeutet Selbstreflexion. Bei einem solchen Event treffen verschiedene Mitarbeiter aufeinander und diskutieren über aktuelle oder kürzlich beendete Projekte. Bei diesen Veranstaltungen werden entwickeltes Wissen, Stärken und Schwächen analysiert, um daraus für zukünftige Projekte Vorgehensweisen, Lösungswege und Prinzipien abzuleiten. Zielgruppen sind dabei sowohl Projektbeteiligte als auch Mitglieder des operativen und taktischen Managements. Vorteile bei der Anwendung dieser Methode ergeben sich durch kollektive Lerneffekte sowie einer mitarbeiterorientierten Fehlerkultur. Bei kontinuierlicher Anwendung kann die Effektivität und Effizienz in zukünftigen Projekten gesteigert werden.

Hoshin Kanri
„Hoshin" bedeutet Kompassnadel und „Kanri" heißt Management bzw. Steuerung. Hoshin Kanri ist folglich ein Planungssystem, das die Vision und die Werte des Unternehmens mit der täglichen Arbeit verbindet und so alle Ebenen an den Unternehmenszielen ausrichtet. Dabei stehen nicht die Werkzeuge im Vordergrund, sondern die Entwicklung der (Führungs-) Fähigkeiten, um die Unternehmensstrategie umzusetzen. Eine systematische top-down sowie bottom-up Kommunikation gewährleistet Input aus allen Ebenen während des Planungsprozesses. Darüber hinaus stellt eine cross-funktionale Abstimmung sicher, dass keine Zielkonflikte entstehen.

Ideenmanagement
Das Ideenmanagement ist eine Methode des Gestaltungsprinzips *Kontinuierliche Verbesserung*. Mit dieser Methode sollen laut VDI-Richtlinie 2870 Ideen und Vorschläge der Mitarbeiter verwaltet und gelenkt werden, um Verschwendung zu vermeiden. Hierzu werden Ideen zur Verbesserung generiert, gesammelt und ausgewählt. Es stellt damit eine Weiterentwicklung des *betrieblichen Vorschlagswesens* dar, da dieses durch den *Kontinuierlichen Verbesserungsprozess* um eine gelenkte Ideenfindung ergänzt wird, damit Ideen der operativen Mitarbeiter stärker berücksichtigt werden. In vielen Unternehmen wird ein Ideenmanagement im Intranet umgesetzt und ein Ideenmanager benannt, welcher die Ideen und Vorschläge zentral koordiniert und an die passenden Entscheidungsträger weitergibt.

Kaizen
Siehe *Kontinuierlicher Verbesserungsprozess*.

Kentou

Kentou ist eine Methode des Gestaltungsprinzips *Frontloading*. Bei der Kentou-Phase handelt es sich um eine Konzept-Phase, die der eigentlichen Produktentwicklung vorangestellt wird. Das Projekt wird vorgeplant, um Verschwendung und Kosten durch ungeplante Änderungen und Probleme im späteren Projektverlauf zu vermeiden. Hierzu wird zunächst eine Liste von Anforderungen erstellt, die das Produkt erfüllen muss, um sich von Konkurrenzprodukten abheben zu können. Im Anschluss folgt eine intensive Diskussion zwischen Vertretern aller beteiligten Abteilungen, in der zunächst die Entwicklung und Formulierung verschiedenster Ideen im Mittelpunkt stehen. Anschließend werden die festgehaltenen Ideen in regelmäßigen Meetings bewertet, wobei auch hier eine enge Zusammenarbeit zwischen den verschiedenen Abteilungen erforderlich ist. Zur weiteren Planung werden zusätzlich verschiedene Methoden, wie *Target Costing, Lebenszyklusplanung* oder *Go-to-Gemba* angewendet und im Sinne des *Set-Based Engineering* verschiedene denkbare Lösungen vorangetrieben. Das Ende der Kentou-Phase stellt die Entscheidung über die Durchführung eines Projektes dar.

Kontinuierlicher Verbesserungsprozess (KVP)

Der KVP stellt ein Gestaltungsprinzip dar. Der KVP ist auch unter den Bezeichnungen Continuous Improvement Process (CIP) oder Kaizen bekannt. Der KVP baut darauf auf, dass die Mitarbeiter die aktuellen Prozesse und Arbeitsroutinen immer wieder in Frage stellen. Nur durch dieses Streben nach Perfektion entsteht die Möglichkeit in kleinen Schritten besser zu werden und Verschwendungen in Prozessen zu identifizieren sowie zu eliminieren. Da das Gestaltungsprinzip des KVP einen interdisziplinären Charakter aufweist, kann es in allen Unternehmensprozessen zum Einsatz kommen und ist somit auch auf die Produktentstehung übertragbar. Der KVP beinhaltet allgemeingültige Methoden, wie den *PDCA, das Ideenmanagement oder das Benchmarking* und Methoden die auf spezifische Rahmenbedingungen und Herausforderungen des Produktentstehungsprozesses abgestimmt sind. Dazu gehören *Hansei-Events, Best-Practice Sharing, PEP-Wikis oder Trade-off Kurven.*

Lean Development

Lean Development beschreibt ein unternehmensspezifisches, methodisches Regelwerk zur umfassenden und durchgängigen Gestaltung der Unternehmensprozesse. Dabei umfasst der Geltungsbereich, im Gegensatz zu GPS, den gesamten Produktentstehungsprozess (Produktplanung, Entwicklung und Arbeitsvorbereitung) sowie die dazugehörigen Querschnittsfunktionen (Lieferantenmanagement, Projektmanagement sowie Wissensmanagement).

Lean Leadership

Lean Leadership beschreibt ein methodisches Regelwerk zur nachhaltigen Implementierung und kontinuierlichen Weiterentwicklung von GPS auf operativer Ebene, welches das gemeinsame Streben nach Perfektion von Mitarbeitern und Führungskräften unterstützt.

Lean Management
Lean Management ist ein Sammelbegriff für verschiedene Lean-Ansätze und ist nicht auf die Produktion begrenzt.

Lean Production
Lean Production beschreibt im Gegensatz zur „buffered Production" eine Produktion mit geringer Verschwendung. Während in der „buffered Production" Verschwendung (bspw. in Form von Beständen und Überkapazitäten) genutzt wird, um Probleme abzupuffern, kommt die Lean Production mit geringen Beständen aus, da Probleme vor Ort gelöst und die Ursachen langfristig vermieden werden. Der Begriff wurde im Rahmen der IMVP-Studie des MIT geprägt und ist Ausgangspunkt diverser Lean-Ansätze.

Lean Service beschreibt ein auf den Kundenwunsch ausgerichtetes, unternehmensspezifisches, methodisches Regelwerk zur umfassenden und durchgängigen Gestaltung der Serviceprozesse, mit den Zielen, Verschwendung zu vermeiden und ein kontinuierliches Streben nach Perfektion im Service zu etablieren.

Lean Thinking beschreibt die Denkweise, mit der die Unternehmensprozesse nach dem Lean-Ansatz gestaltet werden sollen. Nach Womack und Jones umfasst es die fünf Grundprinzipien Wert, Wertstrom, Flow, Pull und Perfektion.

Lebenszyklusplanung
Lebenszyklusplanung ist eine Methode des Gestaltungsprinzips *Frontloading*. Bei der Lebenszyklusplanung werden die Absatzzahlen und Produktionsmengen über den gesamten Produktlebenszyklus geschätzt. Zusätzlich wird die Entwicklung verschiedener Derivate auf Basis der zu Verfügung stehenden Plattformen geplant. Die Lebenszyklusplanung ist dabei eine wichtige Methode, um eine langfristige, kontinuierliche Erneuerung der Produktpalette und die Gewinnung neuer Kunden zu realisieren.

Lessons Learned
Lessons Learned sind dokumentierte Erkenntnisse, die im Unternehmen bspw. bei der Durchführung von Projekten oder Prozessverbesserungen gewonnen wurden. Durch die Dokumentation und Verbreitung im Unternehmen stehen diese Erfahrungen bei künftigen Problemen zur Verfügung und können zur Lösung angewendet werden.

Lieferanten-KVP
Der Lieferanten-KVP gehört zum Gestaltungsprinzip *Kontinuierlicher Verbesserungsprozess* und beschreibt die Lieferantenförderung durch die Einbeziehung der Lieferanten in den Produktentstehungsprozess. Generell kann hierbei zwischen einer reaktiven und einer aktiven Lieferantenförderung unterschieden werden. Die reaktive Lieferantenförderung beschreibt die meist temporäre Unterstützung eines Lieferanten durch den Abnehmer, z. B. durch eine Task Force. Diese reaktive Form der Lieferantenförderung stellt eine adäquate Maßnahme zur Lösung akuter Probleme dar und setzt eine offene, vertrauensvolle Zusammenarbeit sowie die Bereitschaft einer hohen Prozesstransparenz voraus. Die

aktive Lieferantenförderung setzt auf eine präventive Vermeidung und kontinuierliche Prozessverbesserung der Lieferanten. Durch Partizipation des Lieferanten im Produktentstehungsprozess des Abnehmers kann er von dessen Know-How profitieren.

Lieferantenintegration

Lieferantenintegration ist eine Methode des Gestaltungsprinzips *Fließ- und Pull-Prinzip*. Unter Lieferantenintegration wird die systematische und zielgerichtete Kombination der Fähigkeiten und Ressourcen eines Unternehmens mit denen seiner Zulieferer verstanden. Ziel ist, auf Basis dieser Kombination und gemeinsamer Aktivitäten in den jeweiligen Geschäftsprozessen einen sicheren und nachhaltigen Wettbewerbsvorteil zu erzielen.

Market Pull

Dem Market Pull liegt der Gedanke eine bestehende Kundenanforderung zur Neuentwicklung oder Modifizierung eines Produktes oder einer Dienstleistung zu nutzen zugrunde. Es liegt somit ein geringes technologisches Risiko und Marktrisiko vor. Im Gegensatz dazu agiert das Unternehmen beim *Technology Push* aus Eigeninitiative heraus.

Mentoring

Mentoring ist einer Methode des Gestaltungsprinzips *Mitarbeiterorientierung und zielorientierte Führung*. Unter Mentoring werden Maßnahmen und Verhaltensweisen verstanden, welche die selbstverantwortliche Entwicklung einer anderen Person unterstützen sollen, um bessere Leistung zu erbringen bzw. ihr Potential zu entwickeln. Der Mentor soll dem Mentee bei fachlichen, wie auch nicht fachlichen Fragen helfen und ihm zur Seite stehen, aber erst unterstützen, wenn dieser die Hilfe bei der Bearbeitung von anspruchsvollen Aufgaben wirklich benötigt.

Mitarbeiterorientierung und zielorientierte Führung

Mitarbeiterorientierung und zielorientierte Führung ist ein Gestaltungsprinzip. Ziel ist es, eine Kultur der Verschwendungsvermeidung und kontinuierlichen Verbesserung unter Führungskräften und Mitarbeitern zu fördern. Die Methoden und Werkzeuge im Gestaltungsprinzip Mitarbeiterorientierung und zielorientierte Führung sollen den Mitarbeitern und Führungskräften helfen, die Mitarbeiter zu qualifizieren die Prozesse selbstständig zu verbessern. Die Prozesse gilt es zu verbessern, um den Zeitraum bis zum SOP zu verkürzen und ein Produkt mit einem hohen Kundenwert zu erzeugen. Zu den Methoden gehören *Mentoring, Hoshin Kanri, Coaching, Qualifizierungsplanung, Spezialistenkarriere* sowie *Fehler-* und *No-Blame-Kultur*.

Muda

Muda (jap.: für Verschwendung) umfasst alle Aktivitäten, die keine *Wertschöpfung* beinhalten und demnach Verschwendung darstellen. Es werden im Allgemeinen verschiedene Arten von Verschwendung unterschieden. Muda wird ergänzt durch die ebenso zu vermeidende Überlastung (*Muri*) und Unausgeglichenheit (*Mura*).

Mura

Mura (jap.: für Unausgeglichenheit) bezeichnet solche Verluste, die durch ungleichmäßige Kapazitätsauslastung entstehen, wodurch Warteschlangen oder Maschinenleerzeiten hervorgerufen werden können.

Muri

Muri (jap.: für Überlastung) bezeichnet solche Verluste, die dadurch entstehen, dass Mitarbeiter oder Maschinen überlastet sind, wodurch Fehler oder Qualitätseinbußen hervorgerufen werden können.

Null-Fehler-Prinzip

Das Null-Fehler-Prinzip ist ein Gestaltungsprinzip und zielt in der Fertigung auf den hohen Qualitätsanspruch ab, mit dem die Produkte an die nachfolgenden Arbeitsstationen weitergegeben werden. Eine fehlerfreie Produktion ohne Nacharbeit oder Ausschuss ist dabei das zentrale Ziel. Um dieses zu verfolgen, beinhaltet das Gestaltungsprinzip mehrere Methoden und Werkzeuge zur systematischen Identifikation und Behebung von Fehlern. Zu den Methoden gehören *Requirements Engineering, Quality Gates, Eskalationsvorgaben, Rapid Prototyping, Cardboard Engineering* und *Systematische Fehlerbehebung.*

Obeya

Obeya ist eine Methode des Gestaltungsprinzips *Visuelles Management*. Der Obeya (jap.: großer Raum) ist ein Projektraum, der für ein einzelnes Projekt (und nur für dieses) reserviert ist. In diesem Raum sind die Ziele, Erkenntnisse, aktuelle Aktivitäten und geplante Maßnahmen des Projektes visualisiert. Der Obeya kann sowohl Arbeits- wie Besprechungsraum für die Mitglieder (temporär interdisziplinär zusammengesetzt) des Projektes sein und führt so zu schneller Kommunikation und kürzesten Entscheidungswegen.

PDCA-Regelkreis

Der PDCA-Regelkreis (auch Deming-Kreis) ist eine Methode des Gestaltungsprinzips *Kontinuierliche Verbesserung*, die auf William Edwards Deming zurückgeht. Ziel dieses iterativen vierphasigen Problemlösungskreislaufs ist die fortschreitende Verbesserung von Prozessen im Sinne des *KVP*. Die Phasen Plan, Do, Check und Act werden wiederholt durchlaufen, um einen Prozess kontinuierlich zu verbessern. In der Phase Plan wird das Problem beschrieben und Lösungshypothesen aufgestellt; in der Phase Do werden die geplanten Aktivitäten durchgeführt, um deren Wirkung in der Phase Check zu überprüfen und bei positiver Bewertung in der Phase Act neue Standards zu definieren, sodass eine nachhaltige Verbesserung erzielt wird.

PEP-spezifisches Lieferantenranking

Das PEP-spezifische Lieferantenranking ist eine Methode des Gestaltungsprinzips *Kontinuierlicher Verbesserungsprozess*. Im Rahmen des KVP steht der Aufbau einer langfristigen Zusammenarbeit mit den Lieferanten im Fokus. Das PEP-spezifische Lieferantenranking dient dazu, die Kooperationsbereitschaft und die Entwicklungskompetenz bei der Auswahl von Lieferanten im stärkeren Maße, neben Auswahlkriterien wie Preis und Qualität, zu berücksichtigen. Hierdurch entsteht eine Win-Win-Situation für beide Seiten. Zum einen wird es dem Abnehmer erlaubt, Entwicklungsaufgaben an die Lieferanten auszugliedern und somit die eigenen Kernkompetenzen stärker zu fokussieren. Zum anderen wird es durch eine intensive Zusammenarbeit dem Lieferanten möglich, eine langfristige strategische Planung von Kapazitäten vorzunehmen und am Know-How des Abnehmers zu partizipieren. Werden Verbesserungen seitens des Lieferanten generiert, können diese angemessen an den Abnehmer weitergeben werden, sodass beide Seiten von der Kooperation profitieren.

PEP-Wiki
Das PEP-Wiki ist eine Methode des Gestaltungsprinzips *Kontinuierlicher Verbesserungsprozess*. Als PEP-Wiki werden unternehmensinterne Intranet-Plattformen nach dem Wikipedia-Prinzip bezeichnet. Hierbei handelt es sich um ein zentrales Speicherverzeichnis, zu welchem die Mitarbeiter eines Unternehmens Zugang haben und dort Informationen speichern, zur Verfügung stellen und kontinuierlich aktualisieren können. Somit erlaubt es das PEP-Wiki, das kollektive Wissen des Unternehmens im Rahmen eines dezentralen Prozesses zusammenführen zu können. Auf dieser Grundlage können Mitarbeiter eines Unternehmens bisheriges Wissen aus dem Wiki für zukünftige Projekte im Rahmen von Produktentwicklungsprozessen erneut nutzen. Damit stellt das PEP-Wiki eine konkrete Realisierungsmöglichkeit des *Best-Practice Sharing* dar.

Poka Yoke
Poka (jap.: für Fehler) Yoke (jap.: für Vermeidung) ist eine Methode des Gestaltungsprinzips *Null-Fehler-Prinzip*. Mit dieser Methode sollen Fehler in der Fertigung präventiv verhindert werden. Technische Vorkehrungen hindern den Mitarbeiter daran, Fehlhandlungen durch Unachtsamkeit zu begehen; z. B. werden Einbauteile so konstruiert, dass ein Falscheinbau durch teilespezifische Konturen verhindert wird.

Projektkategorisierung
Projektkategorisierung ist eine Methode des Gestaltungsprinzips *Standardisierung*. Eine durchdachte und einheitliche Projektkategorisierung ermöglicht die Sammlung und Auswertung von Informationen und Erfahrungswerten, die für Projekte einer Kategorie gelten. Auf Basis einer Projektkategorisierung kann im Anschluss eine Ressourcenverteilung und Priorisierung erfolgen.

Projekt-Portfolio-Monitoring
Das Projekt-Portfolio Mapping gehört zum Gestaltungsprinzip *Visuelles Management*. Projekt-Portfolio Mapping wird zur grafischen Darstellung einer Balance von mehreren Projekt-Portfolios verwendet. Dies dient dazu, das Verhalten der Projekte unter Betrachtung verschiedener Kriterien oder Dimensionen sichtbar zu machen.

Prozesskostenrechnung
Siehe *Target Costing*

Prozessorientierte Projektorganisation
Die prozessorientierte Projektorganisation gehört zum Gestaltungsprinzips *Fließ- und Pull* und zeichnet sich durch ein Projektteam aus, das unterschiedlichste Qualifikationen und Fähigkeiten besitzt. Die Qualifikationen und damit auch die Teamzusammensetzung werden je nach Projektanforderungen zusammengestellt. Aufgrund dieser Zusammensetzung wird eine effiziente Kommunikation zwischen Mitarbeitern unterschiedlicher Fachgebiete erreicht. Diese Art der Zusammenarbeit ermöglicht es, Projekte schneller und kostengünstiger abzuschließen, als das bei der klassischen Zusammenarbeit der Fall ist.

Prozessstandardisierung
Prozessstandardisierung ist eine Methode des Gestaltungsprinzips *Standardisierung*, deren Ziel es ist, definierte Standards für Abläufe festzulegen, um Abweichungen schneller zu erkennen, unerwünschte Handlungen zu vermeiden und stabile Prozesse zu etablieren. Prozessstandards dienen dem operativen, taktischen und strategischen Management und besitzen unterschiedliche, Ebenen abhängige, Detaillierungsgrade.

Prozesssynchronisation
Prozesssynchronisation gehört zum Gestaltungsprinzip *Fließ- und Pull* und ist eine wesentliche Voraussetzung für dessen Umsetzung in der Produktentstehung. Dabei bezeichnet die Synchronisation das zeitliche aufeinander Abstimmen von Vorgängen mit dem Ziel, Verschwendung in den Prozessen zu vermeiden. Synchronisation sorgt dafür, dass Aktionen gleichzeitig bzw. in einer bestimmten Reihenfolge ablaufen. Die Prozesssynchronisation bezieht sich nicht nur auf direkt wertschöpfende Bereiche. Um eine Entwicklung im Kundentakt zu ermöglichen, muss der Fluss so geplant werden, dass er sich an der längsten unteilbaren Taktzeit im Prozess orientiert. Grundlage der Prozesssynchronisation ist die ausführliche Analyse des gesamten Produktentstehungsprozesses. Hierzu kann bspw. die Methode Wertstromanalyse und -design herangezogen werden.

Qualifizierungsplanung
Qualifizierungsplanung ist eine Methode des Gestaltungsprinzips *Mitarbeiterorientierung und zielorientierte Führung* und beinhaltet ein systematisches Vorgehen zur Qualifizierung der Mitarbeiter und Führungskräfte mit dem Ziel der Implementierung einer Lean-Kultur. Diese Methode enthält unter anderem Werkzeuge der Mitarbeiterentwicklung. Zu den wichtigsten zählen die Aufgabenbeschreibung sowie das Mitarbeiter-Qualifikations-Profil. Ein Beispiel für letzteres ist die Qualifizierungsmatrix, die dazu dient die Kenntnisse der einzelnen Mitarbeiter über die verschiedenen Aufgaben und Prozesse zu visualisieren.

Quality Function Deployment

Beim Quality Function Deployment (QFD) wird eine kundenorientierte Vorgehensweise in der Produktentstehung verfolgt. Die Methode unterstützt den Produktentstehungsprozess im Hinblick auf die systematische Identifikation von Kundenwünschen und -bedürfnissen und deren Übertragung in Produktanforderungen und Produktspezifikationen. Beim QFD werden die Kundenbedürfnisse anhand des Kundennutzens einer Produktanforderung identifiziert, um so die Bedürfnisse herauszufiltern, die kundenseitig am stärksten honoriert werden.

Quality Gates

Quality Gates ist eine Methode des Gestaltungsprinzip *Null-Fehler*. Es handelt sich um Entscheidungspunkte in einem Produktentwicklungsprojekt, an denen anhand vorher definierter Erfüllungskriterien über die Freigabe der nächsten Projektphase entschieden wird. Sie haben sowohl einen zeitlichen als auch einen qualitativen Aspekt. Die Quality Gates dienen dementsprechend als „Übergabepunkte", an denen während der Projektdurchführung die Erreichung der zu Projektbeginn vereinbarten Ziele überprüft werden kann. Allerdings ist dabei grundsätzlich auf ausreichende Freiräume für kreative Prozesse zu achten.

Rapid Prototyping

Rapid Prototyping ist eine Methode des Gestaltungsprinzips *Null-Fehler* und stellt einen Oberbegriff für verschiedene Verfahren zur schnellen Herstellung von Musterbauteilen in der Produktentwicklung dar. Durch die schnelle Herstellung von Prototypen können so bereits umfangreiche Prüfungen in frühen Phasen der Produktentwicklung erfolgen. Das Rapid Prototyping hilft dabei, Informationen zu Funktionen, Maßen, Gewicht oder ästhetischen und anderen Kundenanforderungen zu generieren.

Regelkommunikation

Die Regelkommunikation ist eine Methode des Gestaltungsprinzips *Fließ- und Pull*. Durch kurze, regelmäßig stattfindende Meetings ist es möglich, einen kontinuierlichen Informationsfluss zwischen allen Teammitgliedern, beziehungsweise zwischen mehreren Projektteams, zu gewährleisten. Auf diese Weise kann auf Probleme oder unerwartete Ereignisse schnell und effizient reagiert werden. Besonders bei Projekten, an denen Mitarbeiter mit unterschiedlichen Qualifikationen oder aus verschiedenen Organisationseinheiten beteiligt sind, kann durch Regelkommunikation eine deutliche Steigerung der Effizienz erreicht werden.

Kurze Regelkreise Regelkommunikation

Kurze Regelkreise stellen eine Methode des Gestaltungsprinzips *Null-Fehler* dar. Ziel laut VDI-Richtlinie 2870 ist es, „eine schnelle und standardisierte Reaktion auf Probleme zu garantieren, um einen nachhaltigen Problemlösungsprozess zu unterstützen".

Request for Design and Development Proposal
Die Bezeichnung Request for Design and Development Proposal (kurz RDDP) gehört zum Gestaltungsprinzip *Fließ- und Pull* und steht für die Anfrage eines Konstruktions- und Entwicklungsvorschlags. Hiermit werden dem Lieferanten die Anforderungen für ein Entwicklungsprojekt mitgeteilt, auf deren Basis ein Angebot und erste Prototypen vom Lieferanten erarbeitet werden.

Requirements Engineering
Anforderungsmanagement (engl.: Requirements Engineering) ist der Prozess der Dokumentation, Analyse, Verfolgung, Priorisierung und Vereinbarung von Anforderungen und der Steuerung, Änderung und Kommunikation der Anforderungen an die Projektbeteiligten und relevanten Stakeholder. Es ist ein kontinuierlicher Prozess während eines Projektes.

Scrum
Scrum ist eine Methode des Gestaltungsprinzips *Fließ- und Pull* und unterstützt die schnelle, kostengünstige und qualitativ hochwertige Entwicklung eines Produktes. Zur Spezifizierung und Erfüllung der Kundenerwartung sowie der Risikominimierung wird ein iterativer und inkrementeller (kleine Arbeitspakete) Ansatz verfolgt, der zum Projekterfolg führt. Es ist eine empirische Prozesssteuerung, die auf Eigenverantwortung, Transparenz, Kommunikation, Überprüfung und Anpassung basiert und bei der sich die Teammitglieder täglich abstimmen.

Set-Based Engineering
Set-Based Engineering ist eine Methode des Gestaltungsprinzips *Frontloading*. Das Set-Based Engineering beschreibt den Umgang mit Entscheidungen innerhalb der Produktentstehung und steuert die Anzahl weiterzuverfolgender Lösungen. Ziel ist es, einzelne Lösungsalternativen im Rahmen einer optimierten Lösungsraumsteuerung so lange wie möglich parallel weiterzuentwickeln, bis anhand objektiver Daten einzelne Lösungsalternativen ausgeschlossen werden können. Im Gegensatz dazu wird in der Praxis häufig das sogenannte *Point-Based Engineering* angewandt.

Shopfloor Management
Das Shopfloor Management ist eine Methode des Gestaltungsprinzips *Visuelles Management*. Ziele dieser Methode sind vereinfachte und transparente Entscheidungsprozesse sowie die Unterstützung der kontinuierlichen Verbesserung vor Ort. Beim Shopfloor Management sind die Führungskräfte vor Ort und besprechen dort kurzzyklisch die aktuellen Kennzahlen und Probleme.

Shopfloor

Der Shopfloor (Werkstatt, Fertigungsbereich) ist der Ort der *Wertschöpfung*; der Ort, an dem die operativen Prozesse der Fertigung oder auch der Produktentstehung stattfinden. Siehe auch *Gemba.*

Simultaneous Engineering

Simultaneous Engineering (auch *Concurrent Engineering*) ist eine Methode des Gestaltungsprinzips *Fließ- und Pull.* In einem Entwicklungsprojekt werden die Arbeitsaufgaben innerhalb der Projektorganisation verteilt. Von Beginn an arbeiten alle betroffenen Organisationsbereichen in überlappenden Prozessen parallel und es werden von Anfang an zentrale Erfolgsfaktoren wie Qualität, Kosten, Zeit sowie Kundenanforderungen berücksichtigt.

Sortimentsoptimierung

Sortimentsoptimierung stellt eine Methode des Gestaltungsprinzips *Frontloading* dar, mit der sowohl die zukünftig produzierte Produktvielfalt eingedämmt, als auch die dafür genutzten Prozesse optimiert werden.

Spezialistenkarriere

Spezialistenkarriere ist eine Methode des Gestaltungsprinzips *Mitarbeiterorientierung und zielorientierte Führung* und tritt neben den klassischen Karrieren in Linien- und Stabsfunktion vermehrt auf. Die Spezialistenlaufbahn dient zur Entwicklung von hochqualifizierten Fachspezialisten.

Standardisierung

Standardisierung ist ein Gestaltungsprinzip. Gemäß der VDI-Richtlinie 2870 wird darunter die „Festlegung des Ablaufs und der Handlungsverantwortlichen eines sich wiederholenden technischen oder organisatorischen Vorgangs“ verstanden.

Starke Projektleiter

Starke Projektleiter ist eine Methode des Gestaltungsprinzips *Mitarbeiterorientierung und zielorientierte Führung.* Beim starken Projektleiter bzw. dem Chief Engineer handelt es sich um einen Projektleiter mit langjähriger Praxiserfahrung, der Entwicklungsprojekte von der Definitionsphase über die Konzeptphase bis hin zur Markteinführung leitet. Der Projektleiter wird dabei mit weitreichenden Entscheidungsbefugnissen in Bezug auf die Planung und Durchführung des Projekts ausgestattet.

Systematische Fehlerbehebung

Die systematische Fehlerbehebung ist eine Methode des Gestaltungsprinzips *Null-Fehler* und zielt darauf ab, durch geeignete Verhaltensweisen und den Einsatz von bestimmten Verfahren eine effektive und effiziente Reduzierung von Fehlern zu bewirken. Im Vordergrund steht die Ursachenbeseitigung, die personen- und maschinenbedingte Fehler reduzieren soll. Unter Zuhilfenahme weiterer Methoden wie beispielsweise des *PDCA-Zykluses*, der *5W-Fragetechnik* oder des *Ishikawa-Diagramms* sollen Planungsfehler identifiziert werden. Durch die Dokumentation behobener Fehler kann verhindert werden, dass andere oder neue Mitarbeiter denselben Fehler erneut machen. Es gilt das Grundprinzip, dass jeder Fehler nur einmal auftreten darf.

Systematische Lieferantenauswahl
Die systematische Lieferantenauswahl ist eine Methode des Gestaltungsprinzips *Fließ- und Pull*. Im Gegensatz zur klassischen Lieferantenauswahl, die den letzten Meilenstein der Entscheidungsfindung darstellt, umfasst der Ansatz einer systematischen Lieferantenauswahl die Bereiche Lieferantenvorauswahl, Lieferantenanalyse, Lieferantenbewertung und Lieferantenauswahl. Ziel dieses Prozesses ist es, den bestmöglichen Lieferanten für eine Zusammenarbeit im Produktentstehungsprozess und der Produktion zu identifizieren und auszuwählen, indem durch eine systematische Reduktion Lieferanten ausgeschlossen werden.

Target Costing
Target Costing (jap.: Genka kikaku) gehört zum Gestaltungsprinzip *Frontloading* und hinterfragt bereits in frühen Phasen der Produktentstehung den Mehrwert und die damit verbundenen Kosten einzelner Produktfunktionen. Im Target Costing wird auf der Basis von Marktforschungsdaten und Kundenanalysen von einem am Markt realisierbaren Preis ausgegangen und daraus die zulässigen Kosten für ein Produkt abgeleitet.

Technology Push
Der Technology Push wird aus Eigeninitiative eines Unternehmens initiiert, ohne dass zu Beginn der Produktentstehung bereits ein konkreter Abnehmer bzw. späterer Kunde existiert. Dementsprechend ist das Risiko hoch, dass kein Markt für das Produkt vorhanden ist. Darüber hinaus handelt es sich bei dem Technology Push hauptsächlich um Produkte mit einem hohen technologischen Risiko.

Toyota Product Development System (TPDS)
Das Toyota Product Development System ist das Entwicklungssystem des japanischen Automobilherstellers Toyota. Es gilt als Vorbild für Unternehmen, die Lean Development einführen möchten.

Toyota-Produktionssystem (TPS)
Das Toyota-Produktionssystem (TPS) ist das Produktionskonzept des japanischen Automobilherstellers Toyota, welches in einer Vergleichsstudie des MIT als weltweit überlegen bewertet und bald als Vorbild für viele Unternehmen Bekanntheit erlangte. Es wird auch als erstes GPS bezeichnet.

Trade-off-Kurven

Trade-off-Kurven gehören zum Gestaltungsprinzip *Kontinuierlicher Verbesserungsprozess* und werden genutzt, um generiertes Wissen zu dokumentieren und für künftige Entwicklungsvorhaben verfügbar zu machen. Dabei beschreiben sie Abhängigkeiten unterschiedlicher Parameter eines Produktes. Zumeist handelt es sich hierbei um die Abhängigkeit zweier gegenläufiger Produkteigenschaften. Wird eine Produkteigenschaft durch konkrete Gestaltungsentscheidungen verbessert, wirkt sich dies negativ auf die Realisierung einer anderen Produkteigenschaft aus. Damit beschreibt der Ausdruck in der Regel das Abwägen zwischen konkurrierenden Produkteigenschaften im Rahmen eines Optimierungsproblems. Mit Hilfe der Trade-Off-Kurven ist es möglich, Leistungsbeschränkungen von Produkten und Produktkomponenten abzubilden. Dies ermöglicht konkrete Abschätzungen über das Leistungsverhalten eines Produktes, ohne dass ein physischer Test notwendig ist und gestaltet somit Auswahlprozesse von Produktkomponenten in Entwicklungsphasen effizienter und schneller.

Vermeidung von Verschwendung

Vermeidung von Verschwendung ist ein Gestaltungsprinzip mit den zugeordneten Methoden *Chaku-Chaku, Low Cost Automation, Total Productive Maintenance* und *Verschwendungsbewertung*. Alle Tätigkeiten, die den Wert des Produkts aus Kundensicht nicht erhöhen gelten als Verschwendung und sind zu vermeiden. Verschwendung wird in die drei Kategorien *Muda*, *Muri* und *Mura* unterteilt.

Visualisierung innerhalb der Funktionsbereiche

Visualisierung innerhalb der Funktionsbereiche gehört zum Gestaltungsbereich *Visuelles Management*. Durch eine Visualisierung innerhalb der Funktionsbereiche können z. B. Termine, Ziele, Kapazitäten und Projektstatus in einem Unternehmen verfolgt werden. Für ein umfassendes visuelles Management sollten neben den Projekten ebenfalls Informationen in den einzelnen Abteilungen/Bereichen visualisiert werden.

Visualisierung von Projektinhalten

Siehe *Obeya*

Visuelles Management

Das Visuelle Management ist ein Gestaltungsprinzip mit den Methoden *Visualisierung von Projektinhalten/ Obeya, Visualisierung innerhalb der Funktionsbereiche, Go-to-Gemba, 5S* und *Projekt-Portfolio Monitoring*. Mit dem Visuellen Management soll Transparenz über Ziele, Prozesse und Leistungen hergestellt werden. So werden Probleme und Abweichungen vom Standard sichtbar und sowohl Führungskräfte als auch Mitarbeiter können sich schnell einen Überblick über den aktuellen Stand der Produktentwicklung verschaffen.

Vorgabe von Wiederverwendungsquoten
Die Vorgabe von Wiederverwendungsquoten gehört zum Gestaltungsprinzip *Standardisierung*. Die Wiederverwendungsquote dient zur Förderung der Wiederverwendung bereits bestehender Bauteile und Prozesse, wodurch die Entwicklungszeiten und -kosten sowie Fertigungskosten reduziert werden.

Wertschöpfung
Die Wertschöpfung im Kontext von GPS ist die Erzeugung von Produkteigenschaften oder Dienstleistungen, für die der Kunde bereit ist zu zahlen.

Wertstrommethode
Die Wertstrommethode gehört zum Gestaltungsprinzip *Kontinuierlicher Verbesserungsprozess*. Die Wertstrommethode ist ein gängiges Prozessvisualisierungsinstrument, um Transparenz und Übersichtlichkeit in den gesamten Prozess zu bringen. Dadurch können im ersten Teil der Methode, der Wertstromanalyse, Schwachstellen identifiziert und darauf basierend ein verbesserter Soll-Zustand im Rahmen des Wertstromdesigns abgeleitet werden. Im Produktentstehungsprozess werden statt der Material- und Informationsflüsse in der klassischen Wertstrommethode, die Wissens- und Informationsflüsse visualisiert.

Sachverzeichnis

U. Dombrowski (Hrsg.), *Lean Development,* DOI 10.1007/978-3-662-47421-1

Printed in the United States
By Bookmasters